300MW热电联产机组技术丛书

2014年版

除灰除尘系统和设备

国电太原第一热电厂　编著

中国电力出版社

CHINA ELECTRIC POWER PRESS

内 容 提 要

本书是《300MW 热电联产机组技术丛书》之一。本书分七章介绍了除灰渣系统、电除尘器、电除尘器运行及管理、运行工况对电除尘器性能的影响、水力除灰及除渣系统设备、气力除灰系统设备、干除渣系统、灰场设备等技术要点。

本书可作为除灰除尘系统和设备专业运行、检修人员培训教材，也可供从事热电联产相关工作的技术人员阅读。

图书在版编目（CIP）数据

除灰除尘系统和设备/国电太原第一热电厂编著. —北京：中国电力出版社，2008.5（2019.3 重印）
（300MW 热电联产机组技术丛书）
ISBN 978-7-5083-6674-6

Ⅰ. 除… Ⅱ. 国… Ⅲ. ①火电厂-除灰系统②火电厂-除尘设备 Ⅳ. TM621.7

中国版本图书馆 CIP 数据核字（2008）第 005190 号

中国电力出版社出版、发行
（北京市东城区北京站西街 19 号 100005 http://www.cepp.sgcc.com.cn）
北京雁林吉兆印刷有限公司印刷
各地新华书店经售

*

2008 年 5 月第一版 2019 年 3 月北京第六次印刷
787 毫米×1092 毫米 16 开本 14.75 印张 356 千字
印数 10501—12000 册 定价 **38.00** 元

编 委 会

编 委 主 任　史太平　任晓林

编 委 成 员　周茂德　李朝平　裴志伟　贾春生　任贵明

姚泽民　柴吉文

丛 书 主 编　卫泳波

丛 书 副 主 编　郭友生　高丕德　石占山　帖险峰　闫　哲

《热工控制系统和设备》主编　杨乃刚

《化学水处理系统和设备》主编　万红云

《输煤系统和设备》主编　任　芸

《除灰除尘系统和设备》主编　杨晓东

序

国电太原第一热电厂（以下简称"电厂"）创建于1953年，属"一·五"期间国家156项重点工程之一。五十年来，经过六期扩建，电厂逐步发展成为拥有装机容量1275MW的现代化大型热电联产企业。至2006年底，为国家发电1266.44亿 kW·h，供热2.79亿GJ，负担着太原市1000万 m^2，80万居民的集中采暖供热和周边化工工业热负荷，为山西太原市的清洁生产和全省的经济发展作出了突出贡献。

电厂五期扩建的两台300MW机组为波兰拉法克公司生产的低倍率循环半塔式燃煤锅炉，与东方电站集团公司生产的汽轮发电机组相配套；六期扩建两台300MW机组的锅炉、汽轮机和发电机均由东方集团公司生产。50多年的发展过程中，电厂在机、炉、电、热、化、燃及脱硫等各个专业的生产运行和设备检修方面积累了很多有益的经验。在这一过程中，电厂的工程技术人员一直不遗余力，在完善专业教材体系并使其更贴和企业专业特点方面不断进行探索。

我们在2005年编写完成《锅炉及辅助设备》、《汽轮机及辅助设备》、《发电机及电气设备》、《火力发电厂烟气脱硫设备运行与检修》等分册的基础上，继续完成了《热工控制系统和设备》、《化学水处理系统和设备》、《输煤系统和设备》和《除灰除尘系统和设备》等分册，使《300MW热电联产机组技术丛书》成为一套专业完整、参考价值较高的技术丛书。我们衷心希望丛书的问世，能够对推动热电联产机组的技术发展有所裨益。

国家电力体制改革之后，国民经济保持持续稳步增长，极大地推动了电力工业的加速发展，为专业技术水平的进一步提高提供了难得的机遇。同时，随着电力技术的不断发展，使更多的新技术、新工艺在电力企业生产中得到更为广泛地应用。作为专业技术工作者，我们都深感责任之重大和任务之艰巨。在这套丛书问世之时，我们再次表达这样一个心愿：希望与全国电力行业的同行共勉，为我国电力专业技术建设多添一块砖，多加一块瓦，多出一分力，培养出更多的优秀人才。

在编写过程中，广大技术人员付出了辛勤的劳动，中国国电集团公司、中国国电集团公司华北分公司及山西电网公司的领导都给予了大力的支持，在此表示衷心地感谢。

国电太原第一热电厂厂长　史太平

前　言

　　国电太原第一热电厂除灰系统是由水力除灰、气力除灰、水力除渣和机械除渣系统组成。除灰系统的生产任务主要是除灰、除渣，并保证灰、渣的顺利排放。对于目前日耗量1000t 以上的大中型火力发电厂，要顺利完成除灰、除渣任务，对设备的可靠性和运行技术管理的要求必然更高。随着全国大中型火力发电厂除灰系统的发展，除灰系统的新技术也在不断提高。为了提高检修和运行人员的技术水平，扩大交流，特编写了本书。本书从除灰系统一线技术的实用性出发，面向生产，面向实际，并参考了制造厂家提供的技术资料，从除灰系统的结构原理到其使用维护和故障排除进行了分析，并详细地讲解了除灰的检修技术。

　　本书由杨晓东主编(第一章)，参加编写的有闫继东(第二章)、张建如(第三章)、张会仙(第三、四章)、成俊煊（第五～七章)。在本书编写工作中，各级领导给予了大力支持，并提出了宝贵建议，在此表示衷心感谢。

　　由于时间及水平所限，本书中难免有不妥之处，敬请广大读者批评指正。

编者

2007 年 8 月

目 录

概　述　　第一章

本书以国电太原第一热电厂（以下简称"电厂"）为例，对除灰及辅助设备进行系统介绍。

第一节　除灰渣系统简介

电厂现有的 6 台机组是分五、六两期建设完成的。五期工程中的 2 台 300MW 汽轮发电机组于 1987 年底破土动工，分别于 1991 年 7 月和 1992 年 12 月投产发电。六期工程中的 2 台 300MW 机组和 1 台 25MW 背压机组、1 台 50MW 凝抽供热机组于 1995 年 12 月开工，分别于 1998 年 9 月、1999 年 6 月、2001 年元月、2001 年 10 月投产。

五、六期工程中的机组均采用电除尘方式，其中五期工程中的电除尘器型号为：2HE2×42-2×800/4×4.0×11.7/300（为波兰制造），六期工程中的 2 台 300MW 机组的电除尘器型号为：SDX4×3.5m-2×10～13（为山西电力环保设备厂生产），2 台小机组的电除尘器型号为：SDX3×3.5m-1×10～13（也为山西电力环保设备厂生产）。

五期工程中机组的除灰、渣均采用水力系统；六期工程中的 2 台 300MW 机组的除灰系统均采用克莱德公司的浓相微正压气力除灰系统，25MW 和 50MW 等级的 2 台机组均采用镇江纽浦兰公司生产的微正压气力除灰系统，其输渣系统采用机械除渣。

第二节　水力除灰系统设备及特点

水力除灰是燃煤发电厂灰渣输送的一种典型方式，是以水为介质，通过部分设备、管道，完成灰渣输送。水力除灰是一种常用的输灰方式，在火力发电厂中占有相当大的应用比例。我国在水力除灰方面已积累了大量的实验研究和改进成果，并在采用高浓度水力除灰技术和高浓度高效除灰技术、冲灰水回收利用技术、管阀防磨防垢技术等方面都取得了成功的、可靠的运行检修维护经验。

水力除灰对输送不同的灰渣适应性强，各个系统设备结构简单、成熟，运行安全可靠，操作检修维护简单，灰渣在输送过程中不易扬散，且有利于环境清洁，从而能够实现灰浆远距离输送。但是，水力除灰方式也存在以下缺点：

（1）不利于灰渣综合利用。灰渣与水混合后，将失去松散性能，灰渣所含的氧化钙、氧化硅等物质也要发生变化，活性将降低。

（2）灰浆中的氧化钙含量较高时，易在灰管内壁结垢，堵塞灰管，而且不易清除。

（3）耗水量较大。

（4）冲灰水与灰混合后一般呈碱性，pH 值超过工业"三废"的排放规定。

由于近年来水资源的严重短缺，因此使用水量较大的水力除灰的发展受到了极大的限制。

一、水力除灰系统的分类及其特点

水力除灰系统一般按输送方式和按灰渣输送浓度分为两种方式。按输送方式可分为灰渣分除和灰渣混除两种类型，按灰渣输送浓度又有高低浓度之分。根据不同的组合，水力除灰系统具有以下组成与特点：

（1）低浓度灰渣混除系统，即锅炉排渣设备排出的炉渣，与除尘器排出的细灰在灰渣池中混合后，由灰渣泵输送到灰场。灰渣泵一般选用 PH 泵、PB 泵、沃漫泵等。低浓度灰渣混除系统耗水量大，一般小机组采用较多，大机组不宜采用。

锅炉排渣设备排出的炉渣通过渣沟进入渣浆池，再由渣浆泵提升到振动筛，经过振动筛分选后，细渣进入浓缩机，粗渣由汽车运走，进行综合利用；除尘器排出的灰通过灰沟进入灰浆池，再由灰浆泵提升到浓缩机。进入浓缩机的灰渣经过浓缩后成为高浓度灰渣，再由高浓度灰渣输送设备排往灰场。浓缩机溢流水循环用于冲灰和冲渣。高浓度灰渣输送设备一般选用隔离泵、柱塞泵或渣浆泵多级串联，由于这些设备对渣浆的颗粒有要求，因此低浓度灰渣混除系统必须安装粗细渣分离设备。低浓度灰渣混除系统虽然结构复杂，设备较多，但耗水量小，而且可以防止或减少管道结垢，实现远距离稳定输送，因此比较适合大、中型火力发电厂的除灰系统。电厂五期工程中的除灰、渣系统即采用该方式。

（2）低浓度灰渣分除系统的除渣方式有两种，一种方式是将锅炉排渣设备排出的炉渣经过自流渣沟进入沉渣池沉淀后，用抓斗抓入汽车或用其他机械方式运走；另一种方式是炉渣经过渣沟进入渣池，再由渣浆泵提升到脱水渣仓，脱水后的清水流入沉淀池，沉淀后的细渣再打回脱水渣仓再次脱水，清水直接用于冲灰、冲渣，脱水后的渣用汽车运走。除尘器排出的灰被冲灰水冲入灰浆池，再由灰浆泵排入灰场。灰浆泵根据灰浆排送阻力，可选用单级或多级串联。该系统结构复杂，耗水量大，但可充分减轻渣浆对灰渣管道的磨损。

（3）低浓度渣、高浓度灰的灰渣分除系统的除渣方式与低浓度灰渣分除系统相同，其除灰方式是除尘器排出的灰被冲灰水带入灰浆池，再由灰浆泵提升到浓缩机，浓缩后的高浓度灰浆由高效输灰设备排往灰场，溢流水循环用于冲灰、冲渣。该系统既节省水，又能减轻渣浆对灰渣管道的磨损，并且对高效输灰设备的隔离泵或柱塞泵的磨损较轻，有利于设备稳定运行，是一套比较成熟可靠的除灰系统。我国的火力发电厂普遍采用该水力除灰系统。

二、水力除灰系统的基本组成及流程

水力除灰系统的基本组成及流程见图 1-1。

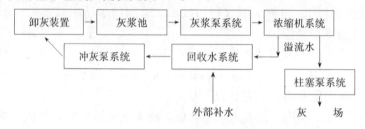

图 1-1　水力除灰系统的基本组成及流程

水力除灰系统一般由以下几个系统中的几个或全部组成：

（1）卸灰装置。借助于某一设计水力水流装置或搅拌装置，将飞灰与水充分混合，并送入输灰管道或灰沟内，其供料装置设在系统的始端，灰斗的底部。

（2）冲灰泵系统。供料装置的冲灰动力源。

（3）灰浆泵系统。用来将供料装置排来的灰浆通过设备系统，输送到浓缩机，一般由灰浆泵、管道、阀门等组成。

（4）浓缩机系统。用来将灰浆泵输送到的灰浆进行沉淀浓缩，使灰浆中的大部分水分离出来，并将浓缩后的高浓度灰浆排到远距离输送系统。

（5）回收水系统。回收水系统的作用一方面是为供料装置提供水力动力源，另一方面将浓缩机分离出来的水进行循环利用。

（6）远距离输送动力装置。用来将浓缩机浓缩后的灰浆进行增压输送的设备系统，一般采用柱塞泵或渣浆泵多级提升。该装置布置在输送系统的终端。

（7）输灰管。输送介质的管道阀门装置及其附件等。

三、卸灰装置

1. 系统组成

卸灰装置一般由电动锁气器、下灰管（含伸缩节）、水封箱（或搅拌桶）、地沟及激流喷嘴组成。

2. 系统流程与工作原理

卸灰装置的流程比较简单：储灰斗—电动锁气器（旋转式给料器）—下灰管—水封箱（或搅拌桶）—地沟—灰浆池。

卸灰装置的核心设备为电动锁气器（旋转式给料器）和水封箱（或搅拌桶）。

（1）水封箱的工作原理：进入箱内的冲灰水，是沿着箱壁的切向引入的，由此产生的旋涡，可将落入的细灰很快搅拌，并混合成灰浆排出。水封箱除将干灰浸湿，混合成灰浆外，还可起到水封的作用，以阻止外部空气漏入除尘器。

（2）搅拌桶，安装在灰斗或灰库下，主要用于电场高浓度水力输送系统，将粉煤灰加水搅拌成高浓度的灰浆。搅拌桶由桶体、传动系统、搅拌轴、叶轮、进出口管道组成。传动系统置于桶体的上部，由电动机通过皮带直接带动搅拌轴，结构简单，维修方便。由于搅拌轴是悬臂受力，上部轴承箱的高度适当加大，以增加其稳定性。轴承座采用复合型结构，既可承受轴向力，又可承受径向力。叶轮采用辐射形螺旋叶轮结构，搅拌均匀。

搅拌桶的工作原理：储灰斗中的粉煤灰由桶体上部的进灰口进入搅拌桶，同时进入桶内的冲灰水，利用叶轮的转动产生旋涡状运动，将落入的细灰搅拌，并混合成灰浆排出。

（3）旋转式给料器的外壳与转子间的间隙较小，利用干灰密封，避免外部空气进入除尘系统；另外，进入给料器的干灰，因性质比较稳定，流动性好，所以在定速的情况下，给料均衡，可定量供料。

四、浓缩机系统

1. 系统组成

浓缩机主要由槽架、来浆管、中心传动架部分、传动机构、中心筒、分流锥、大耙架、小耙架、耙齿、底耙传动齿条、耙架连接件、中心柱、轨道、溢流堰等部件组成。

2. 设备构造与工作原理

浓缩机是一种节水环保设备，是利用灰渣颗粒在液体中沉淀的特性，将固体与液体分开，再用机械方法将沉淀后的高浓度灰浆排出，从而达到高浓度输送及清水回收利用的目的。灰浆浓缩的全过程是：灰浆沿槽架通过来浆管经中心支架部分的中心筒流入浓缩池中的灰浆中，其中较粗的颗粒直接沉入池底，较细的灰粒随溢流水沿四周边扩散边沉淀，使池底形成锥形浓缩层，转动耙架的耙齿，刮集沉淀后的灰浆到池中心，经排料口进入泵的入口排出，已澄清的清水沿溢流槽流到回收水池。

五、灰浆泵系统

灰浆泵系统一般由离心式渣浆泵、灰浆池、阀门及管路组成。

离心式渣浆泵的工作原理为：当离心式渣浆泵的叶轮被电动机带动旋转时，充满于叶片之间的流体随同叶轮一起转动，在离心力的作用下，流体从叶片间的槽道甩出，并由外壳上的出口排出，而流体的外流造成了叶轮入口间形成真空，外界流体在大气压作用下会自动吸进叶轮补充。由于离心式渣浆泵不停地工作，将流体不断地吸进压出，便形成了流体的连续流动，从而连续不断地将流体输送出去。

离心式渣浆泵主要由泵壳、叶轮、轴、轴承装置、密封装置、压水管、导叶等组成。

离心式渣浆泵在使用时通常要设计轴封装置。轴封装置的作用是：当泵内压力低于大气压力时，应从水封环注入高于一个大气压力的轴封水，以防止空气漏入；当泵内压力高于大气压力时，注入高于内部压力 0.05～0.1MPa 的轴封水，以减少泄漏损失，同时还起到冷却和润滑作用。

六、回收水系统

回收水系统一般由离心式清水泵、回收水池、阀门及管路组成，其构造及原理同灰浆泵系统。

七、远距离输送动力装置

远距离输送动力装置一般由柱塞泵（或水隔离泵）的管路打到灰场完成灰的最后输送，或通过离心式渣浆泵多级串联完成输送。

1. 离心式渣浆泵多级串联

离心式渣浆泵多级串联时，其工作原理同灰浆泵系统，缺点是，灰浆浓度不能过高，水的消耗太大，而且串联后的压力也受到限制，比较适合输送距离较短的工况。

2. 柱塞泵系统

柱塞泵系统一般由柱塞泵、清洗泵及清洗水源和管路阀门构成。

柱塞泵及清洗泵的工作原理为：电动机通过皮带轮将动力传递到曲轴，使曲轴旋转运动，再经连杆将曲轴的旋转运动转变为十字头的往复直线运动，十字头前端与柱塞连接，柱塞在缸体内随十字头一起往复直线运动。当柱塞运动离开液力端死点时，排出阀立即关闭，排出过程结束，吸入阀开启，吸入过程开始；当柱塞运动离开动力端死点时，吸入阀立即关闭，吸入过程结束，排出过程开始。柱塞和阀门的这种周而复始的运动就是泵的工作过程。

柱塞泵适用于灰渣混除（渣需磨细）和灰渣分除，在灰渣分除系统中运行更为经济、可靠、稳定。灰渣分除系统要求灰渣颗粒直径小于 3mm，其含量不大于 20%。柱塞泵适用的灰浆浓度较高，浓缩后的灰浆质量浓度不大于 60%，一般在 40% 左右为宜。

柱塞泵结构见图 1-2，主要由以下几个部分组成：

（1）传动端。传动端是将电动机的圆周运动，经过偏心轮、连杆、十字头转换为直线运动。主要包括偏心轮、十字头、连杆、上下导板、大小齿轮、轴承等。结构特点：泵的外壳

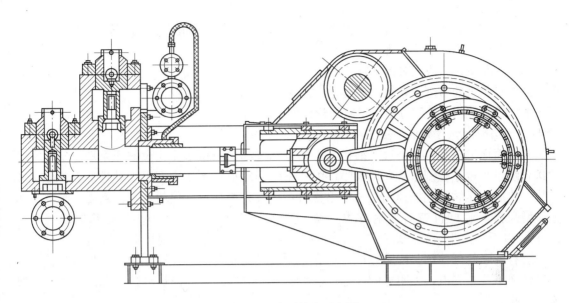

图 1-2 柱塞泵结构示意图

采用焊接结构，泵的偏心轮采用热装结构，泵内的齿轮为组合人字齿轮结构。

（2）柱塞组合。柱塞组合是柱塞泵与其他泥浆泵的根本区别所在，在柱塞的往复运动过程中，实现浆体介质的吸入和排出。主要包括柱塞、填料密封盒、密封圈、喷水环、压环、隔环、支撑环、压紧环等。结构特点：柱塞采用空心焊接结构，表面喷焊硬质合金。

（3）水清洗系统。水清洗系统是确保柱塞组合的使用寿命及柱塞泵长期稳定运行的关键系统。主要包括清洗泵、高压清洗水总成、A 型单向阀、B 型单向阀等。结构特点：清洗泵采用小流量高压往复式柱塞泵，A 型单向阀、B 型单向阀设计为双重单向阀。

（4）阀箱组件。主要包括阀箱、阀组件、阀座、出入口阀簧、吸排管。阀箱分为吸入箱、排出箱分体和吸入、排出箱一体两种，阀压盖采用粗牙螺纹，阀组件结构为橡胶密封圈式。

3. 水隔离泵系统

水隔离泵系统由泵本体、动力系统、回水喂料系统及液压控制系统组成，其中泵本体由三个压力罐、六个液压平板闸阀、六个单向阀组成。

水隔离泥浆泵是由喂料装置向泵的主体——压力罐中浮球下部供浆，由高压清水泵向浮球上部供高压清水，高压清水通过浮球把压力传递给浆体，浆体通过外管线输送到灰场。电控系统通过液压站控制六个清水液压平板闸阀起闭，从而控制三个压力罐交替进高压清水和灰浆，实现连续、均匀、稳定地输送浆体。

八、输送介质的管道阀门装置及其附件等

除灰系统的介质颗粒较大，对管路的磨损较大，或积灰积垢的聚集，普遍存在磨损快、使用寿命短、关闭不严或开启不动、操作不够方便、检修维护频繁等特点，所以除灰系统中的管路、阀门及附件等一般采用耐磨材质，如陶瓷内衬、铸石内衬，或采用较厚的壁厚。

采用普通钢管时，除壁厚应满足强度要求外，还应满足下列要求：

（1）灰渣管应设有清洗管道的水源、清洗措施和防冻堵措施。

（2）当灰渣管布置在管沟内时，管沟应符合规定，并应设排水设施。

（3）当灰渣管架空铺设时，与铁路、公路及高压线交叉的最小净空应符合规定。

（4）灰渣管支座应符合规定。

（5）在灰浆泵、渣浆泵出口管上应根据管线布置及切换要求等具体情况装设阀门，当灰场标高与灰浆泵的出口标高相差较大时，宜装设缓闭止回阀。

电厂曾经使用过的部分耐磨材质的管材如下。

1. 火焰喷涂管材简介及性能

火焰喷涂工艺系统由空气压缩机、干燥冷冻过滤机、粉末流化及输送系统、氧气燃气输送系统、喷枪及控制系统，以及喷沙除锈系统等组成。工作表面喷沙处理后，经过表面预热，然后用压缩空气加速输送的粉末材料，通过火焰喷枪，使粉末充分熔融，又不致分解，增强粉末对材料表面的附着力。涂层厚度一般为 0.3～0.5mm，特殊要求可达到 1.0mm 以上。由于该管材采用了具有特殊性能的 EAA（乙烯—丙烯酸共聚物）粉末，因此涂层有极强的延伸率、耐腐蚀性、耐磨性、低温抗冲性，并有较好的抗紫外线能力，且管材外观平整、光滑，无明显的拉毛、龟裂、皱纹等缺陷。当涂层局部损坏时，可以方便地进行修补。

2. 金属陶瓷复合管材简介与性能

金属陶瓷复合管材是利用自蔓延高温合成技术即 SHS 技术复合而成的，该管从内到外由陶瓷层、过渡层和钢层三部分组成。在高温下形成均匀、致密且表面光滑的陶瓷层通过过渡层与钢管牢固结合，陶瓷的高硬度与钢的高塑性相结合，使管材具有耐磨、耐腐蚀、耐高温、耐冲击及高韧性等综合性能，可以在 $-50～900℃$ 高温下长时间使用。陶瓷层厚度为 2～4mm。

金属陶瓷复合管材现在已广泛运用在电力除灰除渣系统中。与其他管材相比，金属陶瓷复合管材具备以下特点：

（1）耐磨性。陶瓷层维氏硬度为 HV1100～HV1500，对电力、矿山所输送的任何介质均具有很好的耐磨性。

（2）耐腐蚀性及防结垢性能。陶瓷层属中性材料，具有很强的耐酸、碱、盐腐蚀介质和海水的腐蚀等特点，并同时具有防结垢性能。

（3）耐温性。能在 $-50～900℃$ 温度范围内长期正常使用，材料线膨胀系数为 $6×10^{-6}～8×10^{-6}/℃$。

（4）运行阻力损失小。经输粉、输渣、输灰、输硬块料等阻力特性测试，阻力系数均小于普通钢管。

（5）耐冲击性及实用性。经实验测试，耐冲击性能良好。具有多种综合特点，使用寿命普遍提高 4～5 倍，延长了管道的大修周期，能大大降低设备维护的检修维护费用。

九、水力除灰渣系统的要求

（一）水力除灰渣系统设计匹配一般要求

（1）当锅炉采用刮板捞渣机等机械排渣装置时，应采用连续除渣方式。机械排渣装置的出力应不小于锅炉最大连续蒸发量的排渣量，最大出力应保证锅炉每小时的排渣量在 1h 内输送完毕。

（2）当锅炉采用水封式排渣斗装置时，应采用定期除渣方式。水封式排渣斗的有效容积应能储存锅炉最大连续蒸发量时不小于 9h 的排渣量；当锅炉燃用的煤质较差，灰分很大，锅炉水封式排渣斗布置有困难时，其有效容积应能储存锅炉最大连续蒸发量时不小于 5h 的排渣量。

（3）电除尘器、省煤器的灰斗排灰方式如为定期运行时，其每次排灰周期应不小于 2h 的间歇时间，灰斗的充满系数应取 0.8。

（4）水力除灰系统应根据工程条件，通过技术经济比较，合理确定制灰方式和灰水浓度，高浓度水力输送灰水比宜小于 1∶1.5。

（二）对供水系统的要求

（1）锅炉排渣装置的水封和熄火冷却水，在喷嘴处的压力应为 100～150kPa。水封和熄火冷却水应保证连续供应。

（2）锅炉排渣装置定期排渣时，冲渣水压力宜不小于 0.8MPa。

（3）液态排渣槽的粒化水宜采用低温水源，保证连续供水，压力应按照设备制造厂家的资料选取，如无资料，粒化水在粒化水箱入口处的压力不应低于 0.2MPa。

（4）除灰、除渣系统应使用不同的供水泵，每种泵应各设 1 台备用。

（5）水封式排渣斗冲渣后的水如果由冲渣水泵供给，则还应考虑冲渣水泵的容量能在短时间内将渣斗充满水。

（6）当回收灰渣系统的溢流水做冲渣用水时，则冲渣水泵宜选用耐磨杂质泵。

（三）水力除灰渣系统对灰渣浆浓度的要求

灰库下干灰制浆输送灰水比宜为 1∶（2～4）；除尘器灰斗下制浆设备输送灰水比宜为 1∶（4～7）；高浓度水力输送灰水比宜小于 1∶1.5。

（四）水力除灰渣系统管道的流速应符合的规定

（1）清水管道的流速应符合下列规定：离心泵吸入水管道，0.5～1.5m/s；离心泵出水管道，2～3m/s；无压力排水管道，1.0m/s。

（2）灰渣管的流速与灰渣浆浓度、灰渣浆颗粒大小及灰渣管管径等因素有关，可按下列数据选取：灰管的流速不小于 1.0m/s；灰渣管的流速不小于 1.6m/s；渣管的流速不小于 1.8m/s。

第三节　气力除灰系统设备及特点

气力除灰是一种以空气为载体，借助某种压力（正压或负压）设备和管道系统对粉状物料进行输送的方式。燃煤电厂的除灰系统是一种比较先进、经济、环保的科学技术。20 世纪 80 年代以后，我国在一些大型电厂相继开始引进各类气力除灰设备和相关技术，特别是近十多年来，由于环保、水资源等的要求和局限，我国极力倡导和推进这一技术的发展和应用，使得气力除灰在电力系统已逐渐成为一种趋势和强制要求，这就进一步促进了国内气力除灰技术的发展。

气力除灰在环保、节约水资源、实现自动控制等方面与传统的水力输灰及常规机械输灰方式相比，有着无可比拟的优越性，但也存在以下不足：

（1）由于气力除灰是以空气为载体，物料在系统中的流动速度相对较快，摩擦较大，这样某些设备及部件的耐磨性能难以满足工况要求，影响单纯运行的可靠性。

（2）粗大的颗粒、黏滞性粉体及潮湿粉体不宜使用气力输送，输送距离和输送量受到一定的限制。

一、气力除灰系统的组成

气力除灰系统通常由以下几部分组成：

（1）供料装置。借助于某一空气动力源，将飞灰与空气充分混合，并送入输灰管道内。供料装置设在系统的始端、灰斗的下部。

（2）输料管。用于输送气灰混合物的管道及附属管道。

（3）空气动力源。输送用空气的增压装置，包括空气压缩机、真空泵、抽气机等，以及其后处理装置。

（4）气灰分离装置。作用是将飞灰从空气流中分离出来。该装置布置在输送系统的终端，一般是将分离装置与其下部的储灰库安装在一起。

（5）储灰库。用于收集、储存、转运飞灰的筒状土建设施，分为粗、细两种灰库。储灰库装有卸料装置，以便装车、装袋外运。

（6）自动控制系统。由各种电动或气动阀门、料位计、操作盘等组成，可根据压力或时间参数的变化自动完成受料、送料及管道吹扫等工作。

二、气力除灰系统的分类

气力除灰输送系统根据飞灰被吸送还是被压送，分为正压气力除灰输送系统和负压气力除灰输送系统两大类型。其中，正压气力除灰输送系统又分为高正压气力除灰输送系统（又称正压系统）和微正压气力除灰输送系统（又称微压系统）。

气力除灰系统一般有以下要求：

（1）气力除灰系统的选择应根据输送距离、灰量、灰的特性以及除尘器的形式和布置情况确定，根据工程具体情况经技术经济比较，可采用单一系统或联合系统。

（2）气力除灰系统的设计出力应根据系统排灰量、系统形式、运行方式确定。对采用连续运行方式的系统，应有不小于该系统燃用设计煤种时的排灰量50%的裕度，同时应满足燃用校核煤种时的输送要求并留有20%的裕度；对采用间断运行方式的系统，应有不小于该系统燃用设计煤种时的排灰量100%的裕度。必要时，可设置适当的紧急事故处理设施。

（3）气力除灰的灰气比应根据输送距离、弯头数量、输送设备类型以及灰的特性等因素确定。

（4）气力除灰管道的流速应按灰的粒径、密度、输送管径和除灰输送系统等因素选取匹配。

（5）压缩空气管道的流速可按6～15m/s选取。

（6）设计匹配气力除灰系统时，应充分考虑当地的海拔高度和气温等自然条件的影响。

（7）压缩空气作输送空气时，宜设置空气净化系统

（一）正压气力除灰系统

1. 正压气力除灰系统的特点

（1）适用于从一处向多处进行分散输送，即可以实现一条输送管道向不同灰库的切换。

（2）与负压气力输送系统相比，输送距离和系统出力大大增加。从理论上讲，输送浓度和距离的增大会造成阻力的增大，这只需相应提高空气的压力。而空气压力的增高，使空气密度增大，从而更有利于提高携带灰尘的能力。输送浓度和输送距离主要取决于空气压缩机

的性能和额定压力。

（3）分离装置处于系统的低压区，对装置的密封要求不高，结构比较简单，一般不要求装锁气器，而且分离后的气体可直接排入大气，不存在设备磨损问题，故一般只装一级布袋收尘器即可。

2. 正压气力除灰系统的不足

（1）进料装置布置在系统的最高压力区，对装置的密封要求高，因此装置的结构比较复杂，其能间歇式压送，不能连续供料。

（2）运行维护不当或系统密封不严时，会发生跑冒灰现象，造成周围环境污染。与负压系统相比，管道不严密处的漏气对工作的影响不大，而且根据漏气处喷出来的灰，很容易发现漏气部位。

3. 选用正压气力除灰系统的注意因素

（1）当采用仓泵正压气力除灰时，宜采用埋刮板机或空气斜槽等机械设备，先集中于缓冲灰斗，再用仓泵向外输送。

（2）仓泵气力除灰系统应设专用的空气压缩机，每台运行仓泵宜采用单元制供气方式，相应配一台空气压缩机。当有措施能保证输送气源压力稳定时，也可采用母管制或公用制供气方式。

（3）仓泵进料时的排气宜排至烟道、除尘器入口、灰斗或灰库高料位以上；排气管道上应设置手动阀门，排气管布置应有一定的斜度，避免积灰，当排气管较长时，还应考虑管道内的放灰和吹扫。

（4）正压气力除灰的输灰管道宜直接接入储灰库，排气通过布袋除尘器净化后排出。当采用布袋除尘器作为净化设备时，布袋过滤风速不宜大于 0.8m/min，排气含灰量应符合国家环保要求。

（5）布袋除尘器宜选用脉冲反吹方式对布袋进行吹扫，吹扫用的空气品质应为仪用空气品质，其压力和耗气量应按设备厂家提供的资料选取。

（6）当采用正压气力除灰系统时，在除尘器灰斗与仓泵之间应装设手动插板门；当采用多台仓泵时，出料汇合处夹角宜为30°。

（7）在每个除尘器灰斗下装设气锁阀，在气锁阀与灰斗之间还应装设手动插板门，气锁阀的汽化板应供给洁净的空气。

（8）低压输送的风机宜采用回转风机，风机的容量可按计算容量的110%选取，风机的压力可按系统阻力的120%选取。

（二）负压气力除灰系统

1. 负压气力除灰系统的特点

（1）适用于从几处向一处集中输送。供料点（灰斗）可以是一个或多个，输送母管可以装一根或多根支管。几个供料点既可同时输送，也可依次输送。

（2）由于系统内的压力低于外部大气压力，所以不存在跑灰现象，工作环境较清洁。

（3）因供料用受灰器布置在系统的始端，真空度低，故不需要气封装置，结构简单，而且体积较小。

2. 负压气力除灰系统的不足

（1）灰气分离装置处于系统末端，真空度高，需要严格密封，故设备结构复杂，而且由于抽气设备设在系统的最末端，要求空气净化程度高，所以需设多级分离装置。

（2）受真空度极限的限制，系统出力和输送距离不高，这是因为输送距离越大，阻力也越大，这样输送管内的真空度也越高，而真空度越高，则空气越稀薄，携带能力也就越低。

三、不同类型的气力除灰系统及其组成

（一）仓泵式气力除灰系统

仓泵式气力除灰输送泵（简称仓泵）是正压气力除灰输送系统的主要设备，主要作用是储存干灰并将其输送到灰库内。仓泵的主要类型有下引式仓泵和流态化仓泵两种。

1. 下引式仓泵气力除灰系统

下引式仓泵主要是由带锥底的罐体、进料阀、止回阀、料位装置、排料斜喷嘴和供气管等组成。

下引式仓泵的工作原理为：进料阀和装料排气阀打开，停止向泵内送入压缩空气，向槽内供灰，待灰满的信号发出后，关闭锥形钟阀和装料排气阀，送入压缩空气，使灰逐渐排出。

下引式仓泵中送入的压缩空气有一、二次压缩空气和背压空气三种。一次空气吹入，将物料送入输送管道；二次空气从环形喷嘴送入，用于调整混合比，同时给物料加速；背压空气经泵体上部的气孔送入，作为罐内平衡压力，使物料容易流出。下引式仓泵的输出管从泵体下部斜向引出，输出管入口在仓泵底部的中心，所以不需要物料悬浮，靠重力和空气流就可以将物料送入管内，物料浓度很高；利用二次空气可以适当进行稀释，避免因物料浓度过大，造成堵管。

2. 流态化仓泵式（灰罐）气力除灰系统

流态化仓泵由给料器、进料阀、料位计、环形喷嘴、出料管、出料阀、多孔板、气化室、单向阀、进气阀、吹堵阀等部件组成。

流态化仓泵的工作过程及原理为：当排气阀开启后，顺序开启进料阀和给料器，开始进料，料满时，料位计发出信号，及时关闭给料器，延时关闭进料阀及排气阀，进料停止。接着开启进气阀，压缩空气经气化室的汽化板和环形喷嘴分两路进入泵体汽化物料，同时泵体内压力上升。电接点压力表达到整定压力值时，自动打开出料阀，此时流态化物料被压送入出料管，经环形喷嘴喷入的空气稀释，加速进入输送管道，送入灰库，泵体压力下降至纯空气大气压，出料阀自动关闭，一次送料完成，接着下一次循环开始。调节可调单向阀，可以调节二次风量配比和输送浓度，以达到经济、稳定状态。

流态化仓泵是一种从罐底均匀进风的仓式泵，排料管从上部引出，罐底采用多孔的汽化板，因而罐体底部的细灰能够得到更好的搅动，成为便于输送的流化状态，从而可以提高输送灰气比和输送能力。由于流态化仓泵输送细灰所需的风量相对减少，所以输送的阻力降低，管道的磨损也能减轻。

（二）负压气力除灰系统

该系统组成及流程（见图1-3）：负压气力除灰系统以负压风机为动力源，以吸入输灰管道内的空气为载体，将电除尘器灰斗内的干灰输送至灰库。

负压系统分A、B两侧，可同时运行，也可实现两侧系统交叉切换，切换后只能运行一侧的负压系统。

四、灰库系统

（一）系统组成

一般三座灰库为一组，两座粗灰库，一座细灰库，各灰库间可相互切换。粗、细灰库均为圆筒形钢筋水泥浇筑结构，规格相同，直径为 15000mm，高为 26000mm，容积为 2053m³，输灰管路从灰库顶部将灰送入库内。每座灰库的顶部均设两套高效率反脉冲布袋过滤器和真空释放阀，过滤面积为 80m²。空气经过过滤后，其排气含尘量小于等于 100mg/(N·m³)，可达环保排放要求；每座灰库底部均设有气化槽装置，使飞灰呈流化状态；每座灰库底部设有 2～3 个卸料口，卸料口下还装有加湿搅拌机或干灰散装机。

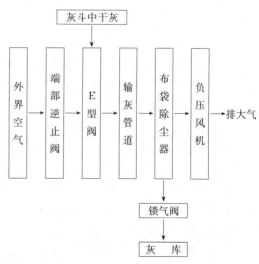

图 1-3　负压气力除灰系统工艺流程

（二）气化系统

气化装置的构造与工作原理：气化装置是气力输灰系统中储存仓料斗、灰库的重要辅助部件，接通经过加热的空气后使粉状物料流态化，增加物料的流动性。气化装置主要用于电除尘器灰斗。各种粉、粒料储仓料斗、灰库库底等气化装置主要由碳化硅和金属箱体组成，它们之间用硅橡胶密封，压缩空气通过装置底部接管引入，透过气化板，均匀地进入料层，使仓斗内的物料呈松散状态，并充分流态化，从而避免物料在仓斗内的"架拱"、"搭桥"现象，以增加物料的流动性，保证生产连续、稳定、安全运行。

现代电力系统所用的气化板一般采用耐温纤维滤布、多层金属网板、模压高温烧结碳化硅板材三种材质，其宽度一般为 150～300mm。

（三）气化风机构造及其工作原理

气化风机构造及其工作原理见图 1-4。

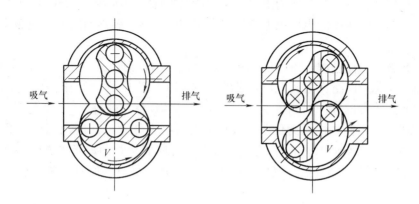

图 1-4　气化风机构造及其工作原理

罗茨风机是容积式鼓风机的一种，由一个近似椭圆形的机壳和两块墙板包容成一个气缸（机壳上有进气口和出气口）和一对彼此相互啮合（因为有间隙，实际上并不接触）的叶轮组成。通过定时齿轮传动以等速反向旋动，借助两叶轮的啮合，使进气口与出气口相互隔开，在旋转过程中，无内压缩地将气缸容积内的气体从进气口推移到出气口。两叶轮之间、叶轮与墙板以及叶轮与机壳之间均保持一定的间隙，以保证风机的正常运转，如果间隙过大，则被压缩的气体通过间隙的回流量增加，从而影响风机的效率；如果间隙过小，热膨胀可能使叶轮与机壳或叶轮相互间发生摩擦碰撞，从而影响风机正常工作。

（四）加湿搅拌机系统

加湿搅拌机的作用与工作原理。

加湿搅拌机的作用是将干灰加水搅拌后，装入干灰散装车外运，干灰加湿后可防止因运输过程中灰的飞扬而污染环境。

加湿搅拌机的工作原理为：加湿搅拌机转动部分带动摆线针轮减速机转动，减速机与主动轴由十字滑块连轴器相连。主动轴齿轮与被动轴齿轮相互啮合，当主动轴转动时带动被动轴一起转动。当干灰物料由给料机定量通过进料口进入搅拌机箱体内时，动力传动机械带动装有多组叶片的螺旋形主动轴传动，通过啮合传动齿轮带动螺旋形被动与主轴做等速相对转动，从而使物料被搅拌并推进到槽体加湿段，加湿器对干灰物料进行喷湿，进而充分搅拌，当干灰物料达到可控湿度后由出料口卸出，并装入干灰散装车外运。

（五）布袋除尘器的工作原理

本设备用于气力除灰系统中，安装在灰库顶部，用于分离含灰空气中的的灰分，以防止灰分进入大气。

灰分进入布袋除尘器后，其流速降低，大部分灰被自然分离出来。剩余部分随气流继续上升，灰气被布袋过滤后，干净空气排入大气，灰分则自由落下。

布袋除尘器应用了"反吹空气"过滤器清理系统，定期对附着在布袋上的灰进行吹扫。所以，在正常运行期间，布袋除尘器能够维持最佳的过滤效果。

（六）压力真空释放阀的结构及其工作原理

真空压力释放阀由阀座、阀盖、挡环、挡环弹簧、真空环、隔膜、柱销等组成。

1. 真空释放阀的工作原理

（1）静止位置。当储仓或灰库的内部压力维持在阀选定的压力值范围内时，阀盖将保持静止位置。由于储仓或灰库的内部压力产生一个作用于柔性隔膜顶面的力，使隔膜紧密接触到阀座上，从而达到密封。

（2）压力释放。当储仓内，压力增长到阀选定的压力值时，仓内压力将克服阀盖重量，把阀盖从阀座上举起，同时压力放空，直到储仓或灰库内部压力降到与阀所选定的压力值相同时，阀盖再回到正常位置。

（3）真空释放。当储仓内压力低于大气压力时，将在储仓或灰库内部产生真空；当压力降到与阀所选定的真空值时，由于大气压力作用到隔膜上，将举起真空环到浮动位置，此时空气进入储仓，直到储仓内部真空值小于选定值时，真空环回到正常位置，并靠在隔膜上。

真空释放阀的作用是在充气、排气和不正常的温度变化时，其将保护容器不承受过量的正压和负压。

2. 真空释放阀适用的范围

（1）在容器正常的通气时，延迟气化物的逃逸，以降低有价值的蒸发气的损失。

（2）在储存产品时，保持惰性气体密封层。

（3）在处理因外部热源引起内部压力过量时，作为优良的二次或备用保险。

五、空气压缩机系统

空气压缩机系统一般由主机部分、电动机、油润滑过滤系统、冷却部分、压缩空气后处理部分等组成。

空气压缩机系统的设计匹配应满足下列要求：

（1）空气压缩机及其附属设备宜为独立机房，机房内空气压缩机的台数宜为3～6台。

（2）对同一品质、压力的供气系统，空气压缩机的型号不宜超过两种。

（3）当运行空气压缩机为1～2台时，应有一台备用；运行3台及以上时应设2台备用。

（4）空气压缩机的容量应按系统设计出力计算容量的110%，其出口压力不应小于系统计算阻力的120%。

（5）空气压缩机的进气口应设置消声过滤装置，储气罐应布置在室外，并宜位于机房阴面，储气罐之间及其与机房外墙的距离不应小于1m，储气罐与空气压缩机之间应装有止回阀，储气罐上应装有安全阀。

（6）空气压缩机的冷却水参数应由设备厂家提供。

（7）空气压缩机出口储气罐的容积应等于或大于仓泵压力回升阶段所必需的容积，在系统用气点之前应设油水分离器。

（8）空气干燥装置应根据供气系统对空气的用途、干燥程度及空气量的要求，经过技术比较后确定。

1. 螺杆式空气压缩机

螺杆式空气压缩机的压缩过程有吸气过程、封闭及输送过程、压缩及喷油过程、排气过程。

螺杆式空气压缩机的机头是一种双轴容积式回转型压缩机，其进气口开于机壳上端，排气口开于机壳下端，它的两只高精度主、副转子水平且平行地装于机壳内部。主、幅转子上均有螺旋状形齿，环绕于转子外缘，两者形齿相互啮合，两转子由轴承支撑，电动机与主机体结合在一起，在经过一组高精度增速齿轮将主转子转速提高，空气经过主、副转子的运动压缩，形成压缩空气。

螺杆式空气压缩机是当今空气压缩机发展的主流，振动小、噪声低、效率高，无易损件，具有活塞式空气压缩机不可比拟的优点。

螺杆式空气压缩机的压缩原理（见图1-5）：

（1）吸气过程。螺杆式空气压缩机无进气和排气阀组，进气只靠一调节阀的开启和关闭调节。当主、副转子的齿沟空间转至进气端时，其空间最大，此时转子下方的齿沟空间与进气口的自由空气相通，因在排气时齿沟内的空气被全数排出，排气完了时，齿沟处于真空状态，当转至进气口时，外界空气即被吸入，并沿轴向进入主、副转子的齿沟内。当空气充满整个齿沟时，转子的进气侧端面即转离了机壳的进气口，齿沟内的空气即被封闭。

（2）封闭及压缩过程。吸气终了时，主、副转子齿峰会与机壳密封，齿沟内的空气不再外流，此即封闭过程。两转子继续转动，齿峰与齿沟在吸气端吻合，吻合面逐渐向排气端移动，即为输送过程。

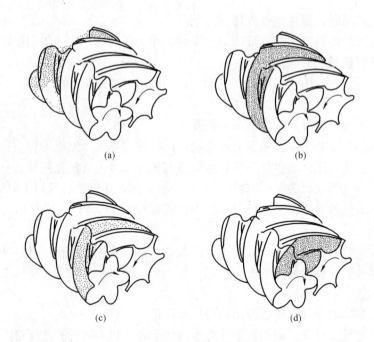

(a)　　　　　　　　　　　　(b)

(c)　　　　　　　　　　　　(d)

图 1-5　螺杆式空气压缩机压缩原理

（a）吸气行程；（b）封闭及输送行程；（c）压缩及喷油行程；（d）排气行程

（3）压缩及喷油过程。在输送过程中，吻合面逐渐向排气端移动，即吻合面与排气口之间的齿沟空间逐渐减小，齿沟内的空气逐渐被压缩，压力逐渐升高，此即压缩过程。压缩的同时，润滑油也因压差的作用被喷入压缩室内与空气混合。

（4）排气过程。当主、副转子的齿沟空间转至排气端时，其空气压力最大，此时转子下方的齿沟空间与进气口的自由空气相通，因此齿沟内的空气被排出，此时两转子的吻合面与机壳排气口之间无齿沟空间，即完成了排气过程。与此同时，两转子的吻合面与机壳进气口之间的齿沟空间达到最大，即开始一个新的循环。

2. 活塞式空气压缩机

活塞式空气压缩机工作原理及构造：电动机通过皮带轮将动力传递到曲轴，使曲轴旋转运动，再经连杆将曲轴的旋转运动转变为十字头的往复直线运动，十字头前端与活塞连接，活塞在缸体内随十字头一起做往复直线运动。当活塞运动离开液力端死点时，排出阀立即关闭，排出过程结束，吸入阀开启，吸入过程开始；当活塞运动离开动力端死点时，吸入阀立即关闭，吸入过程结束，排出过程开始。活塞和阀门的这种周而复始的运动就是活塞式空气压缩机的工作过程。

3. 冷冻式干燥机

冷冻式空气干燥机，是采用制冷的原理，通过降低压缩空气的温度，使其中的水蒸气和部分油、尘凝结成液体混合物，然后通过祛水器把凝结成的液体从压缩空气中分离排除，以达到干燥要求，它一般由预冷器、蒸发器、祛水器、自动排水器、冷媒压缩机、冷媒冷凝器、膨胀阀、热气旁路阀等组成。

4. 吸附式干燥机

吸附式干燥机工作原理及流程：无热再生空气干燥器是根据变压吸附原理，在一定的压力下，使压缩空气自下而上流经吸附剂（干燥）床层，根据吸附剂表面与空气中水蒸气分压取得平衡的特性，将空气中的水分吸附，从而达到除去压缩空气中的水分的目的，完成干燥过程。本吸附筒为双筒结构，筒内填满吸附剂（干燥），当一吸附筒进行干燥工序时，另一吸附筒进行解吸工序。

无热再生干燥器的解吸再生是根据快速降压方法，使吸附剂内被吸附的水分解吸，随后再用一定量经过干燥的空气将吸附剂内的水分吹出，使吸附剂（干燥）获得再生。

无热再生空气干燥器有 A、B 两个吸附筒，A、B 按照设定周期循环工作，A 吸附筒有进气阀 CV_a、排气阀 CV_{a1}，B 吸附筒有进气阀 CV_b、排气阀 CV_{b1}，A 吸附筒为干燥工序，进气阀 CV_a 打开，排气阀 CV_{a1} 关闭，湿空气有气体进气口进入，空气在筒内自下而上流经活性氧化铝吸附剂时，空气中的水分被吸附，干燥的空气由 A 吸附筒上部流出。88% 的干燥空气通过单向阀从气体出口流出。12% 的干燥空气从调节球阀和节流孔板通过并减压，此部分干空气用于 B 吸附筒中的吸附剂再生。同时，B 吸附筒为再生工序，进气阀关闭 CV_b，排气阀 CV_{b1} 打开，A 吸附筒的 12% 干燥空气自上而下流经 B 吸附筒内的吸附剂，吹走被吸附的水分，这部分再生气从 B 吸附筒下部流经已打开的排气阀 CV_{b1}，从消声器中排出。按照设定周期 A 吸附筒转入再生工序，B 吸附筒转入干燥工序，切换周期，各个阀门动作由数显电子程序控制器来完成，各个阀门的动作及时间均可通过控制面板上的指示灯和时钟显示。

六、干输灰系统使用的主要阀门（见图 1-6）

1. 球形气锁阀的工作原理

阀门关闭时，球形阀瓣转动 90° 至"关"位，气动装置凸轮压下到位开关触点，表明阀体已经到位，在接到到位信号后，密封圈内充入 0.5MPa 的压缩空气，发生鼓胀，使之与球

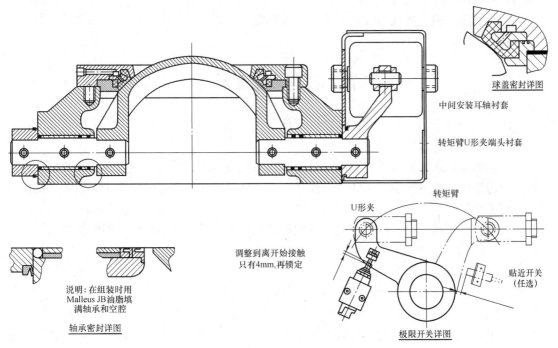

球盖密封详图

中间安装耳轴衬套

转矩臂U形夹端头衬套

转矩臂

U形夹

调整到离开始接触
只有4mm，再锁定

贴近开关
（任选）

说明：在组装时用
Malleus JB油脂填
满轴承和空腔

轴承密封详图

极限开关详图

图 1-6　干输灰系统使用的主要阀门

形阀瓣紧密贴合，实现密封。阀门开启时，密封圈内压缩空气先泄压，延时 1～2s 后，依靠自身弹性回缩，然后气动装置转动 90°至"开"位。此阀在启动过程中球形阀瓣与阀座（密封圈）不接触，启闭转矩小，很少磨损，从而提高了使用寿命，大大降低了维护费用和时间。

2. 气动耐磨球顶截止阀的结构组成和特点

气动耐磨球顶截止阀是专用于输送干粉装、气粉混合体系统中普遍使用的一种阀门，它的执行机构主要由阀体、阀盖、球顶式阀芯、上阀杆、下阀杆、阀杆衬套、气囊及各类连接件、密封件组成。阀杆与阀体为偏心结构设计、启闭方式为气动回转式，阀芯设计为球顶形，球面止灰板两侧呈锐角铲弧状。当阀门启闭时，有自行铲除积灰、积垢的功能。截止气囊密封系统采用氟橡胶，耐磨损，密封性能好，使用稳定可靠。

七、气力除灰管路

气力除灰管道一般应满足以下要求：

（1）气力除灰的管件和弯管应采用耐磨材料，管道布置尽量减少 90°弯头。

（2）气力除灰的直管段材质与除灰系统方式有关，宜采用普通钢管；若输送磨损性强的灰渣，宜采用耐磨钢管。

（3）除尘器灰斗下的除灰控制阀或气锁阀装置的支管道接入除灰主干管道时，应水平或向下接入。

（4）气力除灰管道每段水平管的长度不宜超过 200m，布置宜采用伸缩管接头等补偿措施。

（5）气力除灰管道可沿地面敷设，也可架空敷设。输灰管道应避免很长的倾斜管 U 形或向下起伏布置。

（6）灰斗出口处或灰管需要改变方向时，在拐弯前宜设有不小于管径 10 倍的直管段。

（7）较长距离输送的气力除灰系统中，除灰管道应采用分段变径管，分段数量和各段长度应由计算确定。

第四节　除渣系统设备及特点

除渣系统一般有水力除渣和机械除渣两种形式。电厂的五期工程采用水力除渣系统，六期工程采用机械除渣系统。

水力除渣是以水为介质进行灰渣输送的，其系统由排渣、冲渣、碎渣、输送的设备，以及输渣管道组成。水力除渣对灰渣适应性强，运行比较安全可靠，操作维护简便，在输送过程中灰渣不会扬散

机械除渣是由捞渣机、埋刮板机、斗轮提升机、渣仓和自卸运输汽车等机械设备组成。

1. 水力除渣主要存在的问题

（1）水力除渣的耗水量比较大，每输送 1t 渣需要消耗 10～15t 的水，运行很不经济。

（2）灰渣中的氧化钙含量较高容易在灰管内结成垢物，堵塞灰管，难以清除。

（3）除灰水与灰渣混合多呈碱性，其 pH 值超过工业"三废"的排放标准，则不允许随便从灰场向外排放。不论采取回收还是采取处理措施，都需要很高的设备投资和运行费用。

2. 机械除渣与水力除渣的对比

（1）机械除渣不需要水力除渣用的自流沟，地下设施（沟、管、喷嘴）简化。

（2）机械除渣对渣的处理比较简单，可减少向外排放的困难，输送方便，有利于渣的综合利用。

（3）机械除渣不存在冲灰水的排放回收等问题。

一、水力除渣系统

1. 刮板捞渣机的构造及结构特点

刮板捞渣机的结构组成及特点

刮板捞渣机的刮板连在两根平行的链条之间，链条在改变方向的地方还装有压轮，刮板和链条均浸在水封槽内，渣槽内需加入一定的水封用水。另外，其受灰段一般置于水平位置，使落入槽内的灰渣由槽底移动的刮板经端部的斜坡刮出，再通过斜坡可以得到脱水。刮板的节距一般在 400mm 左右，行进速度较慢，一般不超过 3m/min。渣槽端部斜坡的倾角一般在 30°左右，最大不超过 45°。刮板捞渣机结构简单，体积小，速度慢，但因牵引链条和刮板是直接在槽底滑动的，所以不仅阻力较大，而且磨损也比较严重。另外，当锅炉燃烧含硫量较高的煤种时，链条和刮板还要受到腐蚀，所以，刮板和链条要用耐磨、耐腐蚀的材料制造，并要求有一定的强度和刚性，以避免有大的渣块落下卡住，而使刮板和链条拉弯或扯断。

2. SZD 型振动筛

（1）构造及原理。SZD 型振动筛是利用惯性振动原理设计，由多个筛箱连接组成，每个相邻筛箱之间采用柔性活动连接，这样既可以防止物料掉入，又不影响工作振动。每个筛箱框上各对称安装一台方向相反的振动电动机，组成该级振动动力源。按照设计，振动筛在远超共振区运行，可以在变化的负荷下连续稳定地工作。

（2）SZD 型振动筛的性能特点。

1）筛箱由多级串接组成，可根据脱水量的大小和输送距离的远近决定所需要的级数。

2）可根据系统状况，选配不同孔隙的筛板，分离不同颗粒要求的灰渣。

3）选用聚氨脂筛板，耐磨，防结垢，不锈蚀。

4）采用振动电动机直接作为振动源，减少了零部件数量，提高了工作可靠性，降低了噪声。

5）结构简单，质量轻，消耗功率小，易损件少，便于检修维护。

6）筛板连接固定采用新结构，取消了铁压条、木压条及 T 形螺栓，其设计简单，便于筛板拆卸更换。

7）电气回路上设计有反接制动保护电路，可有效防止停机时通过共振区的剧烈振动而使机械损坏。

3. 冲渣泵（渣浆泵）构造与工作原理

冲渣泵系统一般由离心式渣浆泵，阀门及管路组成。

离心式渣浆泵的工作原理为当离心泵的叶轮被电动机带动旋转时，充满于叶片之间的流体随同叶轮一起转动，在离心力的作用下，流体从叶片间的槽道甩出，并由外壳上的出口排出，而流体的外流造成叶轮入口间形成真空，外界流体在大气压作用下会自动吸进叶轮补充。由于离心泵不停的工作，将流体吸进压出，便形成了流体的连续流动，并连续不断地将流体输送出去。

离心式渣浆泵主要由泵壳、叶轮、轴、轴承装置、密封装置、压水管、导叶等组成。

离心式渣浆泵通常在使用时要设计轴封水装置，它的作用是当泵内压力低于大气压力时，从水封环注入高于一个大气压力的轴封水，防止空气漏入；当泵内压力高于大气压力时，注入高于内部压力为 0.05~0.1MPa 的轴封水，以减少泄漏损失，同时还起到冷却和润滑作用。

二、机械除渣系统

（一）系统组成

机械除渣系统是由捞渣机、埋刮板机、斗轮提升机、渣仓和自卸运输汽车等机械设备组成。

（二）原理及流程

机械除渣系统流程见图 1-7。

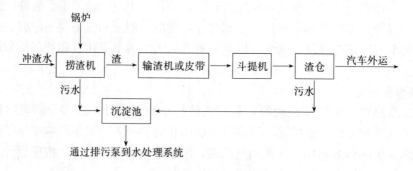

图 1-7 机械除渣系统流程

1. 斗轮提升机的组成

斗轮提升机即斗式提升机，其主要由机头部分、下料漏斗、链板与料斗、机尾部分、传动装置、止回器中间节壳体等部分组成。

2. 渣仓的结构组成及其匹配要求

渣仓主要由仓体、渣仓底渣阀门、落渣漏斗、振动器、重锤物料计五部分组成。

脱水设备的匹配要求如下：

（1）渣系统灰渣脱水仓应设两台，一台接受渣浆，一台脱水、卸渣。

（2）灰渣脱水仓的溶剂一贯按照锅炉排渣量，运输条件等因素确定。每台脱水仓的溶剂应能满足储存 24~36h 的系统排渣量。

（3）灰渣脱水过程的时间，有灰渣颗粒特性和析水元件结构等因素决定，脱水仓的脱水时间一般宜为 6~8h。

（4）脱水仓下部一般宜采用气动或液动排渣阀，排渣阀应密封，无泄漏，在寒冷地区，应有防冻措施。

（5）脱水仓的排水经过澄清后应循环使用。每套脱水仓应配澄清池或浓缩机，缓冲池各一座，直径可按处理水量而定。

新建渣仓的验收标准如下：

（1）仓壁磨损超过原壁厚的 2/3 时，应挖补更换。

（2）仓体无漏水、漏渣现象。

（3）各个支架、支柱、楼梯、平台、栏杆安全可靠。

（4）溢流堰缺口水平偏差小于 2mm。

3. 埋刮板输渣机的组成及特点

埋刮板输渣机由动力端减速机、机槽、链条、链接头、链轮、张紧装置、进出料管、刮板等组成，结构简单，转速低，耐磨损、耐腐蚀，运行可靠、稳定。

电 除 尘 器

电除尘器的技术参数很多，不同类型的电除尘器其参数也各不相同，电厂五、六期300MW机组电除尘器配备的型号分别为2HE2×42-2×800/4×4.0×11.7/300 和SDX-2×260-4/2，其技术参数，见表2-1、表2-2。

表 2-1　　　　　　　　　　　　　电除尘器本体的技术参数

序号	参 数 名 称	参 数 举 例	
1	型号	2HE2×42-2×800/4×4.0×11.7/300	SDX-2×260-4/2
2	电除尘器有效长度	15.92m	14m
3	电场有效长度	3.98m	4m
4	电场有效宽度	10m	10m
5	极板有效高度	11.7m	13m
6	同极间距	300mm	400mm
7	烟气流速	0.9m/s	1.007m/s
8	烟气在电场内的停留时间	17.8s	13.82s
9	驱进速度	8cm/s	8cm/s
10	收尘面积	31450m²	18096m²
11	流通面积	320m²	260m²
12	处理烟气量	179万 m³/h	45万 m³/h
13	比收尘面积	69.08m² · s/m³	69.08m² · s/m³
14	收尘极板类型	冷轧式钢板Σ形	大C形
15	放电线类型	锯齿线	RS芒刺线
16	放电线间距	300mm	300mm
17	放电线总长度	11.6m	12.6m
18	烟气温度	140℃	140℃
19	本体阻力	<294Pa	<294Pa
20	本体漏风率	<3%	<3%
21	抗震烈度	8级	8级
22	振打类型	侧面传动挠臂锤振打	侧面传动挠臂锤振打
23	振打驱动类型	电动机—减速机驱动	电动机—减速机驱动
24	阳极振打形式	周期振打	周期振打
25	阴极振打形式	周期振打	连续振打
26	板电流密度	0.4mA/m²	0.4mA/m²
27	设计效率	>99.9%	>99.3%
28	外壳结构	钢板	钢板
29	运行寿命	30 年，每年不小于 7500h	30 年，每年不小于 7500h

表 2-2 电除尘器电气有关技术参数

序 号	参 数 名 称	参 数 举 例	
1	型号	2HE2×42-2×800/4×4.0×11.7/300	SDX-2×260-4/2
2	高压设备容量	62.5kVA	LOA（60～72）kW
3	交流输入额定电压	单相 380V	单相 380V
4	交流输入额定电流	165A	225～270A
5	交流输入额定功率	62.5kVA	86～103kVA
6	直流输出额定电压	60～72kV	60～72kV
7	直流输出额定电流	800mA	1A
8	直流输出额定功率	80kW	60～72kW
9	供电电源频率	50Hz	50Hz
10	允许运行方式	连续	连续

第一节 电除尘器设备简介

一、电除尘器的发展及特点

1. 发展概况

利用电能来进行除尘的设想大约始于 200 年前，静电除尘器的第一个演示装置是由德国人霍非尔德在 1824 年完成的。到 20 世纪初叶，英国的物理学家洛奇爵士、美国加利弗尼亚大学的化学教授科特雷尔和法国的莫勒等人首次将电除尘器的原理用于工业气体的净化上，随后，由于交流电和电动机的发展，此原理给变压器和同步机械整流器的组合创造了条件，并在 1907 年获得成功。

近年来，电除尘器的发展很迅速，在我国的电力系统，特别是大型机组不断投运的背景下，电除尘器以它特有的优势已成为防止机组粉尘污染的一种重要手段。随着环境保护要求的日益加强，电除尘器的发展将更加迅速，应用范围也更加广泛，其性能、构造也将更进一步地完善。

2. 电除尘器的特点

电除尘器与其他类型除尘器相比有如下优点：

（1）除尘效率高。能有效地清除超细粉尘粒子，达到很高的净化程度。一般，电除尘器最小可收集到百分之一微米级的微细粉尘，而其他类型的除尘器则无能为力。电除尘器还可以根据不同的效率要求，使其设计效率达到 99.5% 甚至更高。

（2）能处理大流量、高温、高压或有腐蚀性的气体。

（3）电耗小，运行费用低。由于含尘气体的电除尘器对粉尘的捕集作用力直接作用于粒子本身，而不是作用于含尘气体，因此气流速度低，所受阻力小，当烟气经过除尘器时，其阻力损失小，相应地引风机的耗电量就小。

（4）维修简单，费用低。一台良好的电除尘器的大修周期比锅炉长，日常维护简单，更换的零部件少。

电除尘器与其他类型除尘器相比也存在着如下缺点：

（1）占地面积大，一次性投资大。

（2）对各类不同性质的粉尘，电除尘器的收尘效果是不相同的，它一般所适应的粉尘比电阻范围在 $10^4 \sim 5 \times 10^{10}\ \Omega/cm$。

（3）电除尘器对运行人员的操作水平要求比较高。与其他类型的除尘器相比较，电除尘器的结构较为复杂，要求操作工人对其原理和构造要有一定的了解，并且要有正确维护和独立排除故障的能力。

（4）钢材的消耗量大，尤其是薄钢板的消耗量大。例如：一台四电场 $240m^2$ 的卧式电除尘器，其钢材耗量达 1000t 以上。

二、电除尘器的类型

电除尘器按不同的分类方法可分出不同的类型。

1. 按对尘粒的处理方法分类

按电除尘器对尘粒的处理方法分，可分为干式和湿式两种类型。

（1）干式。烟气中的尘粒以干燥的方式被捕集在电除尘器的收尘极板上，然后通过机械振打的方式从极板上振落下来的为干式。

（2）湿式。在电除尘器收尘极板的表面形成一层水膜，被捕集到极板上的尘粒通过这层水膜的冲洗而被清除的为湿式。

2. 按烟气的流动方向分类

按烟气在电除尘器内部的流动方向分，可分为立式和卧式两种类型。

（1）立式。气体在电除尘器中自下而上地运动的称为立式，一般用于气体流量小、粉尘性质便于捕集、效率要求不高的场合。

（2）卧式。气体在电除尘器中沿水平方向流动的称为卧式，其特点是：

1）沿气流方向可分为若干个电场，可采用不同的工作制，从而提高除尘效率。

2）可以根据要求的不同除尘效率，任意增加电场的长度和个数。

3）在处理较大烟气量时，卧式电除尘器容易保证气流沿断面的均匀分布。

4）由于卧式电除尘器的高度比立式的低，因此其维护和检修较为方便。

5）适用于负压操作，可以延长引风机的寿命。

6）由于各电场所捕集的粉尘粒径不同，所以为综合利用提供了方便。

7）与立式的相比，其占地面积大。

3. 按收尘极的结构分类

按电除尘器内部收尘极的结构分，可分为管式和板式两种类型。

（1）管式。收尘极是由一根根截面呈圆环形、六角环形、方环形的钢管构成，放电极安装于管子中心，含尘气体自下而上地通过这些管内的电除尘器为管式结构。

（2）板式。收尘极是板状，为了减少粉尘的二次飞扬和提高刚度，通常把断面做成各种形状，如 C 形、Z 形、波浪形等。

4. 按收尘极与放电极的匹配形式分类

按收尘极与放电极在除尘器内部的匹配形式分，可分为单区式和双区式两种类型。

（1）单区式。粉尘粒子的荷电和捕集是在同一个区域内进行的；电晕极和收尘极都装在这个区域内是单区式。

（2）双区式。粉尘的荷电和捕集分别在两个结构不同的区域内进行。第一个区域内安装电晕极，第二个区域内安装收尘极。

三、电除尘器的基本结构及功能

电除尘器主要由两大部分组成，一部分是产生高压直流电的电源及其控制装置和低压控制装置；另一部分是电除尘器本体，烟气在本体内完成净化过程。

1. 电源及电源控制装置

电除尘器的电源是单相交流 380V 通过升压整流变压器而得到的，其控制装置的主要功能是根据被处理的烟气和粉尘的性质，随时调整供给电除尘器的工作电压在最佳状态，使之能够保持平均电压在稍低于即将发生火花放电的电压下运行。

2. 低压控制装置

电除尘器除高压电源及其控制装置外，还配备有许多低压控制装置，如温度检测控制、瓷轴加热闭环控制、振打周期控制、灰位指示、高低灰位报警和自动卸灰控制、检修门、人孔和柜的安全连锁控制等，这些都是保证电除尘器安全、可靠运行必不可少的控制装置。

3. 电除尘器本体

电除尘器本体的主要部分包括：烟箱设备、电晕极设备、收尘极设备、振打系统的设备、槽形板设备、储灰系统设备、管道系统、壳体及壳体保温和梯子平台等。

（1）烟箱设备。烟箱设备包括进气烟箱和出口烟箱两部分。进气烟箱是锅炉烟道与电除尘器连接的过渡段，烟气经过进气烟箱要完成由进气烟道的小截面到电除尘器电场烟道大截面的扩散。为了达到在整个电场截面上气流分布的均匀，在进气烟箱中装有两层及以上的气流分布板。出气烟箱已经是电除尘器净化的烟气由电场到出口烟道的过渡段。

（2）电晕极设备。电晕极是产生电晕、建立电场的最主要构件，它决定了放电的强弱，并影响烟气中粉尘荷电的强弱，从而直接关系到除尘效率。

（3）收尘极设备。收尘极设备是由若干块收尘极板排组成的，它与电晕极相间排列，共同组成电场，是粉尘沉积的重要部件，同样直接影响着电除尘器的除尘效率。

（4）振打系统设备。通过电动机带动一套旋转设备，将沉积在电晕极、收尘极上的灰尘周期性地振打下来，使其落入灰斗。

（5）槽形板设备。槽形板设备排列在出口烟箱的入口处，对逸出电场的粉尘进行再捕集。同时，它还具有改善电场气流分布和控制粉尘二次飞扬的功能。所以，它对提高电除尘器的除尘效率有显著的作用。

（6）储灰系统设备。储灰系统设备是把从电晕极和收尘极板上振打下来的粉尘进行集中，经卸灰装置排出，并送到其他输送装置。

（7）壳体。壳体可分成两部分，一部分是承担电除尘器全部结构重量及其外部附加荷载的框架；另一部分是用以将外部空气隔开，独立形成一个电除尘空间环境的隔墙。壳体不仅要考虑到有足够的刚度、强度及严密性，而且要考虑到工作环境下的耐腐蚀性和稳定性。

（8）管道系统。电除尘器的管道系统一般包括三部分：一是蒸汽加热管道，从汽轮机抽气或其他热源引来。二是热风保养管道，从空气预热器出口引来热风。三是积灰冲洗管道，用管道接来消防水对除尘器进行内部冲洗。

（9）壳体保温、梯子平台。壳体保温层的材料选用要适当，要求热阻大，重量轻。梯子平台是通往除尘器各部位的通道，又是进行维护、检修和测试采样的平台，要求其既宽畅通达，又坚固耐用。

第二节 电除尘器常用术语及工作原理

一、电除尘器常用术语

电除尘器是一种新型设备，与其他设备一样有其专用的术语，现介绍如下：

（1）台：具有一个完整的、独立外壳的电除尘器称为台。

（2）室：在电除尘器内部由壳体所围成的一个气流的通道空间称为室。一般，电除尘器设计为单室，将两个单室并联在一起，则称为双室电除尘器。

（3）场：沿气流流动方向将各个室分成若干区，每一个区有完整的收尘极和电晕极，并配以相应的一组高压供电装置，则称每个独立的区为收尘电场。

（4）电场高度（m）：将收尘极板的有效高度称为电场高度。

（5）电场通道和电场通道数：电场中两排极板之间的宽度，称为电场通道；电场中横截面极板的总排数减去一为电场通道数。

（6）电场宽度（m）：一个室最外两侧收尘极板的中轴线之间的有效距离（减去极板阻流宽度）称作电场宽度。

（7）电场截面积（m²）：电场的有效高度和其有效宽度的乘积为电场截面积，是表示电除尘器规格、大小的主要参数之一。

（8）电场长度（m）：在一个电场中沿气体流动方向，一排收尘极板的宽度（即每排极板第一块极板的前端到最后一块极板的末端之间的距离）称为电场长度。

（9）停留时间（s）：烟气流流过电场长度所需要的时间，称为停留时间，它等于电场长度与电场风速之比。

（10）电场风速（m/s）：烟气在电场中的流动速度，称为电场风速，它等于进入电除尘器的烟气流量与电场截面积之比。

（11）烟气阻力：电除尘器入口和出口烟道内烟气的全压之差，称为电除尘器的烟气阻力。

（12）收尘面积（m²）：收尘极板的有效投影面积，称为收尘面积。因为极板的两个侧面都起收尘作用，所以两面都应计入。一般，在除尘器参数中所说的收尘面积都是指单室的收尘面积。

（13）比收尘面积（m²·s/m³）：单位流量的烟气所分配到的收尘面积，称为比收尘面积，它等于收尘面积（m²）与单位烟气量（m³/s）之比，是电除尘器的重要结构参数之一。

（14）处理风量（m³/s）：单位时间内被处理的烟气量，称为处理风量，通常是指工作状态下电除尘器入口与出口的烟气量的平均值。

（15）驱进速度（cm/s）：荷电的悬浮尘粒在电场力的作用下向收尘极板表面运动的速度，称为尘粒子的驱进速度，它是对电除尘器进行性能比较和评价的主要参数，也是电除尘器设计的关键数据。

（16）收尘效率（%）：含尘烟气流经电除尘器时，其被捕集的粉尘量与原（流入时）粉尘量之比，称为收尘效率，它在数量上近似等于额定工况下除尘器进、出口烟气含尘浓度的差与原入口烟气含尘浓度之比。收尘效率是除尘器运行的主要指标。

（17）一次电压（V）：输入到整流升压变压器一次侧的交流电压。

（18）一次电流（A）：输入到整流升压变压器一次侧的交流电流。

（19）二次电压（kV）：整流升压变压器二次侧输出的直流电压。

（20）二次电流（mA）：整流升压变压器二次侧输出的直流电流。

（21）电晕放电：在相互对置的放电极和收尘极之间，通过高压直流电建立起极不均匀的电场，当外加电压升高到某一临界值（即电场达到了气体击穿的强度）时，在放电极附近很小范围内会出现蓝白色辉光，并伴有嘶嘶的响声，这种现象称为电晕放电。

（22）电晕电流：发生电晕放电时，在电极间流过的电流叫做电晕电流。

（23）火花放电：在产生电晕放电之后，当极间的电压继续升高到某一点时，电晕极产生一个接一个的，瞬时的，通过整个间隙的火花闪络，其沿着各个弯曲，或多、或少、或枝状的窄路到达除尘极，这种现象称为火花放电。

（24）电弧放电：在火花放电之后，再提高外加电压，就会使气体间隙击穿出现持续的放电，爆发出强光并伴有高温。这种强光会贯穿整个放电极和收尘极间的间隙，由放电极到收尘极，这种现象就是电晕放电。

（25）电晕功率：在电除尘器运行中，其电场的平均电压和平均电晕电流的乘积就是电晕功率，它是投入到除尘器的有效功率，电晕功率越大，除尘效率就越高。

（26）伏安特性：电除尘器运行过程中，电晕电流与电压之间的关系称为伏安特性。

二、电除尘器的工作原理

电除尘器的基本工作原理是：在两个曲率半径相差较大的金属阳极和阴极（一对电极）上，通以高压直流电，维持一个足以使气体电离的静电场，使气体电离后所产生的电子、阴离子和阳离子，吸附在通过电场的粉尘上，从而使粉尘获得电荷（粉尘荷电）。荷电粉尘在电场的作用下，便向与其电极极性相反的电极运动，并沉积在电极上以达到粉尘和气体分离的目的。电极上的积灰，经振打、卸灰、清出本体外，再经过输灰系统（有电力输灰和水力输灰）输送到灰场或者便于利用存储的装置中去。净化后的气体便从所配的烟筒中排出，扩散到大气中。电除尘器的工作原理可简单地概括为以下四个过程：

（1）气体的电离。

（2）粉尘获得离子而荷电。

（3）荷电粉尘（的捕集）向电极运动而收尘。

（4）振打清灰。

电除尘器是利用电力收尘的，又称为静电除尘。严格地讲，使用"静电"两个字并不确切，因为粉尘粒子荷电后和气体离子在电场力的作用下，所产生微小的电流（mA级），并不是真正的静电。但习惯上总是把高电压低电流的现象都包括在静电范围内，所以把电收（除）尘器也称为静电收（除）尘器。

（一）气体的电离

任何物质都是由原子构成的，而原子又是由带负电荷的电子、带正电荷的质子以及中性的中子三类亚原子粒子组成的。电子的负电荷数与质子的正电荷数是相等的。在各种元素的原子里，亚原子都以一定的规律排列，质子和中子总是组成紧密结合的一团，称为原子核。在原子核的外面有电子，电子围绕原子核沿一定的轨道运行，不同原子的电子运行轨道其形状和层数是不同的。如果原子没有受到干扰，没有电子从原子核的周围空间移出，则整个原子呈现中性，也就是原子核的正电荷数与电子的负电荷数相等。如果移（失）去一个或多个电子，剩下来带正电荷的结构就称为正离子，获得一个或多个额外电子的原子称为负离子。这种失去或得到电子的过程就称为电离。中性气体分子失去或得到电子的过程就称为气体电离。

1. 气体的电离和导电过程

（1）气体的电离过程。空气在通常情况下几乎不能导电，但是当气体分子获得一定能量时，就可能使气体分子中的电子脱离，这些电子就成为输送电流的媒介，气体就有了导电的性能。气体的电离可分为非自发性电离和自发性电离两类。

气体的非自发性电离是在外界能量作用下产生的。例如：气体受到 X 光、紫外线或其他的辐射线照射时，气体分子便因此而获得能量，并分裂为具有不同电荷的微粒及带有自由电子的原子、分子或其他的混合体，称为阴离子；失去一个或多个电子的气体分子称为阳离子。气体中的电子和阴、阳离子均发生运动，这就形成所谓的电晕电流。非自发性电离的特征之一是：气体中的电子或离子的数目不会连续增多，因为在产生电子和离子的同时，由于不同电性的离子受到库仑力的作用，又重新结合成为中性分子，这一过程称为离子的复合。非自发性电离的另一个特征是：外界的能量作用一旦停止，气体中的电荷就随之消失，此时气体仍成为绝缘体。

大气中存在着一些由于气体非自发性电离而产生的电子，但其数量较电除尘器所需要来传递电流的离子数少得多。因此，在电除尘器电场中，因为自由电子获得了能量，而使能传递的电流减弱，所以它不能够使粉尘荷电，而沉积在极板上。

气体的自发性电离是在高压电场的作用下产生的，不需特殊的外加能量，电除尘器的工作是建立在气体自发性电离的基础上的，即在电晕极和收尘极（阴极与阳极）之间，施加足够高的直流电压，使两极间产生极不均匀的电场，电晕极附近的电场强度最高，使电晕极周围的气体电离，产生电晕放电，电压越高，电晕放电越强烈。气体电离生成大量的自由电子和正离子。在电晕外区域（低场强区），由于自由电子动能的降低，不足以使气体发生碰撞电离而附着在气体分子上，形成负离子。负离子在电场力的作用下向收尘极运动，这样在电场空间就充满了大量的负离子。

气体在非自发性电离和自发性电离时，通过气体的电流并不一定与电位差成正比。当电流增大到一定限度时，即使再增加电位差，电流也不再增大，而形成一种饱和状态。在饱和状态下的电流称为饱和电流。

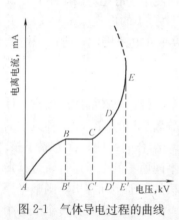

图 2-1　气体导电过程的曲线

（2）气体的导电过程。气体的导电现象又分为两种，一种属于低压导电，另一种属于高压导电。气体属于低压导电时，气体导电是通过借放电极所产生的电子或离子部分来传递电流，而气体本身并不起传递电流的作用，如电弧的应用就是这种导电的例子。气体属于高压导电时，由气体分子电离所产生的离子来传递电流，电除尘器就属于这一类，其电极的作用只是为了在通过电极间的气体中，维持一定的电场。气体的导电过程见图 2-1。在 AB 段，气体中仅存在少量的自由电子，在较低的外加电场电压作用下，自由电子作定向运动，形成很小的电流。随着电压的升高，向两极运动的离子也增加，速度加快，而复合成中性分子的离子减少，电流逐渐增大。

在 BC 段，由于电场内自由电子的总数不变，尽管电压有所升高，但气体导电仍然仅借助于大气中存在的少量自由电子，因而电流不会增加。但空气中游离电子获得动能，开始冲击气体的中性分子。当电压升高到 C′ 点时，由于气体中的电子已获得足够的动能，足以使与之碰撞的气体中性分子发生电离，结果在气体中开始产生新的离子，并开始由气体离子传送电流，于是电流开始明显增大，而且电压愈高，电流增大愈快。所以 C′ 点的电压就是气体开始电离的电压，通常也称为始发临界电压或临界电离电压。在 CD 段随着电场强度的增加，活动度较大的负离子也获得足够的能量来撞击中性原子或分子，使得电场中导电粒子越来越多，电流急剧增大。电子与气体的中性分子碰撞时，将其外围的电子冲击出来，使其成为阳离子，而被冲击出来的自由电子又与其他中性分子结合而成为阴离子。由于阴离子的迁移率比阳离子的迁移率约大 10^3 倍，因此在 CD 段使气体发生碰撞电离的离子只是阴离子。相对于气体中原来存在的自由电子而使气体中得以通过微量电流的现象，将电子与中性分子碰撞而产生新离子的现象，称为二次电离或碰撞电离。这样 C′ 点的电压就是开始二次电离的电压。在大量气体被电离的同时，也有一部分离子在复合，复合时一般有光波辐射但无声响，因此 CD 段的二次电离过程称为无声自发放电或光芒放电。

当电压继续升高到 D′ 点时，不仅迁移率较大的阴离子能与中性分子碰撞产生电离，而且迁移率较小的阳离子也因获得足够的动能而与中性分子碰撞产生电离。因此电场中连续不断地产生大量的新离子，这就是所谓的气体电离中的"电子雪崩"现象。随着电压的升高，通过电场的电流也得到更大的增长。同时也伴有离子的复合现象，复合过程也趋于激烈。在曲线 D 到 E 这一段，由于电子，阴、阳（正、负）离子都参与了碰撞作用，因此电场的离子浓度大幅度增加。据推算，所产生的离子数每立方厘米空间中约有一亿个以上。为了满足电除尘的需要，电场中每立方厘米空间中必须存在有一亿个以上的离子。此时放电极周围的电离区内，在黑暗中可以观察到围绕着放电极有淡蓝色的光点，同时还可以听到较大的咝咝声和噼啪的爆裂声。这些淡蓝色的光环或光点被称为电晕，所以将这一段的放电称为电晕放电，相对应于 D′ 点的电压，称为临界电晕电压。随着电压的继续升高，放电极周围的电晕区范围越来越大。在电压由 D′ 点升高到 E′ 点的过程中围绕着放电极周围的光点或光环常延伸成刷毛状或树枝状，而与尖端放电十分相似。因此称曲线 DE 为电晕放电段。达到产生电晕段的碰撞电离过程，也称为电晕电离过程。在电晕放电区，通过气体的电离电流，称为电晕电流。

当电压升高到 E′ 点时，正负极之间可能产生火花甚至是电弧，气体介质局部电离击穿，电场阻抗突然减小，通过电场的电流急剧增加，电场电压下降趋近于零，电场遭到破坏，于是气体电离过程终止。相对应于 E′ 点的电压，通常称为火花放电电压或临界击穿电压。

从临界电晕电压到临界击穿电压的电压范围，就是电除尘器的电压工作带。电压工作带的宽度除了与气体的性质有关外，还与电极的结构形式有关。电压工作带越宽，允许电压波动的范围越大，电除尘器的工作状态也越稳定。

电压超过 E′ 点，如果电极是一个平板和一个尖端，两者的距离又比较大，则只在尖端附近产生气体击穿，而不会扩展到整个空间。这时，气体不需要外界的电离源，也能自行产生足够的高能电子维持放电，从而进入"自持放电"阶段。在这一阶段，电离区的电流可以自行大幅度增加，而消耗的电压反而减少。如果两电极是平行极板，两极板间气体介质将全部击穿，则不能维持自持放电。

2. 离子的迁移率

气体中的电子或离子，因带电而受到电场力的作用，此力等于电荷与电场的乘积。若在真空中此力全部变成动能，而在气体中，因电子或离子碰撞时与分子摩擦作用失去一部分能量，则自身作匀速运动。

设荷电粒子沿电场方向的运动速度为 ω，电场强度为 E，则

$$\omega = KE \tag{2-1}$$

式中 ω——荷电离子的驱进速度；

　　　　K——离子的迁移率；

　　　　E——电场强度。

从式（2-1）可以看出，离子的迁移率是驱进速度与电场强度之比。若将电子、离子和带电尘粒的大小及迁移率作一比较，会有如下结果：粒子的大小，带电粒子远大于离子，离子远大于电子；迁移率，电子的迁移率远大于离子的迁移率，离子的迁移率远大于带电粒子的迁移率。

电子、离子、带电粒子的迁移率相差甚大，特别是带电粒子，它仅存在于电除尘器的电场中，因此它与一般的放电现象有显著的不同。带电粒子的迁移率与电子或离子的迁移率相比都非常小，因此，离子形成的空间电荷加上带电粒子形成的空间电荷将使电场分布明显歪曲。气体中的带电粒子碰撞后，它的路程和没有电场时的情况不同，其运动轨迹不是直线，而是抛物线，见图 2-2。

3. 电子雪崩

当一个电子从放电极（电晕、阴极）向收尘极（阳极）运动时，若电场的强度足够大，则电子被加速，在运动的路径上碰撞气体原子会发生碰撞电离。气体原子第一次碰撞引起电离后，就多了一个自由电子。这两个自由电子继续向收尘极运动时，又与气体原子碰撞使之电离，每一个原子又多产生一个自由电子，于是第二次碰撞后，就变成四个自由电子，这四个自由电子又与气体原子碰撞使之电离，产生更多的自由电子。所以，一个电子从放电极到收尘极，由于碰撞电离，电子数目由一变二，由二变四，由四变八，……电子数按等比级数像雪崩似地增加，其增加情况见图 2-3，这种现象就称为电子雪崩。

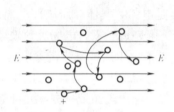

图 2-2　离子在气体中的运动

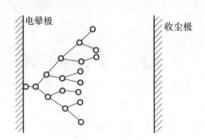

图 2-3　电子雪崩过程示意图

4. 电晕的形成

电除尘器是利用两电极之间的电晕放电进行工作的，稳定的电晕放电，取决于产生非均匀电场所需电极的几何形状和大小。若在由两块相互平行的金属板组成的电极间建立一个电

位差，由于电场中任一点的电场强度相同，则形成的是一个均匀的电场，故不能产生电晕。而当电位差增高到某一临界值（对于一个大气压下的空气来讲，约为 30kV/cm）时，电场中任一点的电场强度都增大到某一值，以致使整个电场击穿，发生火花放电的短路现象。由于这种配置方式产生的是均匀的电场，不能产生电晕，所以也就不能够适应电除尘器工作的需要。为了既使电除尘器电场中的气体电离，产生电晕，而又不使整个电场被击穿而短路，就必须采用这样一组电极形式：即在电位梯度有所变化的情况下，它能够产生非均匀电场，并且在电晕极周围附近有最大的电场强度，而在距离电晕极越远的地方，其电场强度越小。适合这种条件的电极，只能是一对曲率半径相差很大的电极（一极的曲率半径很小，另一极的曲率半径很大），如一根导线对着一个圆筒或一根导线对着一块平板，导线对着圆筒或导线对着平板所形成的电场见图 2-4。

当电晕出现后，在电除尘器的电极之间，划分出两个彼此不同的区域，即电晕区和电晕外区，见图 2-5。围绕着电晕线（放电线）附近形成的电晕区，通常仅限于放电极周围几毫米之内。在此区域内，电晕极表面的高电场强度使气体电离，并产生大量的自由电子及正离子，这时所产生的电子移向接地（正）极，正离子移向负极（电晕极本身）；若极线上面通以正高压电，则产生正电晕放电，这时正离子移向接地极，而电子移向放电极。

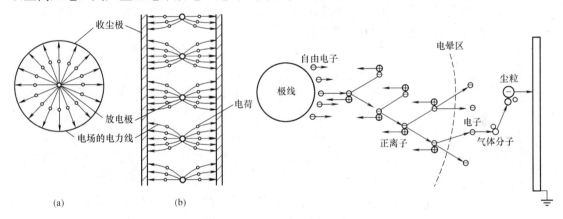

图 2-4　导线对着圆筒或导线对着平板
　　　　所形成的电力线示意图
（a）导线对着圆筒；（b）导线对着平板

图 2-5　电晕发生示意图

电晕外区是从电晕区以外到达另一个电极之间的区域，它占据电极间的大部分空间，其中电场强度急剧下降，并不产生气体电离，但因电晕区内产生的离子或电子进入这一区域后，碰撞到其中的中性分子，使之形成与放电极供电电压极性相同的正离子（正电晕放电）或负离子（负电晕放电），其数目可达 5×10^7 个/cm³。粉尘的荷电主要在这一区域进行。

根据电晕极所接电源极性的不同，电晕有阳电晕和阴电晕之分。当电晕极与高压直流电源的负极相连接，就产生阴电晕（也就是负极放电）。阴电晕只是在具有很大电子亲和力的气体或混合气体中才有可能形成。因此，阴电晕的特性对于气体成分的反应非常敏感，阴电晕的外观是在电晕极的周围有一连串局部辉光点或刷毛状的辉光。如果电晕极是很干净的，则可看到辉光沿着整个电极表面作快速跳动。阴电晕的各个辉光点具有脉动特性，容易用示波器检测出来。在达到电晕始发电压时，可以看到阴极电晕线的放电成为小的电流脉冲。当电压上升时，其重复频率也增加，如果有许多放电点的长极线，或电压较高时，脉冲重复频率就很高，各次放电就不能再区分出来。这种放电所发出的咝咝声也表明其脉冲性质。刷毛状的阴电晕中有局部可见的电子流存在，这就可以证明电子的电离路程长。在较高的电压下，离子流的长度可能达到十几毫米以上。这些离子流并不是突然终止的，而是在离开电晕线一定距离的弱电场中逐渐减弱和消失的。离子流的长度随电压和电流的增大而加长，这也能进一步证明电子有较长的电离行程。事实上，在接近火花放电的高电压情况下，由电晕区产生的自由电子经过整个电极空间到达收尘极所占的比例是很大的，这就使得总的电晕电流比阴电荷载体全部为阴离子时所形成的电晕电流大得多。

当电晕极与高压直流电源的正极相连接时，就产生阳电晕（也就是正极放电）。在阳极电晕的情况下，靠近阳极性电晕线的强电场空间内，自由电子和气体分子碰撞，形成电子雪崩过程。这些电子向着电晕极运动，而气体阳离子则离开电晕线向电场强度逐渐降低的电场运动，而成为电晕外区空间内的全部电流。在阳离子向收尘极运动时，因为不能获得足够的能量，所以发生碰撞电离就少，而且也不能轰击收尘极而使之释放电子。而维持阳电晕所必需的原始电子，最有可能的来源是由可见的辉光区辐射出来的紫外线光量子作用在气体分子上而释放出来的电子。阳电晕的外观是在电晕极表面，被比较光滑、均匀的蓝白色亮光包着，由此证明这种电离过程具有扩散性质。

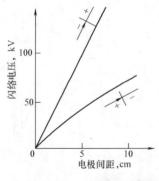

图 2-6　针—平板电极在不同
电晕极性的闪络电压示意图

虽然这两种不同极性的电晕都已用到除尘技术上，但是除空气净化（空调）考虑到阳电晕产生的臭氧较少而采用阳电晕外，在工业用的除尘器中，几乎全部采用阴电晕。这是因为在相同条件下，阴电晕可以获得比阳电晕高一些的电流，而且其闪络电压也远比阳电晕放电高出好多，即阴极电晕放电能以较高的电压运行。电除尘器稳定的电晕放电过程，取决于非均匀电场中形成电晕的条件，其中最主要的是电晕线的半径、两极间的距离和气体的密度等。图 2-6 是在同样电极情况下，不同的电晕极性、极间距离与闪络电压的关系。

（二）除尘空间粉尘的荷电（尘粒荷电）

粉尘荷电是由电晕放电，气体电离产生正、负离子，这些正、负离子依附在粉尘粒子上，使粉尘带电，即为（尘粒）荷电，它是电除尘器工作过程中最基本和最关键的一个环节。虽然有许多与物理和化学现象有关的荷电方式可以使粉尘荷电；但是，大多数方式产生的电荷量不大，不能满足电除尘器净化大量含尘气体的要求。

在电除尘器的电场中，粉尘的荷电与粉尘的粒径、电场强度、停留时间等因素有关。而粉尘的荷电机理基本上有两种：一种是电场中离子的依附荷电，这种荷电机理通常称为电场荷电或碰撞荷电；另一种则是由于离子扩散现象产生的荷电过程，这种荷电机理通常称为扩散荷电。在除尘器中，哪种荷电是主要的这要取决于尘粒的粒径。对于粒径大于 $0.5\mu m$ 的尘粒，电场荷电是主要的；对于粒径小于 $0.2\mu m$ 的尘粒，扩散荷电是主要的；对于粒径在 $0.2\sim0.5\mu m$ 之间的尘粒，扩散荷电和电场荷电都起作用。但是，就大多数实际应用中的工业用电除尘器所捕集的尘粒范围而言，电场荷电则更为重要。荷电和尘粒的关系见图 2-7。

1. 电场荷电

电场荷电是指在外加电场的作用下，离子沿电力线有序地运动与悬浮于气流中的尘粒相碰撞，并黏附在尘粒上使之荷电，其过程大体解释为，将一球形尘粒置于电场中，设这一尘粒与其他尘粒的距离比其尘粒的半径要大的多，并且尘粒附近各点的离子密度和电场强度均相等。因为尘粒相对介电系数大于1，作为电介质的粒子在电场中出现将被极化，从而改变粒子附近原来外加电场的分布。一部分电力线与尘粒表面相交，见图2-8(a)。沿电力线运动的离子与尘粒碰撞时会把电荷传给尘粒，荷电尘粒产生电场，见图2-8(b)。尘粒荷电后，就会对后来的离子产生斥力，因此尘粒的荷电速率逐渐下降，见图2-8(c)。最终荷电尘粒本身产生的电场与外加电场正好平衡时，荷电便停止，见图2-8(d)。这时尘粒的荷电达到饱和状态，这种荷电过程就是电场荷电。

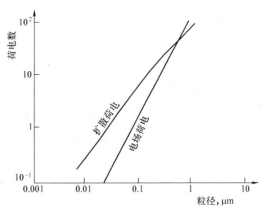

图 2-7 荷电和尘粒的关系示意图

当尘粒荷电达到饱和状态时，不再有离子来到尘粒的表面。饱和电荷量主要取决于尘粒的直径、电场强度和尘粒的介电系数。经过理想状态的静电学分析，尘粒的饱和电荷量正比于尘粒半径的平方。所以粒径的大小是影响尘粒荷电的主要因素。粉尘的粒径愈大，电场强度愈高，则尘粒的

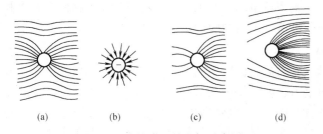

图 2-8 尘粒附近的电场示意图

(a) 未荷电；(b) 粒子的电场；(c) 部分荷电；(d) 饱和荷电

饱和电荷量愈大。另外，通过其他分析还可以得出对于通常的电除尘器，可以认为尘粒一进入电除尘器后，就很快达到了饱和电荷量的状态。

2. 扩散荷电

尘粒的扩散荷电是由于离子的无规则热运动造成的。离子的热运动使得离子通过气体而扩散，扩散时能与气体中所含的尘粒相碰撞，这样离子一般都能吸附在尘粒上。这是由于离子接近尘粒时，有吸引作用的力在起作用。所以，离子扩散使尘粒荷电机理与外加电场的作用并无关系。外加电场虽然有助于粒子荷电，但就离子扩散荷电过程来说，并不是必需的。离子的扩散荷电取决于离子的热能、尘粒的大小和尘粒在电场中停留的时间等。在扩散荷电过程中，离子的运转并不是沿着电力线，而是任意的，基本遵循气体分子的运动理论。

悬浮于有离子的气体中的某一粒子，单位时间内接受粒子碰撞的次数依赖于粒子附近离子的密度及离子热运动的平均速度，后者又取决于温度和气体的性质。当粒子获得电荷之后，将排斥后来的离子，然而根据热能的统计分布规律，总会有些离子具有能够克服排斥力的扩散速度，因而不存在理论上的饱和荷电，这与电场荷电不同。但是随着粒子上积累电荷的增加，荷电速率将越来越低。

在相同条件下，以上两种荷电机理粉尘荷电量的比较见表2-3，由此可以得出如下几点：

（1）对于半径等于 $1\mu m$ 的尘粒，两种荷电机理所获得的电荷数的数量级是相同的。

（2）对于半径小于 $0.1\mu m$ 的尘粒，主要靠扩散荷电。

（3）对于半径大于 $1\mu m$ 的尘粒，主要靠电场荷电，它比离子扩散荷电所获得的电荷数要大的多。尘粒的粒径愈大，差别也愈大，此时扩散荷电可以忽略不计。而对粒径较大的尘粒，只考虑电场荷电。

表 2-3 电场与扩散荷电机理的粉尘荷电量的比较

粉尘半径 （μm）	电场荷电获得的电荷量（ne）				扩散荷电获得的电荷量（ne）			
	荷电时间（s）				荷电时间（s）			
	0.01	0.1	1.0	∞	0.001	0.01	0.1	1.0
0.1	0.7	2	2.4	2.5	3	7	11	15
1.0	72	200	244	250	70	110	150	190
10.0	7200	20000	24400	25000	1100	1500	1900	2300

注 ne 表示电子电荷倍数。

（三）荷电尘粒的捕集

粉尘荷电后，在电场的作用下，带有不同极性电荷的尘粒，则分别向极性相反的电极运动，并沉积在电极上。工业用电除尘器多采用负电晕，在电晕区内少量带正电荷的尘粒沉积在电晕极上。而电晕外区的大量尘粒带负电荷，因而向收尘极运动。

1. 荷电尘粒的捕集过程

在电除尘器中，处于收尘极和电晕极之间荷电极性不同的尘粒在电场力的作用下（实际上荷电尘粒受四种力的作用，即尘粒的重力、电场作用在荷电尘粒上的静电力、惯性力、尘粒运动时的阻力），分别向不同极性的电极运动。在电晕区内和靠近电晕区域很近的一部分荷电尘粒与电晕极的极性相反，于是就沉积在电晕极上。但是因为电晕区的范围很小，所以数量也少。而电晕外区的尘粒绝大多部分带有与电晕极性相同的电荷，所以，当这些荷电尘粒十分接近收尘极表面时，便沉积在其上，并被捕集。

尘粒的捕集与许多因素有关，如：尘粒的比电阻，介电常数和密度，气流速度，温度，湿度，电场的伏安特性及收尘极的表面形状等。在现阶段要导出包括上述各个因数的数学表达式是很困难的，所以尘粒在电除尘器中的捕集过程，要根据具体条件来考虑，并主要通过试验来确定。

就定性而言，粉尘在电场里的运动轨迹主要取决于气流状态和电场的联合影响。在电场中悬浮于气体中的尘粒若小于 $10\sim20\mu m$，其运动状态主要取决于气流，而电场的影响就是次要的因素。对于较大的尘粒，电场力在决定尘粒的运动轨迹方面，确有较大的作用。但是，在电除尘器中，最主要的还是细微粒子，所以气体的状态和性质是尘粒被捕集基本定律的主要因素。

理论上气流状态可以是层流或紊流。但是，层流的模式只能在实验室里实现，气流在层流状态下电场中尘粒的运动见图 2-9。荷电尘粒，位于高压电晕极附近，它必须向接地的收尘极运动 b 的距离，才能被收尘极捕集。实际上，工业用电除尘器，气流都是呈不同状态的紊流。虽然层流状态下的一些数理分析只是在学术上、实验室里有意义，但是为了定性和便于比较起见，其还是很有参考价值的。

由于在工业电除尘器中的气流状态多为紊流，使得悬浮尘粒的捕集过程有很大的变化。尘粒的运动轨迹不像图 2-9 所示的那样，只是气流速度和驱进速度的向量和，而其支配尘粒运动的轨迹是紊流特性所引起的杂乱无章的气流状态，见图 2-10。从图中可以看出，尘粒运动的途径几乎完全受紊流的支配，只有当尘粒偶然地进入库仑力能够起作用的层流边界区内时，尘粒才有可能被捕集。这时通过电除尘器的尘粒，既不可能选择它的运动途径，也不可能选择它进入边界区的地点，其很有可能直接通过电除尘器，就被捕集。因此，尘粒能否被捕集应该说是一个概率问题。就单个粒子来说，其除尘效率或者是零，或者是 100%。

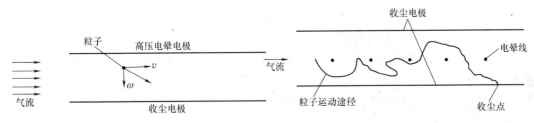

图 2-9　气流为层流状态下电场中　　　图 2-10　电除尘器中悬浮尘粒不规则运动示意图
尘粒的运动示意图

2. 除尘器的效率公式——多依奇公式

电除尘器的效率公式（2-2）是多依奇于 1922 年从理论上推导出来的，通常也称为多依奇公式，即

$$\eta = 1 - e^{-A\omega/Q} \tag{2-2}$$

式中　η——除尘效率；

　　　A——收尘面积，m^2；

　　　Q——处理烟气量，m^3/s；

　　　ω——驱进速度，m/s。

按照上式计算除尘器效率，关键在于求得驱进速度 ω 的值。按理论公式（忽略扩散荷电）计算的驱进速度，常常要比实际的驱进速度高 2～10 倍。工程上实际用的驱进速度是根据工业电除尘器的收尘面积、处理烟气量和实测的除尘效率反算出来的。为了与前者相区别，把后者称为有效驱进速度，但实际上人们所称的驱进速度习惯上都是指有效驱进速度。工业粉尘有效驱进速度大致为 5～11cm/s，见表 2-4。

表 2-4　　　　　　　　　　　　　　粉尘的有效驱进速度　　　　　　　　　　　　　　cm/s

名　称	范　围	平均值	名　称	范　围	平均值
锅炉飞灰	4～14	8	吹氧平炉	7～10	8
粉煤炉飞灰	8～12	10	铁矿烧结	8.5～14	10.5
纸浆及造纸	6.5～10	7.5	高炉	6～14	11.0
硫酸	6～8.5	7.0	冲天炉	3～4	—
水泥（干法）	6～7	6.5	闪速炉	—	7.6
水泥（湿法）	9～12	11.0	氧气转炉	8～10	—
石膏	16～20	18	石灰石	3～6	5

多依奇公式还可以变换成下列形式，即

对于板式电除尘器 $\eta = 1 - e^{-L\omega/(B \cdot v)}$ (2-3)

对于管式电除尘器 $\eta = 1 - e^{-2L\omega/(r \cdot v)}$ (2-4)

式中 L——板式电除尘器的极板宽度或管式电除尘器管子的长度，m；

       B——异极间距，mm；

       v——电场气流速度，m/s；

       r——管式电除尘器的半径，mm。

比较上述两式可知，当 B 和 r 相等时，对一定的除尘效率而言，管式电除尘器的气流速度可以比板式电除尘器的气流速度增加一倍。当气体流量一定时，板式电除尘器的效率与间距无关，而管式电除尘器的效率则随管径而增加。

多依奇公式还表明：除尘效率和电场长度 L 成正比，这意味着在同一台电除尘器内，单位电场长度的除尘效率相等。除尘效率一定时，除尘器的尺寸与驱进速度成反比，和处理的气体流量成正比。按照多依奇公式计算的除尘效率与指数 $A\omega/Q$ 的关系见表 2-5。

表 2-5   **除尘效率与指数 $A\omega/Q$ 的关系**

指数 $A\omega/Q$	1.0	2.0	2.3	3	4.61	6.91
收尘效率 η（%）	53.2	86.5	90.0	95.0	99.0	99.1

表 2-5 说明：当除尘效率由 90% 提高到 99% 时，指数 $A\omega/Q$ 的值由 2.3 增大到 4.61，若 ω 保持不变，则电除尘器的尺寸要增加一倍。所以设计电除尘器的效率并不是越高越先进，而是既满足排放要求，又能获得预期的投资效果，才算是先进合理的。

多依奇在推导效率公式的过程中作了一系列的假设，基本假设主要有：

（1）气流的紊流扩散使尘粒得以完全混合，因而在任何断面上的粉尘浓度都是均匀的。

（2）通过电除尘器的气流速度除除尘器边界层外都是均匀的，同时不影响尘粒的驱进速度。

（3）粉尘一旦进入电除尘器内就认为已经完全荷电。

（4）收尘极表面附近尘粒的驱进速度对于所有的粉尘都为一个常数，其与气流速度相比是很小的。

（5）不考虑冲刷、二次飞扬、反电晕和粉尘凝聚等因素的影响。

由于多依奇公式是在许多假定条件下推导出来的纯理论公式，与电除尘器实际运行情况有较大的差别，因此，世界上不少从事电除尘器技术研究的学者力求对多依奇公式予以修正，使其尽可能地接近实际。

3. 极板上粉尘沉降量的分布

通过模型试验得到，电场内粉尘浓度分布符合指数函数规律变化。不同大小的荷电粒子在电场中的驱进速度是不同的。目前还没有办法直接测定荷电粒子在电场中的运动速度，只是通过测定除尘效率来间接求出驱进速度。试验粉尘是由不同粒径的粉尘组成的，其整体驱进速度应该是等效驱进速度，不同粒径粉尘的驱进速度见表 2-6。

根据上述测定结果，应用多依奇公式可以求出试验粉尘和不同粒径粉尘的相对沉降量见图 2-11 和图 2-12。

表 2-6 　　　　　　　　　　　　不同粒径粉尘的驱进速度

粉尘粒子 （μm）	风　速 （m/s）	驱进速度 ω 测定值 （m/s）	距进口的距离（mm）				
			45	90	180	360	550
原始粉尘	1.0	0.45	0.667	0.446	0.198	0.039	0.007
小于 2	1.0	0.136	2.40	2.13	1.67	1.00	0.61
2～5	1.0	0.231	3.75	3.05	2.01	0.88	0.36
5～10	1.0	0.259	4.11	3.25	2.04	0.80	0.30
10～20	1.0	0.262	4.13	3.27	2.04	0.79	0.29
原始粉尘	2.0	0.73	5.26	3.78	1.96	0.53	0.13
小于 2	2.0	0.40	3.34	2.79	1.95	0.95	0.44
2～5	2.0	0.53	4.18	3.29	2.04	0.79	0.29
5～10	2.0	0.60	4.56	3.49	2.04	0.70	0.22
10～20	2.0	0.47	3.80	3.08	2.02	0.87	0.35
原始粉尘	3.5	0.42	2.17	1.94	1.56	1.01	0.64
小于 2	3.5	0.24	1.24	1.14	0.97	0.69	0.49
2～5	3.5	0.26	1.40	1.30	1.14	0.87	0.66
5～10	3.5	0.38	1.95	1.77	1.46	0.99	0.66
10～20	3.5	0.23	1.25	1.17	1.04	0.82	0.64

　　从图 2-11 可知，在电场流速为 2m/s 的条件下，从总体上看，粉尘的相对沉降量随距离的增大而迅速衰减，大约在进口 100mm 处，粉尘的相对沉降量即减少到进口相对沉降量的 1/2。高风速时，如烟气流速在 3.5m/s 时，粉尘相对沉降量随距离的增加变化不大，极板前后相对沉降量差别不大。

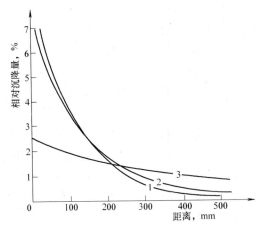

图 2-11　不同距离处的粉尘沉降量

1—电场流速为 1m/s；2—电场流速为 2m/s；
3—电场流速为 3.5m/s

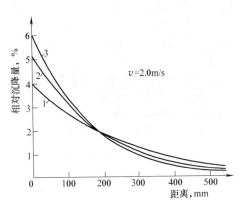

图 2-12　不同粒径在不同距离处的相对沉降量

1—粉尘粒径小于 2μm，$\omega=40cm/s$；2—粉尘粒径 2～5μm，
$\omega=53cm/s$；3—粉尘粒径 5～10μm，$\omega=60cm/s$

图 2-12 是在电场流速为 2m/s 时各粒径区间的粉尘在不同位置的相对沉降量。从中可以看出，各粒径区间的相对沉降量的分布差别不大。随着粒径的减小，相对沉降量曲线变的平缓。试验还表明，当流速提高，极板上各处的粉尘相对沉降量迅速降低。

4. 不同粒径的粉尘在极板上的分布

不同粒径的粉尘在不同流速下的沉降位置见图 2-13 和图 2-14。图中曲线都在中位径为 20μm 处保持一段平直段，然后均向下弯曲。弯曲段的位置随流速大小而不同，流速越大，平直段越长。这说明：风速小时，大粒径颗粒很快沉降；流速大时，大粒径颗粒沉降较慢；处于平直段位置极板上沉降的粉尘，其粒径分布与原始粉尘粒径分布基本保持一致，随着距离的增加，沉降粉尘的粒度急剧变细，距离再增加，粒度的变化又变的平稳。

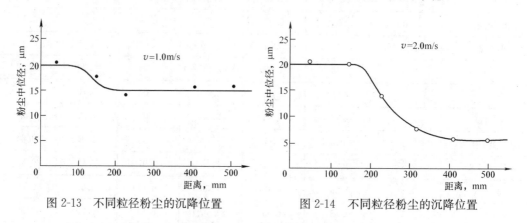

图 2-13 不同粒径粉尘的沉降位置　　　　图 2-14 不同粒径粉尘的沉降位置

第三节　电除尘器的本体结构

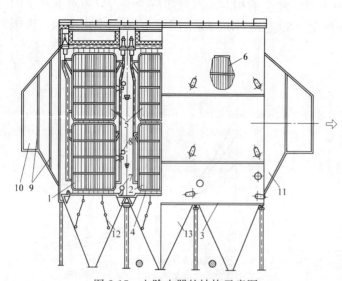

图 2-15 电除尘器的结构示意图

1～3—电场；4—收尘极；5、6—电晕线；7—收尘极振打装置；
8—电晕极振打装置；9—入口气流分布板；10—入口喇叭管；
11—出口喇叭管；12—阻流板；13—储灰斗

电除尘器由本体（机械部分）和供电装置（电气部分）两大部分组成。

电除尘器的本体是实现烟尘净化的场所，通常为钢结构，约占总投资的 85%。目前火力发电厂中的大型锅炉应用最广泛的是板、卧、干式的单区电除尘器，其一般结构见图 2-15。电除尘器的主要部件有壳体、收尘（阳、集尘）极、放电（阴、电晕）极、振打装置和气流分布装置及附件等。

（一）壳体

电除尘器壳体的作用是引导烟气通过电场，支撑电极和振打设备，形成一个与外界环境隔离的独立的收尘空间。壳体的结构应有足够的刚度和稳定性，不允许发生改变电极间相对距离的变形，同时还要求壳体封闭严密，漏风率在5%以下。

壳体的材料可根据被处理的烟气性质确定，一般都用钢材来制作。烟气有腐蚀性的，可用砖、混凝土或耐腐蚀的钢材制作。若高温烟气中含有腐蚀性物质，则必须外敷保温层，以保持壳体内的烟气温度高于烟气的露点温度。

壳体上开有检修门，装有楼梯、平台和安全装置。壳体的伸缩是利用支承除尘器的支柱下面的支撑轴承来实现的。支撑轴承除用一个固定支座外，其余都用单向或双向的活动支座。

电除尘器壳体由框架和墙板两部分组成。框架由立柱、大梁、底梁和支撑构成，是电除尘器的受力体系。电除尘器的内部结构由顶部的大梁承受，并通过立柱传给底梁和支座。墙板一般是用厚5mm的钢板并适当加筋制作构成一体。墙板应能承受电场运行的负压、风压及温度应力等，同时还要满足检修和敷设保温层的要求。

（二）收尘极（集尘极、阳极）

收尘极是收尘极板通过上部悬吊及下部承击砧组装后的总称。

1. 对收尘极板的基本要求

收尘极板又称阳极板，其作用是捕集荷电粉尘。当收尘极板受到冲击力时，极板表面附着的粉尘成片状或团状脱离板面，并落入储灰斗，从而达到除灰的目的。

对收尘极板的基本要求是：

（1）有良好的电性能，极板电流密度和极板表面的电场强度要分布比较均匀，与电晕极（放电极）之间不易发生电闪络。

（2）极板受温度影响的变形小，并具有足够的刚度。

（3）极板边缘没有锐边、毛刺，不易产生局部放电现象。

（4）极板的振打力传递性能好，振打加速度分布比较均匀。

（5）干式电除尘器振打时，粉尘易振落，二次扬尘小。

（6）湿式电除尘器的极板容易形成水膜。

（7）钢材消耗尽量少，质量尽可能轻，价格要便宜。

但在实际设计应用中，收尘极板的形状大都比较简单，一般侧重于保证极板的足够刚度，减少极板上粉尘的二次飞扬，同时对极板的加工要求严格，消除锐边毛刺，以避免出现火花放电。

极板的材质选用，取决于被处理烟气的性质，一般采用普通碳素钢。如果净化有腐蚀性的烟气，可采用不锈钢或在钢板上加涂料。极板多用厚1.2~2mm的卷板轧制而成，每一排极板不宜用整块钢板制作成一体，而应由若干块极板拼装而成。整排极板的长度就是电场的长度，一般不超过4.5m，极板的高度就是电场的高度，在2~15m之间，应根据电除尘器的尺寸确定。每块极板的宽度一般不超过1m。

2. 常见收尘极板的断面形状

立式电除尘器的收尘极板常见的有圆管状（φ250~300的钢管）和郁金香花状两种，后一种因为有良好的防止二次飞扬的性能，所以在立式电除尘器中被广泛地应用，其断面形状见图2-16。

卧式电除尘器的极板形式有很多，如：网状、棒帏状、鱼鳞板状、波纹状、C形、Z形、大C形、CW形、ZT形、工字形等，其断面见图2-17。网状形的极板防止粉尘的二次飞扬的性能差，仅适用于电场风速小、温度高的情况，目前在设计中已不被采用。棒帏状的极板是采用一排由若干根φ8~9的钢筋编织而成，它和网状阳极板一样，在高温下易变形，且粉尘的二次飞扬大，目前也已经很少被使用。鱼鳞板状极板由三层钢板组成，它虽有较好的防止粉尘的二次飞扬的性能，但因其钢材消耗量大，极板的震动性能差，所以新设计的电除尘器也不多被采用。波纹状极板是20世纪50年代末期开始被使用的，它比鱼鳞板状极板有所改进，质量较轻，刚度较大，但防止粉尘的二次飞扬和传递振动的性能差，现在也已被淘汰。C形极板是60年代初期出现的一种极板，由于极板的阻流宽度大，不能充分利用电场空间，所以很快就被其他形状的极板代替。Z形极板从1965年起是我国普遍被采用的一种极板，它有较好的电性能（板面电流密度分布比较均匀）、防止粉尘二次飞扬的性能和振打加速度的传递及分布均匀的性能等，质量也较轻，但经过长期的实践发现，由于两端的防风沟朝向相反，极板在悬吊后容易出现扭曲。大C形极板一方面保持了Z形极板的良好工艺性能，克服了Z形极板易发生扭曲的缺点；另一方面将其钢板的厚度由原来的2mm改为1.5mm，大大地节约了钢材的消耗量。CW形极板是德国鲁奇公司设计的，它有良好的振打性能和电性能，但制造困难，已被ZT形所代替。

图2-16 立式电除尘器
郁金香花状收尘极板
断面示意图

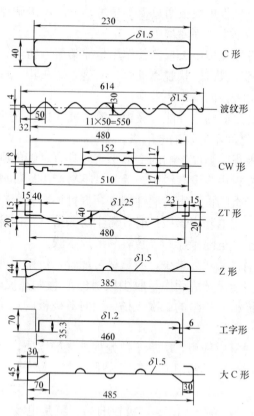

图2-17 板式电除尘器各种极板断面示意图

3. 极板的悬吊

阳极板排是由若干块阳极板组成的，极板的高度根据电除尘器的规格不同而有所变化，它的上部是悬吊梁，通过凸凹套、螺栓等附件将极板悬吊起来。下部是撞击杆，撞击杆的两块夹板把极板固定为极板排，端部是振打砧，用以承受振打锤的打击。阳极板排的中间一般没有腰带，为了保证阳极板排的平面度，悬吊梁的两端有弧形支座，可以对板排进行调节。考虑到在运行温度下阳极板排的热膨胀，不仅将阳极板排自由悬吊在除尘器内，而且在下部还留有膨胀余量。

最常见的阳极板悬吊方式有两种：一种是自由悬挂式悬吊（也称偏心悬吊），另一种是紧固型悬吊，具体采用哪种悬吊方式由设计确定。

（1）自由悬挂式悬吊，以单点偏心悬吊为代表，见图 2-18。采用这种悬吊方式的极板，上下端均焊有加强板，上端加强板的悬吊点位于极板二分之一宽度的中心线上，只用一个轴销定位，使之形成单点悬吊（单点偏心悬吊）。极板由于本身重力矩的作用向右侧偏斜，由承击杆内的挡铁将它找正。极板偏心愈大，下部加强板与挡铁的正压力愈大。当振击力从右方传递过来时，下端加强板对挡铁产生相对运动，极板绕上部偏心悬吊点回转，然后靠自重落下，再次与挡铁碰撞。单点偏心悬吊的极板，在振打时位移较大，当振打力一定时，其传递振打力较小，但比较均匀，固有频率较低，因此清灰效果较好。这种悬吊方法适用于烟气温度较高的场合。

（2）紧固型悬吊见图 2-19。极板上、下均用螺栓加以固定，并借助垂直于极板表面的法线的振打加速度，使粉尘与极板分离。这种悬吊方式的极板振打位移小，板面振打加速度大，固有频率高，振打力从振打杆到极板的传递性能好，但其安装工作量大，必须采用高强度的螺栓，并且将所有的螺栓都拧紧。目前，国内采用这种方式的较多。紧固型悬吊还有两种悬挂方式，即极板弹性梁结构悬挂方式和极板挂钩结构悬挂方式。

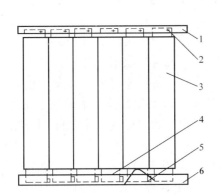

图 2-18　极板单点偏心悬吊方式示意图

1—悬吊梁；2—轴销；3—极板；4—加强板；
5—挡铁；6—承击杆（砧）

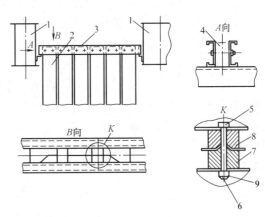

图 2-19　极板紧固型悬吊示意图

1—壳体顶梁；2—极板；3—悬吊梁；4—支撑块；5—螺栓；
6—螺帽；7—凸套；8—凹套；9—螺栓与螺帽点焊点

1）极板弹性梁结构悬挂是将极板上悬吊杆固定在一根弹性梁上，见图 2-20。弹性梁由薄钢板压制而成，其传递冲击振打时允许有轻微的弹性变形。弹性梁的尺寸取决于悬吊极板的自重及极板粘灰的荷重。采用这种结构形式可以使极板振打加速度分布较均匀。

2）挂钩结构悬挂方式，见图 2-21。这种悬吊方式是上部通过悬吊梁的挂钩定位，下部固接。极板受热伸长时，由于上端不是固接，从而影响异极距的可能性就小。这种悬挂方式与紧固型悬挂方式的固有频率不同，极板上端部分的振打加速度衰减相对较少，其还有制作、安装简单方便等优点。

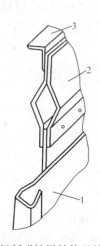

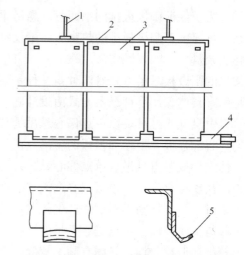

图 2-20　极板弹性梁结构悬挂法示意图
1—极板；2—弹性梁；3—悬吊角钢

图 2-21　极板挂钩结构悬挂法示意图
1—顶梁；2—悬挂梁；3—收尘极板；4—承击杆；5—挂钩

4. 极板的布置方式

工业电除尘器中的气流为紊流，尘粒的运动途径几乎完全受紊流的支配。只有当荷电尘粒偶然地进入到库仑力能够起作用的层流边界区域以内时，粒子才有可能被捕集。通过电除尘器的尘粒，既不可能选择它的运动路径、也不可能选择它进入边界区的地点。这就要求选择极板布置方式时，在每个气流通道中的气流方向上的任一横断面所收集的荷电尘粒几率均等，而且使尚未收集的尘粒在气流中任一断面上的浓度尽可能均匀。另外，还要考虑尽可能地减少尘粒的二次飞扬。

通过极板布置方式的水力模拟试验表明，极板防风沟侧的流向呈旋转反向状，死流区域较宽，约 4～5mm；极板的防风沟背面侧的流线大方向一致，死区较狭窄，约 2～3mm。工业电除尘器中，紧贴极板表面的死流区内，气流的流速较主气流的流速要小，当荷电尘粒进入该区域时，尘粒易沉积于收尘极表面，可见死流区域越大，荷电尘粒被收集的几率就大。同时，由于荷电尘粒不直接受到主气流的冲刷，因此被极板收集的尘粒重返气流的可能性以及振打时的二次扬尘就很小，从而有利于提高除尘器的除尘效率。

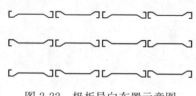

图 2-22　极板异向布置示意图

根据上述观点，可得出极板异向布置，图 2-22 的布置方式是最合适的。这种布置方式是每个通道两侧板面与该通道中心平面对称，如电晕线安装到位，板面的电流密度分布相对通道中心是对称的，中心平面两侧的电场强度也是对称的，这就使通道两侧板面收尘的几率均等。当含尘气流进入通道入口防风沟对面布置的第一对极板的电场处时，因通道两侧板面附近都有相等且较宽的死流区，则两侧极板面都有利于收尘；气流对粉尘的冲刷相对较小；振打时，引起粉尘的二次飞扬也相对减弱。当含尘气流进入防风沟背面侧相对的第二对极板时，因该区两侧极板附近死流区较窄，均不易收尘，板面相对收尘量少些。随着尘粒被前部极板所收集，气流含尘浓度沿气流方向是递减的。极板异向布置方式，还会使气流方向的任一横断面处的含尘浓度分布均匀。

另外，从防止电除尘器运行中极板受热变形和气流冲刷引起极板晃动的条件来看，在一排极板中各块极板交错排列，而在同一通道中，相对于都是同向布置时的方式，由于整排收尘极板的各块极板往异极距方向的变形是相反的，可互相抵消一部分，从而使极板的变形相对较小，气流冲刷引起的晃动会更小。

（三）电晕极（放电极）

电晕极也叫阴极或放电极，其作用是与收尘极一起形成电场，通过电晕放电，产生电晕电流。电晕极包括电晕线、框架、吊杆及其定位部分。电晕线是电场中产生电晕电流的主要部件，它的性能的好坏将直接影响到除尘器的性能。从理论上分析，电除尘器阴极线越细，其电晕电压就越低，同时，它又受材料和机械强度的限制。

1. 基本要求

为了使电除尘器达到安全、经济、高效、可靠地运行，则对其电晕极及极线的基本要求是：

（1）牢固可靠，不断线或少断线。为电厂设计的电除尘器，最主要的特点是要安全可靠，避免由于发生极线断线造成电场短路，而使电除尘器处于停用或低效率运行状态。而一个电场往往有数百根至数千根极线，若其中有一根极线折断就有可能造成电场短路，除尘效率较低，从而使引风机机叶磨损甚至引起停机、停炉事故。

（2）电气性能好。电晕极的形状和尺寸可在某种程度上改变电场强度和电流。因此，极线良好的电气性能是指，在相同条件下，一是起晕电压低，这就意味着在单位时间内有效电功率大，则除尘效率高。阴极线的起晕电压，决定于自身的曲率，电晕线的曲率越大，起晕电压越低；其二是伏安特性好，伏安特性曲线的斜率越大越好，因为斜率大意味着在相同电压下，电晕电流大，粉尘的荷电强度和几率大，除尘效率就高。

（3）黏附粉尘少，高温下不变形，有利于振打加速度的传递，清灰效果好。

2. 常用电晕线的形状及性能比较

根据放电形式，电晕线大致分为三类。

（1）面放电，有圆形线、螺旋线，见图 2-23，这种极线的断面形状是圆形的，其直径在 1.0～2.5mm 之间，多采用耐热合金钢制成，做成略带螺旋形，振打时线上的积灰容易抖落。

（2）线放电，为星形电晕线，见图 2-24，这种极线的断面形状是星形状的，用普通的碳素钢冷轧而成，它的特点是：材料来源容易，价格便宜

图 2-23　圆形线、螺旋线示意图

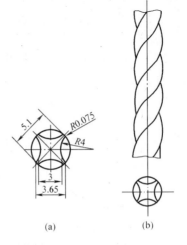

（a）　　　　（b）

图 2-24　星形电晕线示意图

（a）星形线；（b）扭曲的星形线

易于制造。但在使用时容易因吸附粉尘而造成电晕线肥大，从而失去放电性能，使电除尘器的除尘效率急剧下降，因此其只适用于含尘浓度较低的工况。为克服星形线易积灰的缺点，采用将星形线扭成螺纹状，则在其沟槽内不易积灰，即使积灰，在振打时也相对容易抖落。

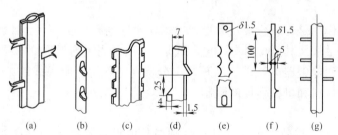

图 2-25　各种形状的芒刺线示意图

(a) RS 管状芒刺线；(b) 角钢芒刺线；(c) 波形芒刺线；
(d) 锯齿线；(e) 锯齿芒刺线；(f) 条状芒刺线；(g) 鱼骨线

(3) 点放电，有各种形状的芒刺线，见图 2-25，它的种类很多，有 RS 管状芒刺线、角钢芒刺线、波形芒刺线、锯齿线、锯齿芒刺线、条状芒刺线、鱼骨线等类型。

几种极线性能的比较如下：

1) 从安全可靠性能来看：鱼骨线 ＝ RS 线 ＞ 锯齿线 ＞ 星形线。

2) 从伏安特性来看：锯齿线＞鱼骨线 ＞ RS 线 ＞ 星形线。

3) 从起晕电压来看：锯齿线、鱼骨线、RS 线差不多都约在 10kV 左右，而星形线约在 20kV 左右。

4) 从对烟气变化的适应性能来看：

①对高流速的烟气适应性看，锯齿线 ＞ 鱼骨线 ＞ RS 线 ＞ 星形线。

②对高浓度粉尘的适应性看，RS 线 ＞ 鱼骨线 ＞ 锯齿线 ＞ 星形线。

③对高比电阻粉尘的适应性看，星形线 ＞ 锯齿线 ＞ 鱼骨线 ＞ RS 线。

5) 从刚度大、不变形、振打清灰情况看：鱼骨线 ＝ RS 线 ＞ 锯齿线 ＞ 星形线。

6) 从制造工艺的难易程度来看：鱼骨线最难，RS 线次之，星形线容易些，而锯齿线最容易。

从上述各方面的性能比较看，每种极线都有各自的优、缺点。实际上电晕线的优劣，最终是通过极配形式表现出来，因为电除尘器的核心是板线结构及其配置，板线配置与电场、流场有密切的关系，对于不同的烟气性质和电除尘器的结构应该选择不同的电晕线，如一电场含尘浓度较高时，容易发生电晕封闭，应选用 RS 线或鱼骨线；飞灰比电阻很高时，在末电场应选用星形线。另外，为了克服 RS 管状芒刺线的电晕死区和板电流密度分布不均匀的缺点，研制出了改进型 RS 管状芒刺线，即采用密芒刺，并在支持管上也冲出辅助芒刺，通过实际使用，其效果良好。

3. 电晕线的固定

在电除尘器的工作过程中，如果发生电晕线折断、摆动，便会发生两极短路，造成整个电场不能工作，而且只能等到下次停炉时进行处理，这是造成电除尘器效率降低的主要原因之一。为了防止这种事故的发生，除了在电晕线设计时要尽可能选用好的材质，结构上增强其强度、刚度外，选取电晕线的固定方法也很重要，合理的固定方式能使电晕线在工作时不出现弯曲、脱落以防造成事故。

(1) 电晕线良好固定方式应具备的条件如下：

1) 电除尘器在运行时放电线不易晃动，不变形或因电蚀等原因而造成断线。

2) 具有良好的振打加速度传递性能，使极线清灰效果好。

3）固定电晕线的材料少，安装、维护方便，极间距离的精度容易保证。

4）对电晕线的电性能影响小。

（2）常用的固定方式。电除尘器电晕线的常用固定方式一般为重锤式和框架式两种。我国大都采用框架式固定方式。框架式固定方式又有垂直框架式和水平框架式两种。

重锤式固定方式见图2-26。这种方式是每根电晕线从顶部的高压电极支撑架上向下悬吊，底部用重锤拉紧，极线靠稳定框架定位，其底部还设有导向杆。由于这种方式使电晕线在空气动力和电力的作用下，容易引起摆动，从而造成其疲劳破坏；在靠近收尘极的顶端和末端处，还会使电晕线受到局部火花放电的烧蚀。因此，采用垂锤式方式固定电晕线时，需要对其采取一些补救方法和保护措施。

垂直框架式固定见图2-27。框架用 $(1/4)'\sim 1'$ 钢管焊接成田字形，其上钻孔或焊接耳板，用楔形销或螺栓将电晕线固定在框架上。固定电晕线的框架称为小框架。各排小框架通过支架与大框架相连接，大框架又是通过悬吊杆吊挂在绝缘支座上。大型电除尘器的电晕线固定在上下两层田字形小框架上，在框架中的一侧安装有承击砧。中小型电除尘器的电晕线（长度小于6m），一般仅设一个田字形的框架。垂直框架式固定形式，适用于电晕线刚度较低的极线，如星形线、扁钢芒刺线等。

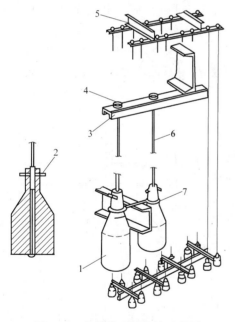

图 2-26　电晕线重锤悬挂示意图

1—重锤；2—重锤固定销；3—高压电极支撑架；

4—高压电极套圈；5—高压导向架；6—高压电

晕线；7—重锤定向环

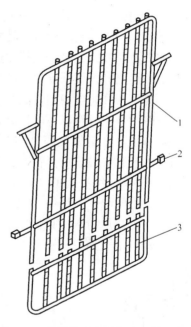

图 2-27　电晕线垂直框架式悬挂示意图

1—框架；2—承击砧；3—电晕线

水平框架式固定见图2-28，它与垂直框架式固定的主要区别是在于其安装电晕线的小框架是水平放置在顶部与底部的。制作水平框架的型钢（角钢、槽钢和方管）与气流平行。顶部、底部的两个水平小框架分别与大框架两侧的侧架固定。振打撞击杆两端分别装有与大框架的两侧架固接的导向杆。除尘器尺寸较小时，只布置一根振打撞击杆。

采用框架式方法固定电晕线的优点是：电晕线断线的故障较少，可以把每根电晕线的长

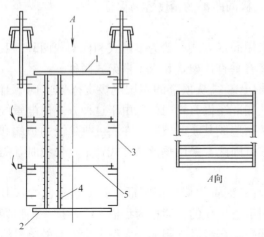

图 2-28　电晕线水平框架式固定示意图

1—顶架；2—底架；3—大框架；4—电晕线；5—振打杆

度限制在一定范围内，进行分段安装。这种方式能减少电晕线晃动、弯曲。另外，还可以消除电晕线在制作、运输和安装过程中的整体积累误差。使电晕线系统的整体结构刚性较好，并对电晕线的影响也小。同时，合理的框架纵横构件的设计，能避免因屏蔽作用而降低电晕极的性能。

上述两种框架式结构中，水平框架式结构具有钢材用量少、制作简单、安装调整较方便的优点。

4. 电晕极支座

电晕极支座的作用是：使放电极长期稳定荷电并与接地部件绝缘，支撑整个电晕极的荷重。它是电除尘器的核心部件，其性能优劣和运行好坏，将直接影响电除尘器的除尘效率。

随着工业电除尘器所处理的烟气为高温、高湿、高浓度以及荷电电压向更高的电压发展，则要求绝缘瓷件应具有较好的性能。

电除尘器所用高压绝缘子，按用途分为支柱绝缘子、绝缘套管和电瓷转轴三种，对其要求为：耐热程度高；机械强度大；高温时电绝缘性能好；耐腐蚀性强；耐冷热急变性能好；表面光滑不易积灰和化学稳定性能好。

常用的电晕极支座有以下两种形式。

(1) 套管型。套管型支座见图 2-29。支撑电晕极的框架通过吊杆直接吊挂在套管上。套管既承受荷重，又保持对地绝缘。套管上的金属盖与套管之间留有 10mm 左右的间隙，目的是使保温箱内干净的正压热空气进入，进行热风清扫，以防止套管内壁粘灰和结露。为了减轻电晕极振打对套管的影响，在套管的底

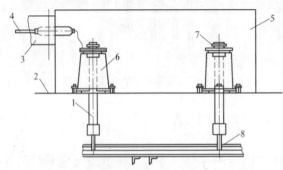

图 2-29　套管型支座示意图

1—悬吊杆；2—除尘器顶盖；3—高压线的金属保护套管；
4—高压线；5—绝缘保温箱；6—套管；7—金属盖；
8—电晕极框架

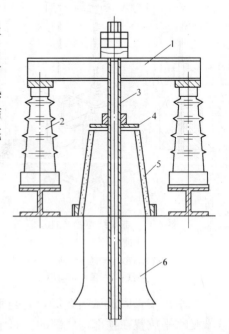

图 2-30　支撑型支座示意图

1—框架；2—瓷支柱；3—电晕极吊杆；
4—法兰盘；5—瓷套管；6—防尘罩

部应安装有减振垫层。

（2）支撑型。支撑型支座见图 2-30。在套管型支座结构中，绝缘套管一方面要承受高温烟气的作用，另一方面又要承受电晕极的荷重，而且电晕极的振打对它也有一定的影响，因此，为了改善其工作条件，将电晕极系统的重量改由一组支撑瓷柱来承担，便是支撑型支座。这种支座电晕极的悬吊杆挂在上部的工字梁上，通过一对螺母和球形垫圈来调整框架与吊杆的不垂直度，工字梁放置在四个或两个瓷柱上。吊杆穿过壳体处安装有一绝缘套管，下面设有一个直径与套管内径相等的防尘罩。设防尘罩的目的是：防止含尘烟气直接进入套管内，因内壁积灰而引起表面电击穿。

电晕极的支撑型支座较套管型支座复杂，它适用于横截面积较大或荷载要求较高的电场。

电晕极支座是高压电源的引入部分，安装在绝缘子保温箱内，为防止绝缘子破坏，在绝缘子室需采取如下措施：

1）将空气或干净的气体引入绝缘子室，以防烟气侵入。

2）将热空气送到绝缘子（包括电晕极振打部分用的旋转轴绝缘子）的表面，以防止运转开始及停车时结露。

3）为防止绝缘子表面结露，在绝缘子周围装有加热装置（一般采用电加热器或暖气盘管）。

4）由于烟气的影响，不能有效防止绝缘子的污损。因此，可在热空气吹入绝缘子室的同时，在绝缘子室的下部将要处理的烟气，强制吸引出来，再返回到除尘器里，以防绝缘子污染。

5）在电除尘器处于正压的场合，要用干净的空气送到绝缘子室，以防烟气侵入。

（四）振打装置

电极清洁与否将直接影响电除尘器的效率。因此，通过振打装置使捕集的粉尘落入灰斗并及时排出，是保证除尘器有效工作的重要条件，振打装置的任务就是随时清除黏附在电极上的粉尘，以保证电除尘器能够正常地运行。

1. 对振打装置的基本要求

为了达到好的振打效果，振打装置应有适当的振打力，过小不足以使沉积在电极上的粉尘脱落；过大不仅会引起电极系统变形和疲劳破坏，还会造成粉尘的二次飞扬，甚至改变电极的间距，破坏了正常的除尘过程，从而降低除尘效率。为此，振打装置一般应满足如下要求：

（1）能使电极获得足够大的加速度，在整排收尘极及整排电晕极框上，其加速度都能得到充分的传递，既能使黏附在电极上的粉尘脱落，又不致使过多的粉尘重新卷入气流，造成二次飞扬。

（2）能够按照粉尘类型和浓度的不同，对各电场的振打强度、振打时间、振打周期等进行适当的调整。

（3）工作可靠，维护简单。

2. 收尘极振打

收尘极振打装置是用来清除收尘极板上黏附的粉尘，使粉尘脱离极板而落入灰斗。振打方式可以分为平行于板面的振打和垂直于板面的振打两种方式。试验表明：采用平行于极板的振打方式要比采用垂直于极板的振打方式更好，因为它既可以保证极板间距在振打过程中变化不大，又可以使粉尘和极板间在振打时产生一定的惯性力，使黏附在极板面上的粉尘更易脱落。

由于极板断面型线及悬吊方式不同，因此，振打装置的形式及位置是多种多样的。有的电除尘器采用顶部振打，但更多的是采用下部机械切向振打装置。收尘极振打装置有多种结构形式：一般常见的有切向锤击式，弹簧—凸轮机构，电磁振打等类型。目前，我国大多采用锤击式振打装置。

锤击式振打机构也称挠臂锤振打机构，它是由传动装置、振打轴、锤头和支撑轴承四部分组成。

（1）传动装置。为了达到合理的振打周期，获得理想的除尘效果，要求在振打传动装置上采用减速比较大的减速机构，同时对各个电场的传动装置实行程序控制。目前，国内主要采用的振打传动装置的减速机构有两种。一种是蜗轮蜗杆减速装置，见图2-31。这种结构传动减速装置的效率低，在连续长期运行中易发热，磨损大，而且体积也比较大，但维修方便。另一种是采用的行星针轮摆线减速装置，见图2-32。这种结构传动减速装置的效率高，减速比大，结构紧凑，体积小，重量轻而且故障少，寿命长，但造价高，维修比较困难。不论采用哪一种减速传动装置，根据电除尘器振打的需要，都应特别注意，在使用中减速机的输出轴不能承受太大的轴向力。减速机应在允许范围内使用，并在其输出轴上安装安全装置，以防止减速机承受过大的扭矩而损坏。

（2）振打轴及振打锤。电动式机械振打习惯上称为挠臂锤振打，一个电场各排收尘极板的振打锤都装在一根轴上，为了减少振打时粉尘产生的二次飞扬，振打锤是相互错开一个角度被安装在振打轴上的。当振打轴旋转一周时，振打锤依次对所对应的收尘极板排振打一次。这样既可以避免两排以上的相邻极板同时振打，又使整根轴的受力均匀。

振打轴有的用钢棒加工成，有的用无缝钢管制作。为了便于运输和安装，振打轴被分作数段，在现场用联轴节组装。由于电除尘器的壳体容易受热变形，而使每段振打轴在除尘器工作时很难保证在一条直线上，所以每段轴的连接应采用允许较大径向位移的联轴节，见图2-33。此外，在振打轴首尾两端的支撑轴的夹板上，在振打轴耐磨套的一侧，嵌一块竖板，可以限制轴在受热膨胀时向两端伸长。采用这种联轴节，可以允许有较大的径向位移。振打轴穿过除尘器壳体侧板的部位，应密封良好，以避免漏入

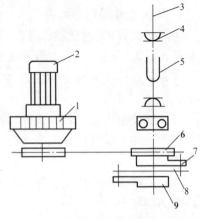

图2-32　行星针轮摆线减速装置示意图
1—针轮减速机；2—电动机；3—振打轴；
4—万向联轴节；5—伸缩节；6—链轮；
7—连板Ⅰ；8—保险片；9—连板Ⅱ

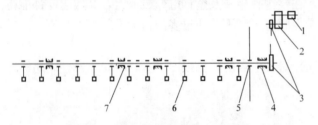

图2-31　蜗轮蜗杆减速装置示意图
1—电动机；2—减速机；3—链轮；4—轴承；
5—联轴节；6—振打锤；7—轴挡

冷风。

振打锤包括锤头和锤柄。两者合为一体的称为整体锤；两者分开加工后，用铆钉和螺栓再连接在一起的，称为组合锤。组成振打锤的部件越少，发生事故的几率也越小。由于振打锤长期不间断地冲击振打，因此在设计时不能只作强度计算，最好通过疲劳试验来确定各部件的尺寸、材质，及加工技术要求。锤头的重量与需要的最小振打加速度有关，应通过振打试验来确定。

（3）支撑轴承。由于除尘器振打轴的轴承运行在粉尘较大的工作环境中，因此其宜采用不加润滑剂的滑动轴承。轴承的轴瓦面应不易沉积粉尘，而且与轴有一定的间隙，以免受热膨胀时发生抱轴故障。由于运行环境恶劣，因此电除尘器的轴承与其他机械采用的轴承相比有其特殊要求，要求其运行可靠、寿命要高。

电除尘器常用的轴承种类很多，其中有剪刀式、托板式、托滚式和双曲面式等。

1）剪刀式轴承，见图 2-34，是由两片扁钢交叉组成，转轴外加合金钢护套，当振打轴转动时，保护套在扁钢上滑动。这种轴承虽然结构简单，但摩擦力较大，目前已很少被使用。

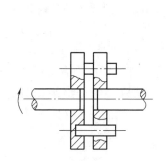
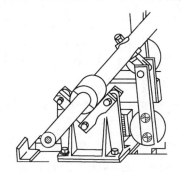
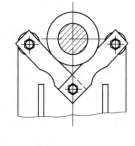

图 2-33　振打轴联轴节示意图　　　　　　　图 2-34　剪刀式轴承示意图

2）托板式轴承，见图 2-35，是用扁钢制成 V 形托板，带保护套的振打轴转动时在上面滑动，这种结构由于有 V 形槽而容易积灰，摩擦力也较大，所以应用也不多。

3）托滚式轴承见图 2-36。这种轴承是将振打轴放在两个或四个托轮上，振打轴转动时托轮也随着转动。这种结构不积存灰尘，摩擦力也较小，但其结构复杂，价格也较高，因此应用也不广泛。

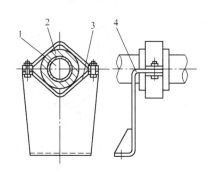

图 2-35　托板式轴承示意图
1—轴；2—轴套；3—托板；4—支架

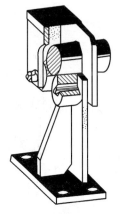

图 2-36　托滚式轴承示意图

4）双曲面轴承见图 2-37。这种轴承是将轴承的轴瓦制成双曲面，其最小处比轴大 2～3mm。这就保证了轴承在工作时不积灰，受热膨胀时不抱轴，它的结构简单，制造容易，检修工作量小，使用寿命长。对除尘器来讲是一种较为理想的轴承。

3. 电晕极振打

电晕极振打的作用是：敲打阴极框架，使黏附在电晕线和框架上的粉尘被振落。电晕极振打的类型很多，常见的有水平转轴挠臂锤振打装置和提升脱钩振打装置。

（1）水平转轴挠臂锤振打装置。水平转轴挠臂锤振打装置见图 2-38，在电晕极的侧架上安装有一根水平轴，轴上安装有若干副振打锤，每一个振打锤对准一个单元框架。当转轴在传动装置的带动下转动时，锤子被背起，锤的运动类似阳极振打锤，当锤子落下时打击到安装在单元框架上的砧子上。

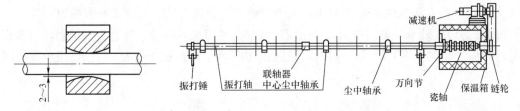

图 2-37 双曲面轴承示意图　　　　图 2-38 水平转轴挠臂锤振打装置示意图

由于电除尘器在工作时电晕极框架带有高压电，因此框架的锤打装置也带有高压电。这样振打装置的转轴与安装在外壳的传动装置相连接时，必须有一根瓷绝缘杆绝缘。图 2-39 是这种传动形式的具体结构。

电动机通过减速器和一链轮传动，使装在大链轮上的短轴旋转，短轴经过万向节与瓷轴连接，然后再通过另一万向节与振打轴相连接。电晕极系统的振打，不像阳极振打那样，要求粉尘成片状地落下，所以其可采用连续振打。振打锤、振打轴、支撑座的结构形式与阳极锤击机构相同，这种结构运行可靠，维修工作量小，在框架和阴极极线上都可获得足够大的振打加速度。

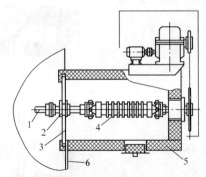

图 2-39 电晕极振打传动装置示意图

1—安装振打锤的轴；2—密封装置；3—密封板；
4—电瓷轴；5—保温箱；6—除尘器壳体

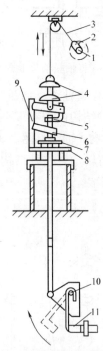

图 2-40 提升脱钩振打装置示意图

1—转轴；2—曲柄；3—链条；4—绝缘子；
5—吊钩；6—提升杆；7—支撑座；8—支架；
9—轴销；10—水平轴；11—振打锤

（2）提升脱钩振打装置。提升脱钩振打装置见图2-40，其电动机安装在除尘器的顶部，当转轴1作旋转运动时，轴上固定的曲柄2也作相应的运动，曲柄一端连接的链条3则上下运动。链条的另一端挂着绝缘子4及吊钩5，当链条下落时，提升钩钩住提升杆6，链条向上运动时，提升钩提起提升杆，链条升至某一高度，则提升钩的连杆与轴销9相碰，提升杆脱落，滑到下部装有减震弹簧的支撑座7上。在提升机构的下部，水平安装在侧架上的振打轴固定着振打锤11，在轴的某一处固定着一个曲柄，曲柄与上下移动的提升杆铰接。当提升杆向上移动时，曲柄转动一个角度，安装在轴上的振打锤也相应转动一个角度，当提升杆自由下落时，振打锤在重力的作用下敲击相应的电晕极框架上的振打砧，此时完成一次冲击振打。

这种振打装置，结构复杂；提升杆下落时冲击下部的绝缘套管；不是每排电晕极都依次进行振打，而是整个电场的电晕极同时振打，粉尘二次飞扬严重；处于电场部分的电除尘器受温度的影响，其相关尺寸会发生变化，为避免发生故障要对其经常进行调节。因此，现在新设计的电除尘器，一般不采用这种振打方式。

（五）气流均布装置

若电除尘器气流分布不均匀，则意味着电除尘器内部存在着高、低流速区及某些部位存在着涡流和死角。当存在这种现象时，在流速低处所增加的除尘效率，远不足以弥补在流速高处除尘效率的降低，因而总的除尘效率还是降低的。此外，高速气流、涡流会产生冲刷，使极板上和灰斗中的粉尘产生二次飞扬。不良的气流分布，可造成电除尘器的效率降低20%～30%，甚至更多。

为了使气流分布均匀，需要通过模拟试验来确定气流分布装置的结构形式和技术参数。

常用的气流分布装置有隔板、导流板和分布板等。

隔板是沿异形管道的全长，将管分成许多小通道。在改变方向的弯头或改变速度的变径管内，都可采用隔板分开的方法。隔板虽然增加了壁面的摩擦，但却能大大减少动压损失，从而使总的阻力减小。

导流板的作用类似隔板，它的长度比较短，不像隔板那样沿弯头或变径管的全长设置。导流板设计成流线型，能保持流动的形状。厚度不变的导流叶片，虽然也能保持原来的流动形状，但比流线型叶片消耗的动压大。

分布板又称多孔板，其作用是：通过增加阻力，把分布板前面大规模的紊流分割开来，在分割板后面形成小规模的紊流，而且在短距离内使紊流的强度减弱，从而使原来方向与气流分布板不垂直的气流变为与板垂直。

分布板的开孔率（圆孔面积与整个分布板的面积之比）、层数以及分布板之间的距离应通过试验来确定。

（六）电除尘器的支撑

电除尘器的支撑是电除尘器立柱与基础的连接件，它除支撑电除尘器本身的重量外，还要求能适应电除尘器在工作过程中的位移要求。

电除尘器的支撑是通过支撑内的上下承压板来承受电除尘器的垂直压力。当温度变化时，除尘器壳体的伸缩引起除尘器立柱的水平位移，从而使支撑产生一个相应的水平推力。这个水平推力克服上、下承压板之间的摩擦力，使上、下承压板之间产生相对运动，以满足主机正常工作的需要。

按照承压板摩擦形式的不同，又可分为固定式、单向式及万向式三种。一台电除尘器所需支撑的数量不等，通常有一个为固定式支撑，限制支撑的各个方向移动，与固定支撑水平连线的支撑以及垂直于固定式支撑水平连线的支撑，均为单向式支撑，这些支撑只允许向一个方向移动，其余均为万向支撑。

第四节　电除尘器高压供电装置

电除尘器高压供电装置是组成电除尘器的关键设备之一，它的主要任务是适应和跟踪电场烟尘条件的变化，向电除尘器电场施加高压电压和提供电晕电流，以利于粉尘荷电和捕集。

电除尘器内部电场的情况是瞬息万变的，它随着锅炉排出粉尘的性质、浓度、温度、粒径、流量等因素的变化而变化。为使电除尘器能有比较理想的除尘效果，除必须有能满足烟气工况条件的除尘器本体外，还要求高压供电设备有较高的自动跟踪能力和良好的控制特性，以便能够适应电场内部的变化，从而输出最佳的电晕功率。从 21 世纪初开始，人们对电除尘器的高压供电设备做了大量的探索和研究工作，随着科学技术的不断进步和人们对电除尘器机理的认识不断加深，电除尘器高压供电设备走过了机械整流，电子管高压整流器，硒堆整流器等历程。但是，这些类型的供电设备始终未能摆脱可靠性差、体积大、自动化程度低和除尘效率不理想等的缺陷，在某种情况下制约了电除尘器的推广和应用。半导体硅整流器件的问世和电子技术的飞速发展，才使电除尘器高压供电设备的发展进入了一个崭新阶段。在很短的时间内，采用晶闸管调压，半导体硅堆作高压整流器件，用现代电子技术为手段的自动跟踪控制的电除尘器高压供电设备很快就应用到电除尘器上了，并迅速取代了老一代的供电设备。现在已发展到计算机技术自动跟踪的电除尘器高压供电设备。

一、电除尘器用整流设备的控制特性

生产电除尘器用整流设备的厂家有很多，产品的外形和规格各异，但就控制特性来说可概括为四种。

(1) "火花跟踪控制特性"，是以电除尘器电场内部的闪络信号为控制依据的控制方式，其控制过程是检测环节把闪络信号取出，送到设备的电压自动控制系统（自动电压调节器）中，经控制系统综合处理后，发出控制指令，使串联在主回路中的调压装置（反并联晶闸管）迅速关小或开大，并使设备降低或提高高压输出。当电场发生短路时发出控制指令，使串联在主回路中的调压装置（反并联晶闸管）迅速关闭，设备中断高压输出；待电场介质绝缘恢复后，使串联在主回路中的调压装置（反并联晶闸管）开启，设备再从较低的电压值重新开始升压，并逐渐逼近电场的火花放电电压。直至下一次闪络信号的出现，又重复上述的控制过程。图 2-41 是火花跟踪控制特性示意图。

(2) "最高平均电压值控制特性"，其特征是电场电压是以"爬坡"的方式分阶段上升的，即在电场电压上升的过程中，每单位时间内电场电压上升一定的幅值，并把前一段时间内检测到的电压值"保存"起来，与下一个单位时间内所检测到的电压值进行比较，若电压增高量为正值，则允许电场电压继续上升；若电压增高量为负值，则降低电场电压的值。图 2-42 是最高平均电压值控制特性示意图。

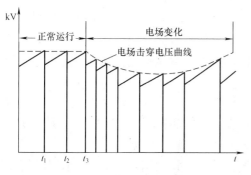

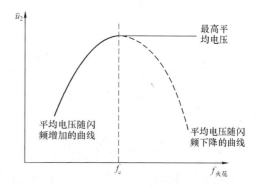

图 2-41　火花跟踪控制特性示意图　　　　图 2-42　最高平均电压值控制特性示意图

（3）"间隙供电控制特性"，"间隙供电控制"，又称"简易脉冲控制"，是通过对电压自动控制系统中电压给定环节的有效控制，使输出电压出现间歇性的变化，在一定程度上具有电除尘器脉冲供电设备的波形效果。该控制方式比较适用于收集高比电阻粉尘的电场，可以克服高比电阻粉尘所产生的反电晕现象，并有很好的节能作用。图 2-43 是间隙供电控制特性示意图。

（4）"临界火花控制特性"，是由电压自动控制系统对二次电流反馈信号进行采样分离，捕捉电场火花产生前的预兆信号，并通过调整电场的供电电压，使电场在临界火花状态下运行。所谓"临界火花"不等于不产生或没有火花，但可以使电场发生火花的几率大为减少。这种控制方式比较适用于防燃、防爆的电除尘器。图 2-44 是临界火花控制特性示意图。

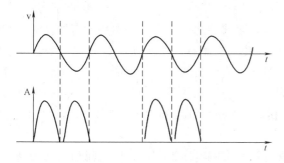

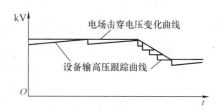

图 2-43　间隙供电控制特性示意图　　　　图 2-44　临界火花控制特性示意图

（5）闪络封锁时间自动跟踪控制方式。这是专指对闪络的处理方式而言的，实际上也包含在上述四种控制方式中，因为不管哪种控制方式，均包含了闪络处理控制功能。闪络封锁时间自动跟踪是指对电场不同闪络强度自动进行区分，并根据强度不同自行给定不同的封锁时间和下降速率。这样不但可以实现有效的火花控制，还可以进一步提高电场电压的平均值。

二、电除尘器的电气设备

电除尘器的供电是指将交流低压变换为直流高压的电源和控制、变压等部分，作为与本体设备相配套，供电还包括电极的振打清灰、灰斗的卸灰、绝缘子加热及安全连锁等控制装置，通常称为低压控制装置。

电除尘器供电装置的性能对除尘效率影响极大。一般来说，在其他条件相同的情况下，电除尘器的除尘效率取决于粉尘的驱进速度，而驱进速度是随荷电电场的强度和收尘电场强度的提高而增大的。要获得高的除尘效率，需要尽可能地增大驱进速度，也就是需要尽可能地提高电除尘器的电场强度。因此，对除尘器供电装置的要求是：在除尘器工况变化时，供电装置能快速地适应其变化，自动地调节输出的电压和电流，使电除尘器在较高的电压和电流状态下运行；另外，电除尘器一旦发生故障，供电装置能够提供必要的保护，对闪络、拉弧和过流信号能快速鉴别并作出反应。

（一）供电电源

电除尘器电场内部的直流工作电压一般都在 40kV 以上，它是通过降压配电变压器、低压配电母线、整流升压变压器等几个环节后才能达到其工作需要的。

电除尘器的供电电源大多都取于厂用电 6kV 或者 3kV 的高压母线，也叫厂用高压段母线。高压母线段一般都安装在汽机房的零米，而向除尘器供电的 380V 配电母线则布置在电除尘器的附近，高低压母线之间通过电力电缆和交流配电变压器传送和转换电能。电除尘器上有三相交流 380V 的设备，有单相交流 380V 的设备，还有使用单相交流 220V 的设备。鉴于这种情况，不论厂用高压母线是 6kV 等级的还是 3kV 等级的，配电变压器低压侧均应为三相四线制交流 380V 的供电方式，及 0.4kV 等级。

（二）高压控制柜

高压控制柜的主要用途是将 380V、50Hz 的工频电压，通过自动电压调整器控制的一组反并联晶闸管调压，为整流变压器提供可调节的输入电压。高压控制柜为薄板式结构，分上进线和下进线两种。柜内主要由低压操作器件、阻容保护器、反并联晶闸管、一次取样元件及电压自动调整器等组成。

（三）升压整流变压器

升压整流变压器是电除尘器用整流设备的主要部件之一，是一种专用变压器。它将工频 380V 的交流电压升压到 60kV 或更高的电压，其二次侧有若干组绕组，分别接至若干组桥式高压整流器上。每个桥路由四只高压硅堆组成，将桥路的直流输出端串联，得到高压直流电源，这种结构称为多桥式。也有将二次侧若干组绕组串联后，再接至一组桥式高压整流器上，得到高压直流电压，这种结构称为单桥式。负的高压经过阻尼电阻和高压电缆送到电场。

变压器低压绕组通常有三对抽头，对其进行一次侧电压粗调，可使直流输出的最高电压分别为 50、60kV 和 72kV，以适应不同情况的需要，使设备在最佳状态下运行。

在变压器的一次侧还串有电抗器，以限制短路电流和平滑晶闸管输出的交流波形。电抗器有若干个抽头，以便根据不同高压负载电流进行换接。负载电流愈大，电抗器应换接匝数愈少的抽头；反之，则应换接匝数多的抽头，使供电电源能够稳定运行。

1. 升压整流变压器的特点

（1）输出负的直流高压，之所以输出负的直流高压，是因为电除尘器的电场在负高压的作用下，其起晕功率比正高压低，而击穿电压又比正高压高，电场的电压动态范围比较宽。

（2）输出的电压高，输出的电流小，电压须跟踪不断变化的击穿电压。

（3）回路阻抗电压比较高。从变压器的输入端看，一般都采用交流调压方式，也就是通过改变晶闸管导通角的方式来控制输入端的电压、电流。在晶闸管导通的瞬间，其波形的前峰是很陡的，而这种突变的波形存在很多高次谐波，而且峰值可以达到基波分量的数倍，如不有效地对其控制，将使变压器的铁损增加，温升提高；同时，谐波分量经升压整流后，其峰值电压远高于平均电压，一方面可能使变压器的绝缘损坏，另一方面可能会出现电场的频繁闪络，从而不利于电除尘器的正常工作。从变压器的输出端看，除尘器的烟气条件比较复杂，不可避免地出现火花、闪络，甚至拉弧等现象，因而就会使变压器一、二次电流猛增，这也是变压器正常运行所不允许的。

为使升压整流变压器能长期可靠运行，除在设备的自动控制系统中采取措施外，还应对所产生的火花、闪络等现象进行迅速、有效的处理。另外，对变压器的结构进行特殊的考虑，即设计成高阻抗变压器，以提高回路的阻抗电压，平滑波形，抑制谐波。同时，在输出端设置阻尼电阻或高频扼流绕组，用来吸收二次回路的高频成分，防止输出回路出现谐振现象。

(4) 温升比较低，升压整流变压器的上层油温升不超过 40℃，比电力变压器低得多。

2. 升压整流变压器的结构

升压整流变压器集升压变压器，硅整流器和测量取样电路于一体，装在变压器的壳体内，其结构紧凑，易于运输和安装。

升压变压器由铁芯和高、低压绕组构成，低压绕组在外，高压绕组在内。考虑到强迫均压作用，一般把二次绕组分成若干组，分别通过若干个整流桥串联输出。高压绕组一般都有骨架，用环氧玻璃丝布等材料制成，其整体性能好，耐冲击，易于加工及维护。

为提高绕组的抗冲击能力，低压绕组外加有静电屏蔽层，其能增大绕组对地的电容，使冲击电流尽量从静电屏流走。也可以理解为由于大电容的存在，使绕组各点的电位不能突变，电位梯度趋于平稳，对绕组起着良好的保护作用。应该注意屏蔽层必须要接地良好，否则不但起不到保护作用，反而还会因悬浮电位的存在，引起内部放电等问题。为降低绕组的温升，高、低压绕组导线的电流密度可以选的较低一点，铁芯的磁通密度也可以选的低一点，还设计有油道，容量较大的整流变压器还加有散热器。

对于常规极距的变压器，所使用的变压器的高压额定电压分别为 60、66kV 和 72kV；部分宽极距的电除尘器则采用 82kV 及其以上的电压等级。

根据部颁标准的要求，一般在额定值下 10% 和 20% 处都要设置抽头，且大都设置在变压器的低压侧。

(四) 自动电压调整器

电除尘器内部的烟气工况相当复杂，当高压直流电送入到除尘室内以后，由于烟气工况的变化，其极间的耐压程度不同，可能出现火花、闪络、拉弧等现象；这就意味着电场内部被击穿而短路，势必使变压器初、次级电流猛增，这是变压器正常运行所不允许的。为了使电除尘器能够工作在最佳工作状态，就要有一个能自动控制的装置来进行自动调节，这个装置就是自动电压调整器，它的主要作用是：根据输入的各种一、二次信号，判断出电场内部的工作状况，确定其应施加的直流电压，将指令传送给反并联的晶闸管组，反并联的晶闸管组接到指令后，将其导通角调节在所需要的开度，这样来达到自动调整电压的目的。

自动电压调整器在电除尘器的高压控制装置中是一个关键性的元件，它的调整功能将直接影响电除尘器的效率。不论是电子管、晶体管调压器，还是近几年发展起来的计算机调压器，对其功能的要求是：自动跟踪的性能好，适应性强，灵敏度高；能够向电场提供最大的有效平均电晕功率；具有可靠的保护系统，对闪络、拉弧和过流信号能够迅速鉴别并作出正确的处理；当某一环节失灵时，其他环节仍能协调工作，进行保护，使设备免受损坏，保证其稳定、可靠地运行。

（五）低压自动控制装置

低压自动控制装置的作用是指对电除尘器的阴、阳极振打电动机，卸灰、输灰电动机进行周期控制；对绝缘子、支撑电除尘器电晕极的绝缘套管和支柱绝缘子室进行的恒温控制；为保证人身安全还应对绝缘子室、开关柜、变压器间、地刀闸的门及各人孔门的自动连锁装置进行控制。该装置主要有程控、操作、显示和低压配电几个部分，其控制性能的好坏和控制功能的完善程度，对电除尘器的效率和运行、维护工作量以及保证人身安全都有直接的影响。

三、GGAj02（DJ-96）型电除尘器微型机自动控制高压供电装置

（一）概述

GGAj02（DJ-96）型电除尘器微型机自动控制高压供电装置是 GGAj02（DJ-1）型电除尘器微型机自动控制高压供电装置的升级产品，其具有下述特点。

（1）控制部分采用了先进的 80C196KBH 单片机和外围芯片，具有功能强，结构简单，可靠性好等优点。

（2）根据电场中电压电流波形变化的分析，能非常准确地判断闪络，并作出最佳的处理，闪络处理上采取了下降幅度小，回升速度快，不封锁晶闸管的方法，能向电场提供最大的有效电晕功率。

（3）提供多种供电运行方式，可满足各种不同工况条件的要求。

（4）操作使用方便，设备的开机，停机，参数显示，参数设定，运行方式的变换都可通过操作面板上的键盘实现。

（5）显示内容丰富，显示器可显示十多种参数和信息。

（6）参数设定具有记忆功能，设定的参数断电后无需重新设定，给用户使用带来很大的方便。

（7）保护功能完善，具有十一种故障保护和报警功能。

（8）具有 RS485 通信接口，可方便地实现远地控制。

（二）技术说明

（1）控制柜使用的环境温度为 $0 \sim 40℃$。高压硅整流变压器使用的环境温度不高于 $+40℃$，不低于变压器油所规定的凝点温度。

（2）空气最大相对湿度不超过 90%（在相当于空气温度为 $20 \pm 5℃$ 时）。

（3）设备周围的气体应无导电尘埃和含有腐蚀金属或绝缘材料的气体或蒸汽存在。

（4）无爆炸性危险的环境，控制室周围无剧烈震动和冲击；垂直倾斜度不超过 5%。

（5）交流电压应符合以下规定：波形为正弦波，频率为 50Hz，其波动范围不超过 $\pm 2\%$，电压为 380V，其幅度变化不超过 $\pm 5\%$，瞬时波动范围不超过 $\pm 10\%$。

（6）除尘器接地电阻值小于 2Ω。

（7）型号的含义：

使用环境：指高压硅整流器为户内式或户外式，符号 HW 表示户外式，符号 HN 表示户内式。

额定直流输出电压、额定直流输出电流都为平均值。

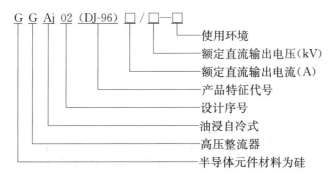

GGAj02（DJ-96）□/□—□
- 使用环境
- 额定直流输出电压（kV）
- 额定直流输出电流（A）
- 产品特征代号
- 设计序号
- 油浸自冷式
- 高压整流器
- 半导体元件材料为硅

（三）工作（供电）方式

为了满足电除尘器在各种工况下能够有尽可能高的除尘效率，GGAj02（DJ-96）型电除尘器微型机自动控制高压供电装置内部已设定有如下六种工作方式，以备在运行中根据具体情况进行调整、选用。

（1）最佳工作点探测运行方式（方式A）。

（2）间歇供电运行方式（方式B）。

（3）简易脉冲供电运行方式（方式C）。

（4）火花率整定控制运行方式（方式D）。

（5）普通火花跟踪运行方式（方式E）。

（6）闪络频率自动控制运行方式（方式F）。

（四）装置可显示的运行和整定参数

（1）导通角。

（2）一次电压运行值。

（3）一次电流运行值。

（4）二次电压运行值、整定值。

（5）二次电流运行值、整定值。

（6）高压硅整流器油温。

（7）闪络频率运行值、整定值。

（8）闪络封锁整定值。

（9）幅度比整定值。

（10）占空比整定值。

（11）时间值。

（12）设备号。

（13）打印时间。

（五）装置具有的保护和报警功能

（1）输出开路保护。

（2）输出短路保护。

（3）偏励磁保护。

（4）输出欠压保护。

（5）输入过流保护。

（6）晶闸管开路保护。

（7）临界油温报警。

（8）危险油温保护。

（9）轻瓦斯报警。

（10）重瓦斯保护。

（11）低油位保护。

（六）装置的现场安装

（1）设备开箱后，应检查设备的部件、附件、备件和技术文件是否齐全。

（2）检查控制柜经运输后仪表有无损坏，紧固件有无松动，控制柜内各部件有无松脱现象，若发现异常应及时处理，不能修复的可直接与制造厂的技术部门联系。

（3）检查高压硅整流变压器油箱、油枕及瓷瓶等有无损伤、渗漏油现象。

（4）控制柜应安装在平整的平面上，建议装在槽钢上，这样有利于固定，又容易控制柜外壳接地。

（5）高压硅整流器可安装在钢轨上或槽钢上，对于安装在户外的高压硅整流器，建议用户在高压硅整流器上采用简单的房顶式防雨结构。

（6）按图纸要求进行接线，注意电源进线和控制柜到变压器之间的连线应按额定电流要求选用合适截面的导线，二次电压、二次电流取样线，油温取样线应用屏蔽线，连接时应按编号接线。

（7）电除尘器本体要有可靠的接地，接地电阻值小于 2Ω。高压硅整流器、控制柜外壳也应可靠接地，其应与电除尘器本体要可靠连接。

（8）用仪表检查所有连线以确认连接正确可靠。

（七）安装或大修后的初步调试

安装或大修后的初步调试，按下述步骤进行。

（1）按连线图要求，用万用表检查各连接线，保证连线正确。

（2）使主回路开关处于断开状态，给控制柜送电，先合上电源开关 QS2，然后接通门锁开关 SA1，控制柜应正常带电。

（3）为检查晶闸管触发系统是否正常，按下运行/停机键，控制柜应处于运行状态，其门后的接口板上的发光二极管应发光，约 15s 后控制柜将发出晶闸管开路报警。

（4）在保证电除尘器内无人及高压硅整流变压器附近无人的情况下，将高压硅整流器带上电场负载。

（5）主回路的开关 QF1 打开，按下控制柜面板上的运行/停机键，设备将处于运行状态，一次电压、一次电流、二次电压、二次电流表头指示值将随着输出变化。

（6）若需校正二次电压、二次电流表表头的指示，用标准表监视高压硅整流器输出的二次电压和二次电流，校正控制柜上二次电流表头指示，调节控制柜门后接口板上的电位器 R17，校正二次电压表头指示，调节接口板上的电位器 R20。

（7）控制器上显示值的调整，分别调整控制器线路板上 RX1、RX2、RX3、RX4、RX6、RX7、RX8 具体调整值如下。

RX1：二次电流调节电位器，用于调节二次电流显示值；

RX2：二次电压调节电位器，用于调节二次电压显示值；

RX3：一次电压调节电位器，用于调节一次电压显示值；

RX4：一次电流调节电位器，用于调节一次电流显示值；

RX6：油温零位调节电位器，当油温为零度时，调节此电位器使油温显示为零；

RX7：油温量程调节电位器，用于调节高压硅整流器油温的显示值；

RX8：量程调节电位器，用于调节控制器的二次电流量程。

（8）当设备投入正常使用时，应根据电场的工作电压，选择合适的高压硅整流器的输入接头，使设备的输出电压与电场负载良好地匹配，保证设备稳定可靠地运行，并达到节能的效果。对输出额定电压为72kV的高压硅整流器，当电场工作电压小于60kV时，高压硅整流器的输入按60kV挡；当电场工作电压小于66kV而大于60kV时，高压硅整流器的输入按66kV挡；当电场工作电压大于66kV时，高压硅整流器的输入按72kV挡。

（八）装置的使用

1. 开机

开机操作按下述步骤进行：

（1）将主回路开关QF1扳到断开位置。

（2）合上控制柜内的控制电源开关QS2，将控制柜门上的门锁开关处在接通状态。

（3）按控制器面板上的复位键，控制器右边八位数码应显示H。

（4）将主回路开关QF1扳到闭合位置。

（5）按下控制器面板上的运行/停机键。

注意：控制器的详细操作见DJ-96型控制器使用说明。

2. 停机

停机操作按下述步骤进行：

（1）按下控制器面板上的运行/停机键（或复位键）。

（2）将主回路开关QF1扳到断开位置。

（九）装置的维护

1. 控制柜的维护

（1）控制室地面应坚持每天打扫，保持室内清洁。

（2）控制柜门应保持密封，定期检查并保证冷却风机的正常运行。

（3）定期用干燥压缩空气清扫控制柜的灰尘，保持柜内清洁，若控制器积尘严重，应定期用毛刷对其进行清扫。

2. 高压硅整流器的维护

（1）高压硅整流器运行时值班人员应对变压器作定期巡回检查，内容包括：监视控制柜上的仪表、负荷变化、温升及高压硅整流器的电磁声响有无异常；定期检查高压硅整器的油位、附件、干燥器有无异常及有无渗漏油现象。

（2）定期对高压硅整流器的高低压瓷套管及器身进行擦拭，保持其表面干净。

（3）每半年（最长周期不得超过1年）对高压硅整流器内的油取样进行绝缘耐压试验（其电击穿强度应高于45kV），以监视其油质是否符合要求。否则，进行更换或处理。

（4）高压硅整流器每5年应进行一次吊芯检查。吊芯一般应在良好的天气状况下进行，并且无灰烟、尘土、水气（相对湿度不大于75%）的清洁场所进行，尽量缩短吊芯时间，防止高压硅整流器油及器身受潮或污染而降低主绝缘。起吊时应有专人指挥，油箱四角也要有人监视，防止铁芯和绕组及绝缘部件与油箱碰撞而损坏。户外式高压硅整流器，吊芯前应注意打开箱盖观察孔上的盖板，用扳手拆开负高压输出转接板上的白色螺旋形连接线。

（十）DJ-96 型控制器使用说明

1. DJ-96 型控制器键盘布局及说明

DJ-96 型控制器的显示器、指示灯、键盘布置如下：

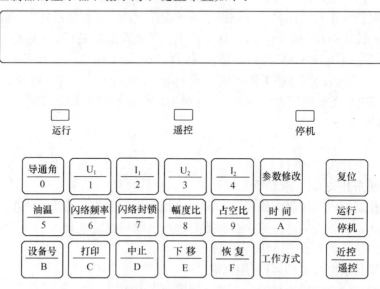

（1）**显示器**。显示器由 9 只数码管组成，左边第 1 只用于显示工作方式，其他 8 只用于显示工作参数或状态信息。

（2）**指示灯**。有 3 只指示灯，分别为运行、停机和遥控指示灯。

（3）**运行**。当设备处于运行状态时，该指示灯亮，处于停机状态时，该指示灯灭。

（4）**停机**。当设备处于停机状态时，该指示灯亮，处于运行状态时，该指示灯灭。

（5）**遥控**。当设备处于遥控方式时，该指示灯亮，处于近控方式时，该指示灯灭。

（6）**操作键**。面板上共有 21 个按键，其按键的功能如下：

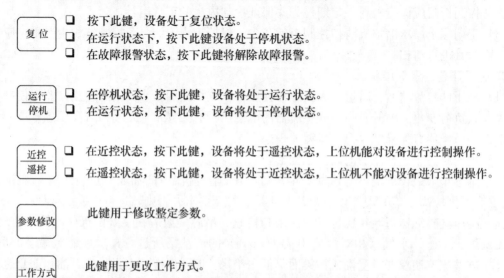

| 导通角 / 0 | ❏ 显示导通角选择键。 |
| | ❏ 数字0键。 |

| U₁ / 1 | ❏ 显示一次电压选择键。 |
| | ❏ 数字1键 |

| I₁ / 2 | ❏ 显示一次电流选择键。 |
| | ❏ 数字2键。 |

| U₂ / 3 | ❏ 显示二次电压选择键。 |
| | ❏ 数字3键。 |

| I₂ / 4 | ❏ 显示二次电流选择键。 |
| | ❏ 数字4键。 |

| 油温 / 5 | ❏ 显示高压硅整流器油温选择键。 |
| | ❏ 数字5键。 |

| 闪络频率 / 6 | ❏ 显示闪络频率选择键。 |
| | ❏ 数字6键。 |

| 闪络封锁 / 7 | ❏ 显示闪络封锁时间选择键。 |
| | ❏ 数字7键。 |

| 幅度比 / 8 | ❏ 显示幅度比选择键。 |
| | ❏ 数字8键。 |

| 占空比 / 9 | ❏ 显示占空比选择键。 |
| | ❏ 数字9键。 |

| 时间 / A | ❏ 显示时间选择键。 |
| | ❏ 数字A键。 |

| 设备号 / B | ❏ 显示设备号选择键。 |
| | ❏ 数字B键。 |

| 时间 / C | ❏ 显示打印时间选择键。 |
| | ❏ 数字C键。 |

| 中止 / D | ❏ 按此键，设备处于中止状态，其输出维持不变。 |
| | ❏ 数字D键。 |

| 下移 / E | ❏ 按此键，设备处于下移状态，其输出逐渐减小。 |
| | ❏ 数字E键。 |

| 恢复 / F | ❏ 按此键，取消设备中止或下移状态。 |
| | ❏ 数字F键。 |

2. 运行整定参数显示

运行整定参数显示用右边的 8 只数码管，其显示格式见表 2-7。

表 2-7　　　　　　　　　　　　　　　　運行整定参数显示

按　键	显　示　内　容
导通角 0	`0   XXX.180` 键名　　　　　　导通角(°)
U₁ 1	`1   XXXX.XX` 键名　　　　　电源电压值(V) 　　　　　　　一次电压值(V)
I₁ 2	`2   XXXX.XX` 键名　　　　　过流保护值(V) 　　　　　　　一次电流值(V)
U₂ 3	`3   XX.XX` 键名　　　　二次电压整定值(kV) 　　　　　　二次电压运行值(kV)
I₂ 4	`4   XXXX.XX`　二次电流额定值<1A时 键名　　　　二次电流整定值(mA) 　　　　　　二次电流运行值(mA) `XXXXX.XX`　二次电流额定值≥1A时 　　　　二次电流整定值(mA) 　　　　　二次电流运行值(mA)
油温 5	`5   XX.85` 键名　　　　危险油温值(℃) 　　　　　硅整流器油温值(℃)
闪络频率 6	`6   XXX.XX` 键名　　　　闪络频率整定值(次/min) 　　　　　　闪络频率运行值
闪络封锁 7	`7        X` 键名　　　　　　闪络封锁整定值
幅度比 8	`8    1--X` 键名　　　　　　幅度比整定值

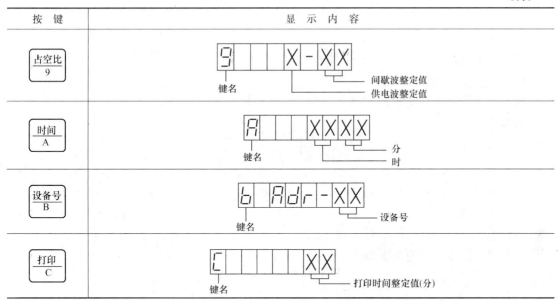

按　键	显　示　内　容

3. 参数设定

参数设定的步骤如下：

(1) 按设定参数的选择键。

(2) 按参数修改键。

(3) 送入所需的数字。

(4) 按参数修改键。

例：将二次电压整定为 65kV。

按键次序如下：

注：在停机状态下设定的参数在断电时有记忆功能，在运行状态下设定的参数无记忆功能。

4. 设备号设定

设备号的设定步骤如下：

(1) 按顺序按下设备号选择键、参数修改键、数字 C 键、数字 5 键、参数修改键。

(2) 按参数修改键。

(3) 送入所需的数字。

(4) 按参数修改键。

例：将设备号设定为 09。

按键次序如下：

注：设备号是与上位机通信时的地址号，请不要任意修改。要修改设备号，请在停机状态下修改。

5. 工作方式设定

工作方式设定步骤如下：

（1）按工作方式键。

（2）送入所需的数字。

（3）按工作方式键。

例：将工作方式设定为方式 A。

按键次序如下：

注：在停机状态下设定工作方式在断电时有记忆功能，在运行状态下设定的工作方式无记忆功能。

6. 清除设定值

当显示的一些参数不正常时，如一次电流保护值、二次电压整定值等，可以按下述方法将设定的参数清除。按键次序如下：

7. 故障查找

（1）**电源**。控制器的数码管和指示灯都不亮，检查次序如下：

1）检查输入电源。

2）检查控制电源开关 QF2。

3）检查高压柜门上的门锁开关。

4）检查控制器上的保险丝。

（2）**故障指示**。在运行状态下，当设备遇到异常情况时，控制器会进行故障保护并显示提示符，故障提示符和故障性质对应见表 2-8。

表 2-8　　　　　　　　　　　　故障提示符和故障性质

序　号	故障提示符	故 障 性 质
1	E2 EC1	输入过流
2	E3 SC0	输出短路
3	E4 OC0	输出开路
4	E5 U0	输出欠压
5	E6 OC5	晶闸管开路
6	E7 bE	偏励磁

序　号	故障提示符	故障性质
7	E8 CE	临界油温
8	E9 dOE	危险油温
9	EA SL9	轻瓦斯
10	Eb SE9	重瓦斯
11	EC LOP	低油位

（3）**故障处理**。当出现故障时，请按故障提示符查找故障原因。

1）**输出开路**。输出开路按图 2-45 检查。

2）**输出短路**。输出短路按图 2-46 检查。

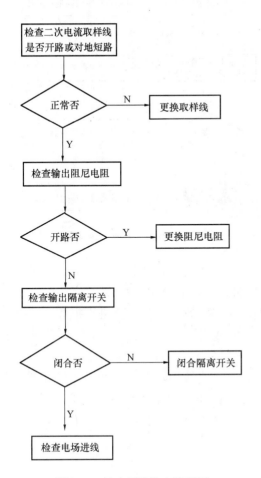

图 2-45　输出开路检查流程图

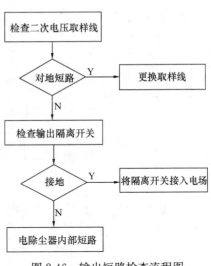

图 2-46　输出短路检查流程图

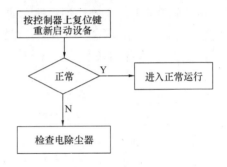

图 2-47　输出欠压检查流程图

3）**偏励磁**。偏励磁按图 2-48 检查。

4）**输出欠压**。输出欠压按图 2-47 检查。

5）**输入过流**。①检查显示值与表头指示值是否对应，如果不相符调节控制器内一次电流电位器；②查明故障原因或与生产商技术部门联系。

6）**晶闸管开路**。晶闸管开路按图 2-49 检查。

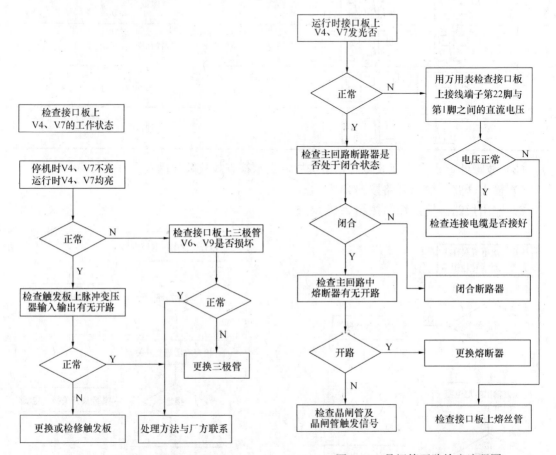

图 2-48 偏励磁检查流程图　　　　图 2-49 晶闸管开路检查流程图

7）**临界油温**。①确认油温显示的正确性；②高压硅整流器的温升小于 45℃，应属正常状态；③高压硅整流器的温升大于 45℃，查明故障原因或与我公司技术部门联系。

8）**危险油温**。①确认油温显示的正确性，如不正确检查温度传感器是否损坏；②高压硅整流器温升小于 45℃，应适当减小输出；③高压硅整流器温升大于 45℃，查明故障原因或与我公司技术部门联系。

9）**轻瓦斯**。①检查信号线 411、413 是否短路；②查明故障原因，进行适当的处理。

10）**重瓦斯**。①检查信号线 411、412 是否短路；②查明故障原因或与我公司技术部门联系。

11）**低油位**。①检查信号线 411、414 是否短路；②油位低增加适当的变压器油（变压器油的油号应相同，其击穿强度应大于 45kV）。

8. **产品成套性**

（1）高压控制柜 1 台（配 DJ-96 型控制器）。

（2）高压硅整流器 1 台。

（3）高压阻尼电阻 1 只（户内式高压硅整流器为 2 只）。

（4）产品使用说明书 1 份。

（5）产品合格证 1 份。

（6）随带备件：主回路熔断器 2 只，控制回路熔断器 2 只。

9．DJ-96 型控制器线路布置

DJ-96 型控制器线路布置见图 2-50～图 2-52。

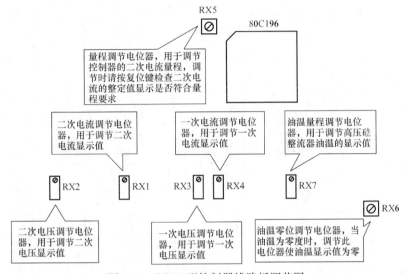

图 2-50　DJ-96 型控制器线路板调节图

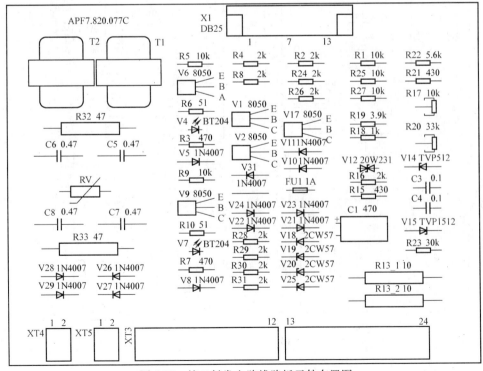

图 2-51　接口触发电路线路板元件布置图

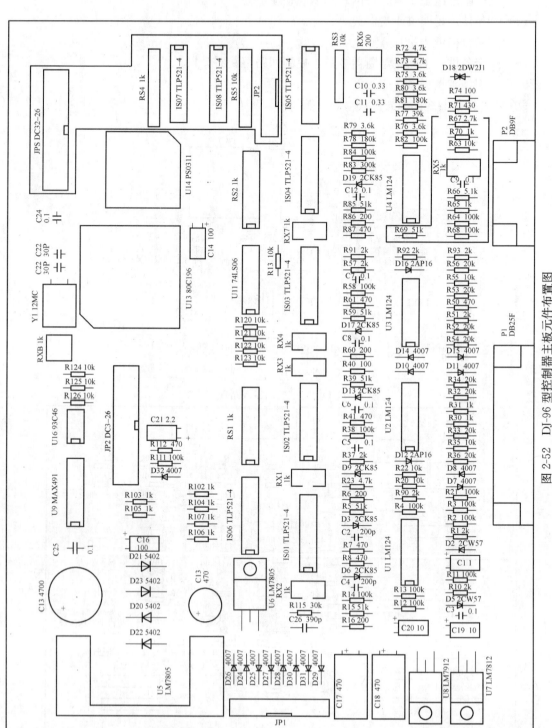

图 2-52　DJ-96 型控制器主板元件布置图

第五节　电除尘器的检修

与所有生产设备一样，电除尘器也要有计划地定期进行小修、中修和大修。尽管其运动部件少，设备寿命比较长，但它的内部构件是在高温、高电压和带粉尘条件下工作的，其磨损及电化学腐蚀问题比较突出，有些零部件必须定期予以更换。

电除尘器的检修计划应和生产设备的检修周期相适应。同时，应根据零部件的寿命、设备存在的故障以及故障频率，制订定期的或年度的检修计划，提出设备改进方案，进行破损零件的更换及备品备件数量和经费预算等。

制订检修计划时，应把改良性检修纳入计划中，每次检修不应是重复性的，而应是改良性的检修。生产运行中经常出故障的、操作维护不方便或影响除尘器正常运行的因素和零部件，都应纳入计划，并有重点地在检修中一一加以解决。

定期检修应该与日常性维修结合在一起。若日常检修工作安排的周密，则定期检修的工作量可以减少，时间间隔适当加长。

电除尘器设备应进行预防性为主的计划检修，这是延长设备寿命，保证稳定，高效运行的重要措施。计划检修要坚持质量第一，贯彻实事求是的精神，切实做到应修必修，修必修好，使设备处于完好状态。

电除尘大修主要内容见表 2-9，其小修和中修见表 2-10。

表 2-9 　　　　　　　　　　　　　**电除尘器大修的主要内容**

项　目	主　要　内　容
高压供电设备	(1) 整流变压器解体检修。 (2) 电抗器解体检修。 (3) 变压器、电抗器绝缘油耐压试验；测量绝缘电阻。 (4) 高压隔离刀闸及操作机构。 (5) 高压引线、阻尼电阻、绝缘套管、加热元件及所有绝缘部件的清扫、检查。 (6) 高压室内整流变压器、电抗器外部、阻尼电阻、引线、联络线、支撑绝缘子等的清扫、检查。 (7) 高压直流电缆预防性试验。 (8) 高压控制柜及仪表控制盘内各元、器件的清扫检查，仪表校验。 (9) 整流装置保护校验和安全闭锁装置检修。 (10) 控制室通风机解体大修，通风系统检查
低压电气设备	(1) 低压配电盘检修，有关元件定值核定。 (2) 振打、加热配电箱的更换、检修。 (3) 所有电动机的解体检修。 (4) 振打、卸灰系统、信号回路及元器件清扫、检查、振打程序、加热自控部件检查、校验。 (5) 操作、动力电缆检查，绝缘电阻测量

项　　目	主　　要　　内　　容
机械部分	(1) 电场内部全面清理检查。 (2) 更换已变形、腐蚀的收尘极板。 (3) 更换无法修整或折断的放电线。 (4) 调整放电极框架和极间距。 (5) 振打锤头、砧铁的更换或修理。 (6) 电动机、减速机的解体检修。 (7) 导流板、气流分布板磨损情况及安装位置的检查。 (8) 检查壳体及管道系统有无积灰、磨损及腐蚀，以便更换、修复、加固。 (9) 卸灰系统的更换或修复。 (10) 灰斗加热装置及绝缘子室热风系统的更换或修复

表 2-10　　　　　　　　　　　电除尘器小修、中修的主要内容

部　位	项　　目	检　修　内　容
本体外部	1. 人孔门	(1) 密封与否。 (2) 有否腐蚀
	2. 振打传动装置	(1) 减速机润滑油位。 (2) 减速机有否漏油。 (3) 保险片是否完好
	3. 灰斗卸灰装置	(1) 卸灰阀是否磨损。 (2) 灰斗是否漏风。 (3) 输灰装置工作是否正常
电场内部	1. 气流分布板	(1) 有否堵塞。 (2) 有否变形
	2. 电极间距	(1) 有否局部变小现象。 (2) 与振打锤、阻流板相对位置是否发生变化
	3. 绝缘子和保护套	(1) 有否灰尘黏附、破损。 (2) 保护套是否腐蚀
收尘极系统	1. 收尘极板	(1) 有否过分的堆灰现象。 (2) 有否腐蚀变形。 (3) 与下部阻流板碰磨否。 (4) 振打砧螺栓有否松动
	2. 振打装置	(1) 锤与砧是否对中。 (2) 接触点有否明显变形。 (3) 振打轴传动是否平稳。 (4) 振打轴承有否过度磨损。 (5) 有否漏气。 (6) 振打锤螺栓是否紧固

部 位	项 目	检 修 内 容
放电极系统	1. 放电极	(1) 有否肥大。 (2) 有否断线。 (3) 有否异常变形。 (4) 有否腐蚀
	2. 振打装置	除包括收尘极振打装置的内容外，还有： (1) 绝缘瓷轴有否污染。 (2) 绝缘瓷轴有否裂纹。 (3) 阻尘绝缘板有否变形。 (4) 保温箱内是否清洁、保温
电气部分	1. 控制盘	(1) 计量仪表是否有缺陷。 (2) 各接头有否松弛现象。 (3) 各种整定值是否正确
	2. 整流装置	(1) 绝缘油位是否符合规定。 (2) 高压衬套、低压接头部分有否污损。 (3) 各个接头有否松弛现象
	3. 其他	(1) 高压开关绝缘子、母线支撑绝缘子、穿墙套管有否污损。 (2) 各个接头、螺栓有否松弛。 (3) 接地电阻是否正常。 (4) 绝缘电阻是否正常

一、机械部件的检修

（一）检修前的准备

1. 编制检修计划

在除尘器进行检修前，要查看电除尘器停运前的各电场运行参数（二次电压、电流、投运率、投运小时等）、设备缺陷、上次大修总结及大修以来的检修工作记录（如检修中的技术改进措施，备品备件更换情况）。通过对各项资料的深入分析，在编制大修计划时，其主要内容应有：

（1）编制检修控制进度，工艺流程，劳力组织计划及各种配合情况。

（2）制定重大特殊项目的技术措施和安全措施细则。

质量标准：计划由技术主管部门批准，涉及重大安全措施应由安监部门审定。

2. 物资准备及场地布置

（1）物资准备工作包括材料、备品配件、安全用具、施工用具、仪器仪表、照明用具等的准备。

（2）检修场地布置工作包括场地清扫、工作区域及物资堆放区域的划分，现场备品配件的管理措施。

质量标准：安全用具需经专职或兼职安全员检查；电场内部照明使用手电筒或12V行灯，需用220V照明或检修电源时应增设漏电保护器，在人孔门处醒目处装设刀闸，并有专人监护。

(3) 准备有关技术记录表格。主要包括：极距测量记录表格、电场空载通电升压试验记录卡，必要时作气流分布试验、振打加速度测定、漏风率测定所需的记录表格。

(4) 做好安全措施。严格按照有关安全工作规程办理好各种工作票。完成各项安全措施。各项安全措施必须经工作许可人共同在现场验收并确认其合格。

(二) 检修

1. 本体清灰

(1) 本体清灰前的准备工作。电场整体自然冷却一定时间后，方可打开电场各人孔门加速冷却（大型电除尘器电场自然冷却时间一般不少于 8h）。当内部温度降到 50℃ 以下时，方可进入电场内部工作。应严防电场内部突然进入冷空气，而造成温度骤变使其外壳、极线、极板等金属构件产生变形。进入电场内部工作的人员不少于两人，且至少有一人在外监护。

(2) 清灰前检查。

1) 初步观察阳极板、阴极线的积灰情况，分析积灰原因，作好技术记录。

2) 初步观察气流分布板，槽形板的积灰情况，分析积灰原因，作好技术记录。

3) 极板弯曲偏移，阴极框架变形，极线脱落或松动等情况及宏观检查。

(3) 清灰方法及注意事项。

1) 清除电场内部包括阴、阳极及振打装置、槽形板、灰斗、进出口封头及导流板、气流分布板、孔板壳体内壁上的积灰。

2) 清灰时要自上而下，由入口到出口顺序进行，清灰人员和工具等不要掉入灰斗中。

3) 灰斗堵灰时，一般不准从灰斗人孔门放灰。清除灰斗积灰时，应开启冲灰水启动排灰阀，使积灰尽量以正常渠道排放。如灰斗内部灰有板结现象时，要采取人工敲打或其他方法进行清除。

4) 采用清水冲洗电场后，有条件时，应采用热风对其烘干，也可采用风机抽风对其吹干。

2. 阳极板排的检修工艺及质量标准

(1) 阳极板完好性检查。

1) 用目测或拉线法检查阳极板弯曲变形情况。测量后，阳极板平面误差不大于 5mm，板排对角线偏差不大于 $L/1000$ 且最大不超过 10mm。

2) 检查极板锈蚀及电蚀情况，找出原因并予以消除。对穿孔的极板及损伤深度与面积过大而造成极板弯曲且极距无法保证的极板应予以更换。

3) 检查阳极板排连接腰带的固定螺栓是否松动，焊接是否脱焊，板排组合是否良好；检查无腰带脱开或连接小钢管脱焊情况。如有以上情况存在时，应予以处理。当板排采用焊接小钢管组合时，补焊宜采用直流焊机以减少对板排平面度的影响。板排中板间左右活动间隙为 4mm 左右，能略微活动。

4) 检查阳极板排夹板、撞击杆是否脱落开焊与变形，必要时进行补焊与校正，撞击杆应限制在阳极限位内，并留有一定的活动间隙。

5) 检查阳极板下部与灰斗挡风板梳形口的热膨胀间隙，要求上、下有足够的热膨胀裕度，左、右边无卡涉、搁住现象。热膨胀间隙应按照极板高度、烟气可能达到的最高温度计算出膨胀，并留 1 倍的裕度，但不宜小于 25mm，左右两边应光滑无台阶，振打位置应符合要求，挠臂无卡涩现象，下摆过程中无过头或摆程不足的现象。

6）检查阳极板排下沉及沿烟气方向位移情况并与振打位置的振打中心参照进行检查，振打位置应符合要求，挠臂无卡涩现象，下摆过程中无过头或摆程不足的现象。阳极板排若有下沉应检查极板上夹板固定销轴、凹凸套或定位焊接的情况，悬挂式极板方孔及悬挂钩子磨损变形情况，必要时需揭顶处理。

7）整个板排组合情况应良好，各极板经目测无明显凸凹现象。极板平面度公差为5mm，对角线偏差不大于 $L/1000$，且最大不大于10mm。

（2）阳极板同极距的测量。

1）每个电场以中间部分较为平直的阳极板面的基准测量同极距，间距测量可选在每排极板的出入口位置，沿极板上、中、下三点进行，若极板高度及明显有变形的部位，可适当增加测点。每次大修应在同一位置测量，并将测量及调整后的数据记入设备台账。

2）同极距的允许偏差：极板高度不大于7m时，其允许偏差为±7mm；极板高度大于7m时，其允许偏差为±10mm。同极距测量表格要记录清楚，数据不得伪造。

（3）阳极板的整体调整。

1）同极距的调整：当极板弯曲变形较大时，可通过木锤或橡皮锤敲击其弯曲最大处，然后均匀减少力度向两端延伸敲击予以调整。敲击点应在极板两侧边，严禁敲击极板的工作面，当其变形过大，校正困难，且无法保证同极距在允许范围内时，应予以更换。

2）当极板有严重错位或下沉情况，且同极距超过规定而现场无法消除及需要更换极板时，在大修前要做好揭顶准备，编制较为详细的检修方案。

3）新换阳极板的每块极板应按照制造厂规定进行测试，极板排组合后的平面及对角线的误差应符合制造厂的要求。吊装时应注意符合原排列方式及更换板排的其他有关注意事项。

3. 阴极大小框架、阴极线的检修工艺及质量标准

（1）阴极悬挂装置的检修。

1）阴极悬挂装置的检修主要是：检查支撑绝缘子及绝缘套管无机械损伤及绝缘破坏情况。

方法为：用清洁干燥软布擦拭支撑绝缘子和绝缘套管表面。检查绝缘表面是否有机械损伤、绝缘破坏及放电痕迹，更换破裂的支撑绝缘子或绝缘套管。检查承重支撑绝缘子（或绝缘套管）的横梁是否变形，必要时要有相应的固定措施。将支撑点稳妥转移到临时支撑点，要保证四个支撑点受力均匀，以免损伤另外三个支撑点的部件。

注意事项：更换绝缘套管后，应注意将绝缘套管底部周围用石棉绳塞严，以防漏风。

试验项目：绝缘部件更换前，应先进行耐压试验。新换高压绝缘部件试验标准：

试验电压为1.5倍电场额定电压的交流耐压，历时1min应不击穿。

2）检查大框架吊杆顶部螺母有无松动，大框架整体相对其他固定部件的相对位置有否改变，并按照实际情况进行适当调整；检查大框架的水平和垂直度，并作好记录，便于对照分析；检查防尘套和悬吊杆的同心度是否在允许范围内，否则要适当调整防尘套位置。防尘套和悬吊杆同心偏差小于5mm。

（2）阴极大框架的检修。

1）检测阴极大框架整体平面度公差应符合要求，并进行校正，其质量标准见表2-11。

表 2-11		阴极大框架整体平面度质量标准	
流通面积（m²）	小于100	100～150	大于150
平面度（mm）	10	15	20

2）整体对角线公差为10mm，整个大框架结构坚固，无开裂、脱焊、变形情况。

3）检查大框架局部变形、脱焊、开裂等情况并进行调整与加强处理。

4）检查大框架上的爬梯挡管是否有松动、脱焊现象并对其加强处理。

（3）阴极小框架的检修。

1）检查上、下小框架间的连接情况以及小框架的固定情况。发现歪曲、变形、脱焊、磨损严重等情况时，应进行校正或更换和补焊处理。

质量标准：各小框架无扭曲、松动等情况，在大框架上固定良好，上、下框架连接良好。

2）检查校正小框架的平面度，超过规定的予以校正。

质量标准：单一框架平面度公差为5mm，两个框架组合后平面度公差为5mm。

（4）阴极线检修。

1）全面检查阴极线的固定情况，阴极线是否脱落、松动、断线，找出故障原因，并予以处理。对因螺母脱落而掉线的，尽可能将螺母装复并按规定紧固，同时将螺栓做止退点焊，所选用的螺栓长度必须合适，焊接点无毛刺，以免产生不正常放电。当掉线在人手无法触及的部位时，在不影响小框架结构（如强度下降、产生变形）且保证异极距情况下可用电焊焊上，焊点毛刺要打光，无法焊接时应将该极线取下。断线部分残余应取下。找出断线原因（如机械损伤或电蚀或锈蚀等）并采取相应措施。对松动极线检查，可先通过摇动每排小框架听其撞击声音，看其摆动程度来初步确定，对因螺母松开而松动的极线原则上应将螺栓紧固后再点焊焊牢，对处理有困难的也可用点焊将活动部位点牢，以防螺母脱出和极线松动。

质量标准：阴极线无松动、断线、脱落情况，电场异极距符合要求，阴极线放电性能良好。

2）对用楔销紧固的极线松动后，应按制造厂家规定的张紧力重新紧固后再装上楔销，更换已损伤的楔销并对变形的楔销进行修整处理，以保证其紧固性。

3）检查各种不同类型的阴极线的性能状态并作好记录，作为对设备的运行状况及性能进行全面分析的资料。除极线松动、脱落、断线及积灰情况外，主要还有：

芒刺线——放电极尖端钝化，结球及芒刺脱落，两尖端距离调整情况。

星形线——松动情况、电蚀情况。

螺旋线——松紧度、电蚀情况。

锯齿线——松紧程度、直线度、齿尖钝化及结球情况。

鱼骨针——针松动及脱落情况，针尖钝化情况。

4）更换阴极线。选用同型号、规格的阴极线，更换前检测阴极线是否完好，有弯曲的进行校正处理，使之符合制造厂规定的要求。

对用螺栓连接的极线，应一端紧固，一端能够伸缩。注意螺栓止退焊接要可靠，至少两处点焊，选用的螺栓长度要符合要求，焊接要无毛刺、尖角不能伸出。

更换因张紧力不够容易脱出的螺旋线，更换时要注意不要拉伸过头而使螺旋线报废。

对结合阳极板调整而更换变形较大或极线故障较多的小框架时，要增设专用架子，使该极线更换过程中的框架处于垂直状态以防变形。重新吊入的小框架注意其与阴极振打轴的相对位置保持不变。

（5）异极距的检测与调整。

1）异极距的检测应在大小框架检修完毕，阳极板排的同极距调整至正常范围后进行。对那些经过调整后达到的异极距，作调整标记并将调整前后的数据记入设备档案。

检测标准：数据记录清晰，测量仔细准确，数据不得伪造。

2）测点布置：为了方便工作，一般分别在每个电场的进、出口侧的第一根极线上布置测量点。

3）按照测点布置情况自制测量表格，记录中应包括以下内容：电场名称、通道数、测点号、阴极线号、测量人员、测量时间及测量数据。每次大修时测量的位置尽量保持不变，注意要和安装时及上次大修时的测点布置相对应，以便于对照分析。

质量标准：异极距偏差：极板长度≤7m 时，其偏差为±5mm；极板长度＞7m 时，其偏差为±10mm。所有异极距都应符合以上标准要求。

4）按照标准要求进行同极距、大小框架及极线检修校正的电场，其在理论上已能保证异极距在标准范围之内，但实际中有时可能因工作量大，工期紧，检测手段与检修方法不当及设备老化等综合因素，没有做到将同极距、大小框架及极线都完全保证在正常范围，此时必须进行局部的调整，以保证所有异极距的测量点都在标准之内。阴阳极之间其他部位须通过有经验人员的目测及特制 T 形专用工具通过。对个别芒刺线，可适当改变芒刺的偏向及两尖端之间的距离来调整，但这样调整要从严掌握不宜超过总数的2%，否则将因放电中心的改变而使其失去与极板之间的最佳组合，影响极线的放电性能。

4. 阳极振打装置检修

（1）结合阳极板积灰检查，找出振打不力的电场与阳极板排，作重点检查处理。

（2）检查工作状态下的承击砧头的振打中心偏差，承击砧头磨损情况。检查承击砧与振打锤头是否松动、脱落或破裂，螺栓是否松动或脱落，焊接部位是否脱焊，并进行调整及加强处理。位置调整应在阳极板排及传动装置检修后统一进行调整。当整个振打系统都呈现严重的径向偏差时，应调整尘中轴承的高度，必要时亦同时改变振打电动机与减速机的安装高度，此项工作要与极板排是否下沉结合起来考虑。存在严重的轴向偏差时，要相应调整尘中轴承的固定位置与电动机减速机的固定位置。检查锤头小轴的轴套磨损情况，当磨损过度造成锤在临界点不能自由、轻松落下时要处理或更换部件。当锤与砧出现咬合情况时，要按程度不同进行修整或更换处理，以免造成振打轴卡死。

质量标准：振打系统在工作状态下，锤和砧板间的接触位置做到上下、左右对中（偏差均为 5mm），不倾斜接触，锤和砧板的接触线 L 大于完全接触时全长的 1/2。破损的锤与砧应予以更换。锤与挠臂转动灵活，并且转过临界点后能自动落下。锤头小轴的轴套与其外套配合间隙为 0.5mm。

（3）检查轴承座（支架）是否变形或脱焊，定位轴承是否发生位移，并恢复到原来位置。对摩擦部件如轴套、尘中轴承的铸铁件、叉式轴承的托板、托滚式轴承小滚轮等进行检查，必要时进行更换。

质量标准：尘中轴承径间磨损厚度超过原轴承外径的 1/3，应予以更换；不能使用到下一个大修周期的尘中轴承或有关部件，应予以更换。

（4）振打轴：盘动或开启振打系统检查各轴是否有弯曲、偏斜、超标而引起轴跳动、卡涩，超标时做调整。当轴下沉但轴承磨损、同轴度公差、轴弯曲度均未超标时可通过加厚轴承底座垫片加以补偿。对同一传动轴的各轴承座必须校正水平和对中，传动轴中心线高度必须是振打位置的中心线，超标时要调整。

质量标准：同轴度在相邻两轴承座之间公差为 1mm，在轴全长为 3mm，补偿垫片不宜超过 3 张。

（5）振打连接部位检修。

1）检查万向节法兰、连接螺栓与弹簧垫圈是否齐全，有无松动、跌落、断裂，并予更换补齐，松动的应拧紧后予以止退补焊。

质量标准：法兰连接良好，无螺栓脱落。

2）检查并更换有裂纹和局部断裂点的万向节。

质量标准：万向节无机械损伤。

3）检查被动连杆与铜轴套间是否锈住卡涩，对卡涩部位做调整或解体检修，检查方法为卸下振打保险片的盘动减速机构，观察振打轴是否与其一起旋转。

质量标准：无锈牢情况。

4）更换陈旧损伤的振打保险片（销），注意规格要符合制造厂规定的要求，阴阳极振打保险片不要搞混。

质量标准：保险销（片）无损伤。

5）更换保温桶毛毡垫。

质量标准：振打穿墙部位不漏风。

（6）振打减速机的检修。

1）外观检查减速机是否渗漏油，机座是否完整，有无裂纹，油标油位是否能清晰指示。

质量标准：减速机完好，油位指示清晰。

2）开启电动机检查减速机是否存在异常声响及振动、温升是否正常。

质量标准：盘车或运转过程中无卡涉、跳动周期性噪声等现象。

3）打开减速机上部加油孔，检查减速机内针齿套等磨损情况，对无异常情况的减速机进行换油，对渗漏油部位进行堵漏处理。

质量标准：针齿套应光滑，无锈蚀及凹凸不平。

4）对有异常声响、振动与温升的减速机及运行时间超过制造厂规定时间的减速机，应进行解体检修。

（7）振打装置检修完毕后试车。

1）将振打锤头复位。

2）手动盘车检查转动及振打点情况。

3）在保险片（销）装复前，先试验电动机转向。

4）装复保险片（销），整套振打装置运行 1h。

质量标准：手动能盘动，旋转方向正确，无电动机过载、保险片（销）断裂、轴卡涉情况，减速机声音、温升正常。

5. 阴极振打装置检修

（1）结合阴极线积灰情况，找出振打不力的电场与阴极线，作重点检查处理。

（2）检查工作状态下的承击砧、锤头振打中心偏差情况以及承击砧与锤头磨损、脱落与破碎情况，具体同阳极振打。

质量标准：参照阳极振打标准，按照阳极振打锤与砧的大小比例关系选取中心偏差、接触线长度及磨损情况。

（3）对尘中轴承、振打轴的检查同阳极振打。

（4）振打连接部件检修，同阳极振打。

（5）振打减速机检修同阳极振打，同时拆下链轮、链条进行清洗，检查链轮、链条的磨损情况，磨损严重的应予以更换，安装后上好润滑脂，注意链条松紧度。

质量标准：链条、链轮无锈蚀，不打滑，不咬死。

（6）阴极振打小室及电瓷转轴的检修。

1）阴极振打小室清灰，清除聚四氟乙烯板上的积灰，检查板上油污染程度及振打小室的密封情况并进行清理油污，加强密封的处理。

质量标准：振打小室无积灰，绝缘挡灰板上无放电痕迹，穿轴处密封良好。

2）用软布将电瓷转轴上的积灰清除干净，检查电瓷转轴是否有裂纹及放电的痕迹，否则应予以更换，更换前应进行耐压检查。

质量标准：电瓷转轴无机械损伤及绝缘破坏情况，更换前试验电压为1.5倍电场额定电压的交流耐压值，历时1min不闪络。

6. 灰斗的检修

（1）灰斗内壁腐蚀情况检查，对法兰结合面的泄露、焊缝的裂纹和气孔，结合设备运行时的漏灰及腐蚀情况加强检查，视情况进行补焊堵漏，补焊后的焊痕必须用砂轮机磨掉，以防灰滞留堆积。

质量标准：灰斗内壁无泄露点，无容易滞留灰的疤点。

（2）检查灰斗角上弧形板是否完好，与侧壁是否脱焊，补焊后必须光滑平整无疤痕以免积灰。

质量标准：灰斗四角光滑无变形。

（3）检查灰斗内支撑及灰斗挡风板的吊梁磨损及固定情况，发现有磨损移位等及时进行复位及加固补焊处理。

质量标准：灰斗不变形，支撑结构牢固。

（4）检查灰斗内挡风板的磨损、变形、脱落情况，检查挡风板活动部分的耳板及吊环磨损情况，应及时进行补焊和更换处理。

质量标准：挡风板不脱落、倾斜，以防引起灰斗落灰不畅。

（5）灰斗底部插板阀检修，更换插板阀与灰斗法兰处的密封填料，消除结合面的漏灰点。检查插板阀操作机构，转动其是否轻便，操作是否灵活，是否有卡涩现象，否则应进行调整及除锈加油保养。

7. 壳体及外围设备、进出口封头、槽形板的检修

（1）壳体内壁腐蚀情况检查，对渗漏水及漏风处进行补焊，必要时用煤油渗透法观察泄漏点。检查内壁粉尘堆积情况，内壁有凹塌变形时应查明原因进行校正，保持其平直以免产

生涡流。

质量标准：壳体内壁无泄漏、腐蚀，内壁平直。

（2）检查各人孔门（灰斗人孔门、电场检修人孔门、阴极振打小室人孔门、绝缘子室人孔门）的密封情况，必要时更换密封填料，对变形的人孔门进行校正，并更换损坏的螺栓。人孔门上的"高压危险"标志牌应齐全、清晰。

质量标准：人孔门不泄漏，安全标志完备。

（3）检查电除尘器外壳的保温情况。

质量标准：保温材料厚度建议为100～200mm。保温层应填实，厚度均匀，满足当地保温要求，覆盖完整，金属护板齐全牢固，并能抗击当地的最大风力。

（4）检查并记录进、出口封头内壁及支撑件磨损腐蚀情况，必要时在进口烟道中调整或增设导流板，在磨损严重部位，增加耐磨衬件。对渗水、漏风部位进行补焊处理，对磨损严重的支撑件予以更换。

质量标准：进、出口封头无变形、泄漏和过度磨损。

（5）检查进、出口封头与烟道的法兰结合面是否完好，对内壁的凹塌处进行修复并加固。

（6）检查槽形板、气流分布板、导流板的吊挂固定部件的磨损情况及焊接牢固情况，更换损坏脱落的固定部件、螺栓，新换螺栓应止退焊接。

（7）检查分布板的磨损情况及分布板平面度，对出现大孔的分布板应按照原来开孔情况进行补贴，对弯曲变形的分布板进行校正，对磨损严重的分布板予以更换，分布板底部与入口封头内壁间距应符合设计要求，对通过全面分析认为烟气流速不匀，使除尘效率达不到设计要求的电场，在进行气流分布板与导流板检修后，同时对其进行气流分布均匀性测试，并按测试结果对导流板角度、气流分布板开孔进行调整，直至符合要求。

质量标准：磨损面积超过30％时，应整体予以更换。

（8）对分布板振打的检修参照阳极振打进行。

（9）检查槽形板的磨损、变形情况并进行相应的补焊、校正、更换处理。

（10）检查导流板的磨损情况，应及时予以更换或补焊。

（11）检查出口封头处的格栅（方孔板）是否堵塞，消除孔中积灰，对磨损部位进行补焊。

（12）对楼梯、平台、栏杆、防雨棚进行修整及防锈保养。

二、电气元件的检修

（一）整流升压变压器的检修

1. 整流变压器外观检查处理

用软布清拭变压器外壳的灰尘及油污，检查外壳的油漆是否剥离，石膏是否脱落，外壳是否锈蚀，并进行整修处理。用软布清拭各瓷件表面，检查有无破损及放电痕迹。油位过低应按制造厂规定的原变压器油牌号加入，不同牌号不能混用，一般温暖的南方多采用10号或25号变压器油，较寒冷地区使用25号变压器油，高寒地区使用45号变压器油。若发现变压器渗漏油，应查明其渗漏点及渗漏原因，并紧固螺栓或更换密封橡胶垫，更应重点检查低压进线套管处因线棒过热引发的渗漏油情况。

质量标准：瓷件无破损及放电痕迹，表面清洁无污染。油枕油位正常，箱体密封良好，无渗漏油现象。呼吸器完好无损，干燥剂无受潮现象（变色部分不超过3/4）。变压器表面油漆无脱落，外壳无锈蚀。

2. 整流变压器吊芯的检查处理

凡经过长途运输、出厂时间超过半年以上及当整流变压器出现异常情况（如溢油、运行中发热严重、受过大电流冲击、有异常声响、油耐压试验不合格、色谱分析中总烃含量超标等）时需进行吊芯检查。运行十年以上的整流变压器可选择性地检查或全部进行一次吊芯检查，其他情况一般不作吊芯检查。低位布置整流变压器吊芯检查时，室内应保持干燥清洁，高位布置时，应选择在晴朗天气进行，并采取可靠的防风、防尘等措施，吊芯时要严防工具、杂物掉入油箱。吊芯检查时的环境温度不宜低于0℃，吊芯检查前准备应充分，器身暴露大气时间不宜超过4h，特别情况时，按下列规定计算时间：空气相对湿度小于65%时为16h，空气相对湿度小于75%时，为12h。计时范围为器身起吊或放油到器身吊入油箱或注油开始。起吊器身的吊环不能用来起吊整台变压器。高压引出采用导线连接的在拆线时应将油位降低到连接点以下。起吊过程中要有专人指挥，专人监护，器身不能与外壳及其他坚硬物件相碰，起吊完毕应将器身稳定。

吊芯检查时拆除整流变压器接线盒处的各输入输出引线并做好标记，以便结束后恢复原接线。

（1）磁路的检查处理。检查磁路中各紧固部件是否松动（特别在运行中出现异常声响时），紧固时注意不要损伤绝缘部位。铁芯是否因短路产生涡流而发热严重，表面有无绝缘漆脱落、变色等过热痕迹（特别在运行中出现异常过热及烃含量超标时），若发现上述情况后，应进行恢复绝缘强度处理，严重时可返厂或请制造厂检修。

质量标准：铁芯无过热，表面油漆无变色，各紧固部件无松动，穿芯螺栓对地绝缘良好，绝缘大于5MΩ（1000V绝缘电阻表），铁芯无两点接地，一点接地良好（用万用表测量）。

（2）油路的检查处理。器身起吊后，肉眼观察油箱中的油色，检查油路畅通情况，对油箱中掉入的其他物件要查明其来源，若运行中出现渗油处及老化的橡胶密封垫，则予以更换。对箱体渗油、沙眼、气孔、小洞等可应用不影响变压器运行的黏结堵漏技术。焊缝开裂应补焊，补焊时必须采用气焊，并将变压器油放空，把内壁清理干净，补焊完毕，外壳应进行防锈油漆处理。

质量标准：油路畅通，油色清晰无杂物，油箱内壁无锈腐蚀及渗漏油情况，各密封橡胶垫无老化现象。

（3）电路的检查处理。检查各绕组的固定及绕组绝缘情况，对松动部位进行固定绑扎，对发热严重部位要查明其发热原因并对其进行局部加强绝缘的处理。更换烧毁的高、低压绕组（或返厂处理），检查各高压绝缘部件的表面有无放电痕迹（特别是当运行中内部曾出现放电声，油耐压试验不合格，烃含量超标，瓦斯动作等情况时）。对绝缘性能下降的部件进行加强绝缘处理或更换，更换或处理后应对其进行耐压试验，试验电压为其正常工作电压的1.5倍，试验时间3min；当该元件受全压（即输出电压）时，为方便起见，可通过开路试验来检验，时间为1min。

对高压输出连接部位、部件（连接硬导线或插座式刀片与刀架）进行检查，更换有裂纹的导线，调整错位的刀片与刀架。

外观检查硅堆、均压电容、绕组、取样电阻等元件及互相间的连接情况。对高压硅堆及均压电容怀疑其有击穿可能时（特别是运行中有过电流出现），应将其从设备上拆下，按照其铭牌上所标的额定电压施加直流电压，或用2500V绝缘电阻表进行绝缘测验。须指出用2500V绝缘电阻表常常不能检查出硅堆的软击穿故障。

检查高、低压绕组是否有故障常采用变比试验，即取下高压侧硅堆，断开各高压包之间的连接，在低压侧通常加10～30V的电压，就可测得各组高压包与低压包的实际变比，再与通过铭牌参数计算的变比去比较，当变比出现异常时（与计算值有较大差异，输入电压不同时，变比发生改变），就可判断是高压包还是低压包出现了问题。

更换高、低压包时，要注意保留故障线包上的有关铭牌参数（如出厂日期，规格型号，线径与匝数等），高压包还需注明其所加在位置，以便制造厂能够提供确切对应的配件。更换高压线包时，位置不需要改变，因为加强高压包与其他线包的安装位置和技术参数是不同的，这点也适用于更换高压硅堆，因为加强包往往对应有加强桥。

质量标准：内部焊线无熔化、虚焊、脱焊现象，各引线无损伤、断裂现象。硅整流元件、均压电容无击穿迹象。高压取样电阻及连接部位无变形、裂碎、断线、松动、放电或过热情况。高低压绕组无绝缘层开裂、变色、发脆等绝缘损坏痕迹。

绕组固定无松动现象。高压绝缘板、高压瓷件无爬电、碎裂、击穿痕迹。高低压屏蔽接地良好。插入式刀片与刀座无错位接触不良及飞弧现象。一、二次绕组直流电阻与绕组所标值一致，当偏差超过出厂值2%时，应查明其超出原因，以第一次测量数据作为原始数据记录。

修复后应按照国家专业标准进行测试。

现场修复后应进行以下测试并符合国家专业标准或厂家有关要求：变压器空载电流测试、额定负荷下温升试验、变压器高压回路开路试验。

3. 整流变压器油耐压试验

每次大修时必须对变压器油进行一次耐压试验，取样时打开变压器放油孔，用少量油对清洁干燥的油杯进行一次清洗，然后将试样放入杯中，取样完毕，注意样品的保护，防止受潮，并尽快送试验室进行耐压试验。试验时取中段油样置于清洁的油杯中，调整两电极使之平行，并相距2.5mm（电极平行圆盘的间隙用标准规检查），让油样在杯中静置10～15min后，接通油耐压试验设备，使电压连续不断地匀速上升直至油击穿，记录击穿瞬间的电压值，同时使电压降为零，再次试验前，用玻璃棒在电极间拨动数次，再静置5min，然后按以上方法再升压、读数、降压，连续进行五次，从而取得五个击穿电压值；最后取其平均值作为该变压器油的耐压值，必要时对油样进行色谱分析，方法及评判分析参照电气高压试验的有关标准。变压器油耐压不合格时应进行滤油处理，当其经处理后击穿电压仍低于规定值时，应予以更换。

质量标准：新换上或处理过的油，试验要求耐压值≥40kV/2.5mm，投运时间达到或超过一个大修周期的，允许其在不低于35kV/2.5mm下运行。

（二）电除尘的高压回路检修

1. 阻尼电阻检修

对阻尼电阻清灰，进行外观检查，测量阻尼电阻的电阻值，对电气连接点接触情况进行检查处理，当珐琅电阻有起泡及裂缝，网状阻尼电阻丝或绕线瓷管电阻因电蚀而局部线径明显变小、绝缘杆出现裂缝炭化时，均应以更换。

质量标准：阻尼电阻外观检查无断线、破裂、起泡，绝缘件表面无烧灼与闪络痕迹，与圆盘连接部位无烧熔、接触不良现象，电阻值与设计值一致。

2. 整流变压器及电场接地检查处理

检查整流变压器外壳接地是否可靠（通过滑轮不可靠，应有专门接地回路，采用截面不小于 $25mm^2$ 的编织裸铜线或 3×30 的镀锌扁铁。检查并确认整流变压器工作接地（即"十"端接地）应单独与地网相连接，接地点不能与其他电场的工作接地或其他设备的接地混用，接地线应采用截面积不小于 $16mm^2$ 的导线，若有接地线松动、腐蚀、断线或不符合要求的接地线情况存在，则要采取补救措施。对接地电阻的测试，应每隔 2～3 个大修周期进行一次，当接地电阻达不到标准要求时，要增设或更换接地体，每次大修时要重点检查设备外壳的地网的连接情况，若发现其腐蚀严重时，要更换或增设接地线。

质量标准：整流变压器外壳应良好接地，整流变压器正极工作接地应绝对可靠，整流变压器接地及电场接地电阻小于 1Ω，其中与地网连接电阻宜不大于 0.1Ω。

3. 高压隔离开关检修

（1）外观检查及机构调整。用软布清拭绝缘子，更换破裂绝缘子，若其有放电痕迹，应查明放电原因，必要时对其进行耐压试验。检查静、动触头接触情况，压力不足时可调整或更换静触点弹簧夹片，检修完毕给动、静触点涂抹适量电力复合脂，因开关锈蚀而造成工作不灵活时，应对其进行除锈。顶部设置的高压隔离开关，其软操作机构的钢丝容易因锈蚀造成操作困难，严重时应予以更换或改为其他形式操作机构。对操作机构的传动部位清除污垢，加新的润滑油，对松动部位进行紧固，更换磨损严重且影响开关灵活、可靠操作的部件。

质量标准：外观检查各支撑绝缘子无破裂、放电痕迹，表面清洁无污染。开关操作灵活、轻松，行程满足要求，分合准确到位，外部开关位置指示准确。开关动、静触头接触良好，隔离开关对应的限位开关准确到位，接点接触可靠，机构闭锁能可靠工作。

（2）绝缘测试。一般情况下仅用绝缘电阻表进行绝缘检查，而不进行全电压耐压试验，确有必要时可与电缆试验（T/R 低位布置）或整流变压器开路试验（T/R 高位布置）结合起来进行。对即将换上去的高压绝缘子要进行耐压试验。电场中其余高压绝缘部件亦按此标准进行。

质量标准：2500V 绝缘电阻表摇测绝缘电阻 $\geqslant 100M\Omega$，实验电压为 1.5 倍额定电压，历时 1min 不闪络。

4. 高压电缆的检修

（1）外观检查与处理。检查电缆外皮是否损伤，并采取相应补救措施。检查电缆头是否有漏油、渗胶、过热及放电痕迹，结合预防性试验，重做不合格的电缆头。电缆头制作工艺按照或参照 35kV 电力电缆施工工艺。检查电缆的几处接地（铠装带、电缆头的保护与屏蔽接地）是否完好，连线是否断开，并进行相应处理。

质量标准：电缆头无漏油、漏胶、过热及放电情况。电缆终端头保护接地良好，外壳或屏蔽层接地良好，电缆外皮完好无损。

（2）预防性试验。一般情况下，每过两个大修周期，就应对电缆进行一次常规的预防性试验。当发生电缆及其终端头过热、漏油、漏胶等异常情况时，应对其加强监视及进行预防性试验，对已经击穿及大修中预防性试验不合格的电缆进行检修，重做电缆头或更换电缆，尽量使电缆不出现中间接头，如有则不超过一个。

质量标准：当采用交流电进行预防性试验时，其标准应按相应规程进行。电除尘器专用高压直流电缆试验标准：试验电压为 2 倍额定电压的直流电压，试验时间为 10min。

(三) 高压控制系统及安全装置的检修

1. 整流变压器保护装置及安全设施的检修

拆下温度计送热工专业校验，气体继电器送继电保护专业校验，油位计现场检查。对高位布置的整流变压器，要检查其油温、气体等报警与跳闸装置及出口回路的防雨措施是否完好，并检查其低压进线电缆固定情况及进线处电缆防磨损橡皮垫完好情况。对集油盘至排污口（池）的检查，应采用淡水排放畅通试验。

质量标准：整流变压器的油位、油温指示计、气体继电器等外观完好，指示清晰，表面清洁。气体继电器及温度指示计应经校验合格，报警及跳闸回路传动正确，高位布置时有可靠的防止风雨雪造成误跳闸、误报警、防电缆绝缘磨损的措施。

2. 高压测量回路的检修

高压取样电阻通过 2500V 绝缘电阻表来测量串联元件中有无损坏情况，测量注意极性（反向测量），二次电流取样电阻及二次电压测量电阻用万用表来测量，测量时将外回路断开。第一次测得的数据作为原始数据记入设备档案。用 500V 或 1000V 绝缘电阻表来检查测量回路通过电压保护的压敏元件特性是否正常，测量时须将元件两端都断开。

质量标准：二次电压、电流取样回路屏蔽线完好，一端可靠接地。高压取样电阻，二次电压测量电阻及二次电流取样电阻与制造厂原设计配置值一致，偏离值超过 10% 时应查明原因予以更换或重新配组，并重新校表。与二次电压测量回路并联的压敏元件特性正常。

3. 电抗器的检修

(1) 外观检查处理。检查电抗器的接头是否过热，有无接触不良情况，绝缘子是否完好，油浸式电抗器是否有渗、漏油情况，检查电抗器固定有否松动，必要时作解体检修。

质量标准：瓷套管应完好，无裂缝破损，箱体无渗漏油，接头处接触良好，无过热现象。

(2) 性能测试。用电桥测量绕组直流电阻数值（特别当运行中存在异常发热情况时），用 1000V 绝缘电阻表测量绕组对地绝缘，绝缘不合格时，检查电抗器油耐压，必要时作解体检修。

质量标准：直流电阻值或电感值偏差超过制造厂出厂值的 3% 时要对绕组进行吊芯检查。绕组对外壳绝缘用 1000V 绝缘电阻表标准测量大于 5MΩ，油耐压的试验标准按制造厂规定或参照一般的电气试验标准。

(3) 解体检修。在电抗器出现异常发热、振动、声响、油试验不合格及内部有放电等异常情况时进行，并与整流变压器同一体的电抗器在整流变压器吊芯检查时一同进行，检查方法与注意事项参照整流变压器吊芯检查中的有关事项。

质量标准：各绕组牢固无松动，各压紧螺栓无松动，绕组、铁芯、穿芯螺栓对地绝缘良好，绕组绝缘无老化，铁芯无绝缘损坏及过热现象，铁芯一点接地良好，油箱内清洁无杂物，油清晰无杂质。

4. 高压控制柜的检修

（1）外观检查处理。对高压控制柜进行清灰，清灰前取下电压自动调整器，检查主回路各元件（主接触器、快熔、晶闸管、空气开关等）外观完整，检查一、二次接线情况完好。

质量标准：控制柜内无积灰，盘面无锈蚀，控制柜接地良好可靠，一、二次接地完好，无松动及过热情况。

（2）主要元、器件性能的检查处理。检查晶闸管元件的冷却风扇是否存在卡涉或转动不灵活的情况，更换故障的风扇，检查与清除散热片中的积灰，检查元件与散热片的接触情况，用干净的软布将晶闸管元件表面的污秽、积灰清除，要特别注意触发极端子的连接情况。用指针式万用表简单判断晶闸管元件的性能，有条件可使用晶闸管特性测试仪

质量标准：晶闸管的冷却风扇能正常工作，散热片无积灰堵塞。用万用表测量晶闸管各极间的电阻，经验数据正常值一般为控制极与阴极，其值为几十到十几欧姆；控制极与阳极、阴极与阳极的电阻值均达几百千欧。

（3）检查空气开关分合情况，并打开面板检查触头接触及发热情况，检查热元件情况，对打毛的触点及发热的接点进行处理，对过载保护值进行调整或作通电试验（热元件电流为1.5倍整流变压器额定一次电流，1.5～2min动作，过流动作为6～10倍额定电流）。

取下主接触器灭弧罩，检查触点发热、打毛情况并进行修整，检查接触器机构的吸合情况，调整或更换有关部件，清除铁芯闭合处的油污、灰尘，更换有故障的无声节能补偿器。

质量标准：空气开关、交流接触器分合正常，触点无过热、黏结、接触不良及异常声，保护功能完好，各开关、按钮操作灵活可靠。

（4）表计校验。拆下一、二次电压、电流表计送仪表专业校验，拆下时对接线及表计分别作好标记，将一次电流测量回路短接。由于电除尘供电装置在取样回路上的特殊性，则对二次电压、电流表校验时不能光校表头，应考虑取样回路的配合，通常在大修完毕进行电场空载升压试验时进行。用专门测量装置（如高压静电表、电阻分压式专用高压测量棒）对照校表，校核点应在正常运行值附近。校表完毕后将可调部位用红漆固定，各个表计做好记号，各电场之间二次电压、电流表固定板（装有校正电位器）一般不能互换。

质量标准：表计指示正确，线性好，误差在允许范围之内，表计无卡涩现象，能达到机械零位。

5. 电压自动调整器的检查调试

（1）外观检查处理。检查抽屉式调整器导轨是否松动变形，外接插头上连线有无松动、接触不良、脱焊情况，对调整器各部分用柔软刷子清灰，并用干净软布用无水乙醇擦拭；检查各连接部件、各插接口及插接件上元件有无松动虚焊、脱焊、铜片断裂、管脚锈蚀、紧固螺母松动等现象。如更换可调元件时在调后用红漆封好。

（2）模拟调试台上初调，按照制造厂调试大纲的要求在模拟台上对各个环节进行调试，并分别记录调试前后各控制点的电位及波形；检查电流极限、低压延时跳闸、过流过压保护、闪络控制及熄弧等控制环节是否正常。按照脉冲个数或触发电压宽度对导通角进行初调。

（3）可在现场用灯泡做假负载进行简单的检查调试（由于此时开环运行，没有二次的反馈与闪络控制，检查是不全面的），宜用两只100～200V电灯泡串联，灯泡功率不能太小，否则主回路上电流达不到晶闸管的维护电流。

（4）控制保护特性的现场校核。通过模拟整流变压器超温、气体动作、低油位、晶闸管元件超温等保护动作情况来试验。带上电场，在电场空载时校验电流极限、一次过流、二次过流（开路）、低压延时等保护符合厂家要求。通过反复观察一次电压值来观察晶闸管导通角指示是否大致反映晶闸管的导通情况。当电场通入烟气，电场发生闪络时，校验闪络灵敏度是否合适。

6. 安全连锁装置的检查试验

（1）人孔门安全连锁的检查试验。对安全连锁盘清灰，检查其内部接线连接情况；检查钥匙上标示牌是否齐全、对应，安全锁（汽车电门）是否开启灵活、可靠，接点接触是否可靠；检查人孔门上的连锁是否对应，开启是否灵活。最后按照人孔门安全连锁设计要求，对高压控制柜的启、停控制进行连锁试验（可以在电场空载升压试验前进行，此时仅合上主接触器而高压控制柜不要输出，以免整流变压器受到频繁冲击）。

质量标准：安全连锁盘上接线完好、无松动、脱焊等情况，安全连锁功能与设计一致，各标示牌完好，连锁开启灵活，接点动作可靠。

（2）高压隔离开关闭锁回路的检查、试验，检查限位开关与高压隔离开关"通"、"断"位置对应情况，并在高压控制柜上测量接点转换接触情况。最后直接操作隔离开关进行与高压控制柜的启、停连锁试验（可在电场空载升压试验前进行，此时仅合上主接触器，电场必须处于待升压状态，使得高压隔离开关开路后高压侧不会出现过电压）。

质量标准：限位开关与高压隔离开关位置对应，接点接触良好，转换灵活、可靠、闭锁回路正常。

（四）电气低压部分的检修

1. 动力配电部分的检修

（1）对 380V 配电装置，如低压母线、刀闸、开关及配电屏、动力箱、照明箱等进行停电清扫。

（2）检查各配电屏，动力箱，照明箱上的刀闸、开关的操作是否灵活，刀片位置是否正确，松紧是否适度，熔断器底座是否松动、破裂，熔芯是否完好，各电气接头（电缆头，动力端子排，母排连接处，刀闸，开关，熔断器的各桩头等）接触是否良好，有无出现电缆头过热、绝缘损坏、搪锡或铝导线熔化、铜或铝导体过热变色、弹簧垫圈退火等情况。

（3）检查各动力回路上的标示是否齐全、对应，熔断器规格与所标容量是否相符。

（4）用 500V 绝缘电阻表检查各动力的回路绝缘。

质量标准：各母线、动力箱、配电屏表面清洁，绝缘部件无污染及破损情况。

各动力箱、配电屏内部清洁，闸刀、开关操作灵活、可靠，各电气连接点无过热现象。回路标志清晰、熔断器实际规格与所标值一致，应大于 0.45MΩ。

2. 用电设备的检修

检修前，将动力电源可靠切除（有明显的断开点）。

（1）电动机的检修。打开接线盒，检查三相接线有无松动及过热情况。用 500V 绝缘电阻表检查电动机绝缘。视运行时间长短及设备运行状况，对部分或全部电动机进行解体检修（由于电除尘器系统的电动机功率大多不到 1kW，振打电动机一般处于间断工作状态，考虑解体的劳力与费用，在大修中不一定全部予以解体检修），解体检修按照一般低压电动机检修规程进行，解体前先拆除三相端子，并作好标记，且使三相短路接地。对那些转向有要求的电动机恢复接线时要试验电动机转向是否与原来一致，装复后试运转 1h（与本体试运结合起来）。

质量标准：三相接线无松动、过热。绝缘电阻大于 $0.5M\Omega$。电动机线圈及轴承温升正常，无异常振动及声音。接头与电缆无过热现象。

（2）电加热器的检修。检查电加热器接头有无松动及过热烧熔情况，检查电加热器引入电缆是否因过热而造成绝缘损坏，用 1000V 绝缘电阻表检查电加热器（带引入电缆）的绝缘情况，用万用表测量电加热器的管阻值，检查其是否有开路及短路情况，应及时更换有故障的电加热器。

质量标准：绝缘电阻大于 $1M\Omega$，电加热器无短路及开路情况。

3. 控制设备的检修

（1）中央信号控制屏上的设备的检修。对装置进行清灰，对声、光报警装置进行试验。

质量标准：光字牌、信号灯、声光报警系统完好。

（2）排灰控制设备的检修。

1）排灰调速电动机的滑差控制装置的检修。对滑差控制器及测速电动机进行清灰、擦拭，检查控制器内部元件有无锈蚀，烧毁，管脚虚焊，脱焊，按照制造厂说明书或调试大纲的要求进行调试。

2）"排灰自动控制"的检查处理。模拟高、低灰位信号，检查其能否发信号，高灰位自动排灰环节能否正常工作，排灰时间是否与设计值一致，有冲灰水电动阀联动控制时电动阀是否联动，电动阀开、闭是否灵活，关闭是否严密，排灰的"自动"与"手动"转换是否灵活、可靠，其信号及联动试验可结合排灰装置试运转进行。

3）灰位检测装置的检修。目前使用的灰斗灰位检测装置（即料位计）主要为电容式料位计与核辐射料位计。

电容式料位计的检修内容主要有：对探头和电子线路清灰（对探头是清除不正常黏结的物料，浮灰不需清理），检查探头有无机械损伤而影响其工作性能，在灰斗确已排空时对料位计进行校零以消除与被测物料无关的固有电容的影响，在物料确已将探头覆盖后进行动作值校准，选择合适的灵敏度。按照物料在灰斗中的晃动程度选择合适的延迟时间。具体要求参见各制造厂的说明书。

核辐射料位计由放射源及仪器两部分组成，仪器又由探测单元（包括计数管与前置电路）与显示单元（包括工作电源、信号数模处理、逻辑判断、相应表计与接点输出回路等）组成。核辐射料位计的检修内容主要有：①仪器部分，对装置进行清灰及检查外观各元件及连接是否正常，通电后检查其工作电压（正高压、正压、负压）是否正常，在"校验"位置检查其信号数模转换及"料空"指示是否正常，正常的计数管受宇宙射线作用使显示单元能有 20% 左右晃动的指示。②在"工作"位置进行现场调校，在确保空灰斗情况下，选择合适的灵敏度，检查显示电表应接近满刻度，并有"料空"显示或报警，在灰斗灰位达到监视位置时，显示电表指示应大幅度返回，并有"料满"显示或报警。选择合适的延缓时间，使装置不会因物料的晃动而频繁报警。③一般情况下，用作料位计的放射源为钴源，每两个大修周期对其予以更换，放射源使用可达二十年以上，具体还要视现场放射强度能否满足需要而定。若怀疑放射源有问题，必须请制造厂负责或指导处理。到期失效的放射源须由制造厂回收。

（3）振打程控装置的检修。装置清灰，外观检查，并检查其内部元件有无锈蚀、烧毁、虚焊、脱焊、接插件接触不良等情况。可在切除振打主回路电源的情况下，开启振打程控装置，认真、仔细记录振打程序，并与设计要求对照，对暴露出来的问题进行及时处理。有"手动"操作的，应检查"手动"与"程控"切换是否灵活、可靠。振打程控装置有多种形式，具体要求及参数见各制造厂的说明书。

（4）电加热器自动控制回路的检修。拆下电接点温度计，送热工专业校验，检查电接点温度计的电接点接触是否良好，可在切除主回路电源的情况下，人为改变高、低温度定值，驱动回路能够正常启、停。有"手动"操作的应检查"手动"与"自动"切换是否灵活、可靠。

（5）浊度仪的检修。对测量头与反射器中的密封镜片用镜头擦拭布由中心向外轻轻擦拭，并进行清灰，清理完毕按原样复位，且保证外壳密封；对净化风源中的空气过滤器用压缩空气进行清理，更换性能下降的滤桶；检查测量头中的灯泡接触情况，若使用时间已达一个大修周期，则应予以更换；用零点记忆镜进行仪器的零点检查，调整至制造厂规定的零点电流值；按照环保要求的需要并结合实际使用情况，检查或重新设定极限电流值（即报警值），调整完毕将电位器用胶漆封牢。利用大修后的除尘效率测试结果对浓度与浊度的关系进行一次对照与标定，其具体参数及调试参见各制造厂说明书或调试大纲。当仪器出现较复杂的故障时，由于其专业性较强，一般应请制造厂或专业维护人员对其进行处理。进、出口烟温检测装置与温度巡测装置检修，拆下进、出口烟温测量元件送热工专业校核。对温度巡测装置进行清灰及外观检查，检查其切换开关是否灵活、可靠，切换及自动切换的能否正常工作，有报警功能的检查其设定值及越限报警情况。

4. 保护元件的检查、整定

目前，低压用电设备多采用熔断器、空气开关及热继电器作设备及回路的过流（短路）及过载保护，其中电加热器多采用熔断器保护，低压电动机较多采用带过流与过载复合脱扣的空气开关或熔断器及加热继电器的保护。

（1）外观检查处理。核对熔断器熔芯的规格容量是否与设计一致，打开空气开关或热继电器盖子，检查空气开关过流脱扣机构是否有卡涉，松脱打滑情况；检查空气开关及热继电器中的热元件其连接点是否有异常过热后变形与接触不良的情况，电阻丝（片）有无烧熔及短接情况；检查其跳闸机构是否卡涉、松脱、打滑或螺栓松动情况；三相双金属片，动作距离是否接近，带"断相保护"的热元件其断相脱扣能否实现，采用"手动复归"是否完好。

（2）保护整定。根据电动机的额定电流，按照一般低压电动机的保护要求，对热元件通电流进行保护的校验，校验完毕，将可调螺栓紧固，对螺栓及刻度盘用红漆作好标记。

第六节　电除尘器安装及大修后的调整

为考核电除尘器的设计、制造或检修施工质量，调整其动态性能，在电除尘器全部安装完毕或检修完毕投入运行前，必须对其进行调试工作。电除尘器的调试工作应由六个阶段组成，即电除尘器本体调试；电气设备元件的检查与试验；调试前的系统检查与传动试验；高压控制回路的调试及空载试验；冷态、无烟电场负载调试；热态、额定负载工况下的参数整定及特性试验。

一、除尘器的本体调试

（1）除尘器的本体调试包括：电除尘器整体密封性漏风率试验，现场电除尘器内入口气流分布均匀性试验，振打、料位、输排灰试运，以及配合调试中的空载升压和电加热器的调试工作。

（2）除尘器设备全部安装完毕后，在敷设保温前，应对其作严密性检查。一般可采用烟雾弹试验，消除全部漏烟处，作到严密不漏。

（3）气流分布均匀性试验，应按制造厂的要求选择测试点，并作好测试记录，如不符合均匀性标准时，应进行调整。通过调整多孔板各部位的开孔率及改变导流板的角度来满足气流分布的均匀性，调整完毕后，将导流板焊牢。评定电除尘器入口断面气流分布均匀性的标准，采用美国相对均方根法（RMS）。

（4）测量电除尘器的阻力损失，其值应不大于 $295Pa(30mmH_2O)$。

（5）振打和输排灰的传动装置，在安装完毕后，应进行试运转，运转时间不得小于 8h。要求其转动灵活、无卡涩现象，运转方向符合设计要求。在冷态下，振打锤与承击砧的打击接触部位应符合设计要求。

二、电气设备元件的检查与试验

（1）检查高压网路主绝缘部件，如高压隔离开关、阴极悬吊绝缘瓷支柱、阴极绝缘磁轴、石英套管等均需经耐压合格。用 2500V 绝缘电阻表测量高压网络，其绝缘电阻值应在 $100M\Omega$ 以上。

（2）高压硅整流变压器在组装调试前检查整流变的气体继电器并进行排气。

（3）检查高压隔离开关应操作灵便，准确到位。带有辅助触点的设备，触点分合应灵敏。

（4）检查电缆头，应无漏油现象。

（5）高压硅整流变压器调试前先测量高、低压线圈之间及对地的绝缘电阻值，其应大于 $2000M\Omega$，并检查电流、电压取样电阻及其他元件的连接应正确。整流变压器调试前应做 1min 感应耐压试验。

（6）电抗器调试前应测量线圈对地的绝缘电阻和各抽头之间的直流电阻。

（7）高压电缆调试前应作电缆油强度试验和直流泄漏试验。

（8）交、直流继电器均应按部颁《继电器校验规程》进行常规校验。

（9）电测指示仪表应按部颁 SD 110—1983《电测量指示仪表检验规程》的规定进行常规检查。

三、调试前的系统检查与传动试验

（1）检查电气装置的一、二次系统接线应与设计原理图相符。

（2）低压操作控制设备的通电检查，主要包括：报警系统试验、振打回路检查、卸（输）灰回路检查、加热和温度检测回路检查等。

（3）报警系统试验。手动、自动启动试验时，其瞬时、延时声响、灯光信号均应动作正确，解除可靠。

（4）振打回路检查，其方法与要求如下：

1）手动方式。试转时记录启动电流值，测量三相电流值及最大不平衡电流值。核准热元件整定值，分合三次均应正常。

2) 检查锤头打击在承击砧上的接触点，其上下左右的预留值应符合设计要求。锤头转动灵活，不卡锤、掉锤、无空锤现象。

3) 自动时控方式。由制造厂提出设计经验时控配合值，试打三个周期，时控应正确。

4) 程控方式。按制造厂给出的设计程序，试打三个周期，程控次序和时序正确不紊乱。

5) 机务和电气检查合格后，连续振打试运行不少于 8h 为正常。

（5）卸、输灰回路检查，其方法和要求如下：

1) 手动方式。启动时测量启动电流值、三相电流值，并校验热元件的电流整定值。

2) 自动方式。模拟启停三次，应运转正常。对于热态灰位联动试验应在今后实际运行工况下另行调试。

3) 机务和电气检查合格后，连续试转 8h，要求其转动灵活，无卡涩现象。

（6）加热和温度检测回路检查，其方法与要求如下：

1) 手动操作。送电 30min 后测量电流值、核定热元件整定值，信号及安装单元均应正确。

2) 温度控制方式。模拟分合两次，接触器与信号应动作正确。温度控制范围应符合设计要求。送电加温后，当温度上升到上限整定值时应能自动停止加热；当温度下降到下限整定值时应能自动投入加热装置。

（7）高压硅整流变压器控制回路的操作传动试验。在断开硅整流变压器低压侧接线的情况下，作就地与远程分合闸试验，模拟瓦斯、过流、温限保护跳闸、传动、液位、温度报警及安全连锁、冷风连锁等试验项目，其灯光、音响、信号均应正确。

四、高压控制回路调试及空载试验

（1）高压硅整流变压器控制回路的调试，应按调试大纲的程序和要求进行，一般分开环和闭环两个步骤。

（2）高压硅整流变压器控制回路的开环调试方法和要求如下：

1) 开环试验可在模拟台或控制柜上进行，在控制柜上对控制装置插件的各环节静态参数进行测量及调整时，应断开主回路与硅整流变压器一次侧的接线，并接入两个 220V、100W 的白炽灯泡作假负载。

2) 送电后，测量电源变压器、控制变压器的二次电压值，其应与设计值相符。

3) 插入稳压插件，测量稳压直流输出值，作稳压性能试验，记录交流波动范围值，待试验合格后，可按说明书要求逐步进行其他环节插件的试验。

4) 测量记录各测点静态电压值，用示波器观测各测点的实际波形与标准波形并进行比较，其电压值在规定范围之内，波形应相似无畸变。

5) 测量手动、自动升压给定值的范围。

6) 测量电压上升率、电压下降率的调节范围值。

7) 预整定闪络、欠压回路门槛的电压值。

8) 测量封锁输出脉冲宽度电压的上升加速时间及欠压延时跳闸的时间值。

9) 测量触发输出脉冲幅值、宽度（或脉冲个数），并检查与同步信号的相位应一致。

10) 手动、自动升压检查，晶闸管应能全开通。

（3）高压硅整流变压器控制回路的闭环调试方法和要求：接入硅整流变压器和空载电除尘器。

1）手动升压，利用高压静电电压表，在额定电压下校准控制盘面上的直流电压表的指示值。

2）升至额定电压后，校核直流电压反馈取样值。记录空载情况下整流变压器一次、二次侧的伏安特性曲线，并记录各主要测点数据及其输出波形，直流输出波形幅值应对称。

3）加装接地线，其另一端靠近高压导体，人为进行闪络性能检查，记录在闪络工况时的各测点数据及输出波形。闪络封锁时间及条件，应符合装置的标称值和闪络原理。

4）作闪络过度短路性能检查，逻辑执行回路应动作正确；记录交流输入电压；交流输入电流、直流输出电流值，应小于额定电流值；记录各主要测点的数据及波形。

5）无闪络短路特性检查，应先手动，后自动。人为直接短路，电流从零升到额定值，也可以自动分阶梯逐段升至额定值，当手动与自动给定值最大时，其短路电流值应不大于出厂时的试验测量值。记录各有关测点数据。

五、冷态、电场负载的调试

空载调试合格后，可进行冷态、无烟电场（又称冷空电场）负载试验。冷态电场调试顺序是：先投入加热，振打，输、卸灰，温度检测等低压控制设备，待各设备调试运行正常后，再投入高压硅整流设备，进行升压调试，一般应从末级电场开始逐级往前进行，其方法与要求如下：

（1）在分别对各电场单独升压调试前，应先投入各绝缘子室的加热系统。打开各绝缘子室人孔门，除去绝缘子室及绝缘子表面的潮气，以保证各绝缘子不引起爬电，再将绝缘子室人孔门装复；将高压隔离开关合上，各零部件应准确到位；投入电场，开启示波器，重点监视电流反馈信号波形，电压测量开关置"一次电压"，操作选择开关置"手动升"位置，高压控制柜内调整器面板上的电流极限置限制最大的位置；按启动按钮，电流、电压应缓慢上升，此时手不应离开操作选择开关，注意观察控制柜面板上各表计和示波器测得的电流反馈波形，以免高压回路出现异常。当保护环节出现失灵时会造成高压电气设备的损坏；当正常升压时，控制柜面板上各表计应有相应指示，电流反馈波形应是对称的双半波；当电流上升至额定电流值的 50% 时，由于电流极限的作用，电流、电压停止上升，此时可将操作选择开关置"自动"位置，电流极限逐步往限制最小方向调节，若电场未出现闪络，可将其调节到额定输出电流值。

（2）在初升压过程中，当一、二次电流上升很快，电压表基本无指示时，则为二次回路有短路现象；当只有一次电压及二次电压，且电压上升速度较快，则为二次回路开路；当二次电压、电流有一定指示，而一次电流大于额定值，一次电压为 220V 左右，导通角为 95% 以上时，则为单个晶闸管导通或高压硅堆有一组发生击穿现象。凡出现以上异常现象时，应迅速降压停机，待找出原因，排除故障后，方可再次送电升压。

（3）当冷空电场升压时，二次电压低于额定值，则高压回路或电场内部就有闪络现象，此时应注意观察引起闪络的部位，以便进行故障分析与调整。当高压回路或电场内无闪络现象，而高压控制系统的闪络控制环节工作时，则造成"假闪"现象，此时应对高压硅整流变压器抽头后的电抗器抽头和控制器的部分环节进行相应调整，直至"假闪"现象消除为止。

（4）高压硅整流设备在制造厂进行出厂检验时，一般带电阻性负载，与带电场负载有差异。同时，设备经长途运输后，表计校正环节可能漂移。为此，在带电场升压时，必须对各表计进行校正。可用高压静电电压表测量高压整流变压器的输出端。为校对方便，可在二次电压升至 40～50kV 无闪络时终止升压，然后校对二次电压表的指示。同时，用万用表测反馈电流信号的直流电压值，电流反馈取样电阻为确定值，从而根据欧姆定律，可校正二次电流表的指示。

（5）高压硅整流变压器、电抗器抽头的调整可根据电流反馈波形确定，其原则是：调整抽头，使电流反馈信号波形圆滑，导通角为最大，即其波形应接近理想波形。

六、热态、额定负载工况下的参数整定及特性试验

（1）电除尘器经过上述冷空电场升压试验合格后，电气设备就具备了投入通烟气的条件，此时机务部分应具备以下条件：

1）电除尘器进、出口烟道全部装完，锅炉具备运行条件，引风机试运行完毕。

2）卸、输灰系统全部装完。冲灰水泵试运行完毕，冲灰水量调整适当。

（2）电除尘器通烟气。严密封闭各人孔门，开启低压供电设备的加热系统，使各绝缘子室的温度达到烟气露点温度以上，并保证各绝缘子不受潮或结露，以免引起弧电。通入烟气，对电除尘器本体预热，使电场绝缘电阻提高，用 2500V 绝缘电阻表测量，电阻值应达 500MΩ 以上。

（3）投高压。初点火时，不得投入高压，以免油烟在除尘器本体内引起爆炸燃烧，同时亦可避免在除尘器极板和极线上造成油膜而引起腐蚀。必须在除尘器带负荷达 60％ 以上，投煤粉的情况下（油枪不得超过两支），才可投入高压；采用煤气点火的锅炉，要严格执行安全操作规程，锅炉未正常运行前不得投入高压，以防产生爆炸；按冷空电场升压操作步骤对各电场送高压，正常情况下，电除尘器带烟气时，由于受工况条件的影响，其电场击穿电压值和二次电流值都较冷空电场时为低。

（4）根据电场工况选取最佳运行档位，并进行下列整定：

1）欠压整定值应小于最低起晕电压值。

2）火花闪络门槛电压值的整定，以电场闪络为准，调整门槛电压值，使其输出封锁信号。

3）录制热态烟气静态与动态两种工况时的伏安特性曲线，并记录各主要测点的数值及波形。

（5）多功能跟踪的晶闸管整流装置，应在冷态无烟气、热态烟气负载的工况下，分别投入火花跟踪、临界火花跟踪、峰值电压跟踪、可调间隙脉冲供电等运行方式，录制各种方式下的电场伏安特性曲线，测量各测点数值，并观测各测点波形应无畸形。

（6）根据电场运行情况，适当调整火花率。一般第一电场火花率为 60～80 次/min，中间电场为 40～60 次/min，末级电场为 20～40 次/min（或稳定在较高电晕功率）。对于高比电阻粉尘，可适当提高火花率，具体以效率测定后的火花率数据为准。

（7）具有闪络封锁时间自动跟踪的控制设备，应作模拟火花闪络闭锁时间的阶梯特性试验。

（8）当电场粉尘浓度大、风速高、气流分布不均匀时，会引起电场频繁闪络，甚至过渡到拉弧，此时可调整熄弧环节灵敏度，从而抑制电弧的产生，以免电晕线被电弧烧蚀。但在正常闪络情况下，熄弧环节不应动作，以避免熄弧环节太灵敏对晶闸管封锁时间长，从而影响除尘效果。

（9）带烟气负载运行时，由于各电场工况条件不同，则前极电场粉尘浓度大，闪络频繁，运行电压较低；后极电场粉尘浓度小，颗粒细，运行电压较高；电流较大，应根据各电场实际运行情况，调整变压器一次侧抽头或电抗器抽头的位置，使电流及反馈波形圆滑饱满。

（10）低压控制设备的调试。当带烟气运行时，低压控制设备必须可靠地投入工作。

1）振打回路。主要调整振打周期与振打时间，其整定值主要依据效率测试结果，也可根据电除尘器停止运行后检查极板和极线黏合情况，反复调整以取得理想的整定值。

2）卸灰时间的调整。没有上料位检测与控制的灰斗，必须根据各电场实际灰量调整卸灰时间，其原则为：灰斗保持有 1/3 高度的储灰，以免系统漏灰时影响除尘器的除尘效果。输灰时间要较卸灰时间长，以保证输灰管道上的灰能全部输送完。对水利输灰系统应调节冲灰量，使储灰仓内的积灰冲洗干净。

电除尘器的运行维护及管理 | 第三章

第一节　电除尘器的运行

一、电除尘器投入试运行前的检查验收

新安装或经大修改造的电除尘器的安装工程应严格执行部颁《电除尘器施工工艺导则》。电除尘器安装后投入试运行前的检查验收的主要项目及要求如下：

（一）电除尘器本体部分的检查验收项目

电除尘器检修后其本体部分的检查验收项目有：

（1）本体在填补保温层前作严密性检查验收。

（2）根据安装记录抽查同极间距和异极间距，其最小放电距离应符合要求。

（3）检查电场内部各零部件，尤其是极板和极线框架有无尖角、毛刺，一经发现，应予以消除。

（4）检查验收收尘极、电晕极及其振打装置。

1）收尘极、电晕极系统的所有螺栓、螺母应按要求拧紧并做止转焊接。

2）电晕极安装应符合设计要求，其极线松紧适中。

3）收尘极板排上部的定位悬挂与导向结构良好，其下部与灰斗导流板的间隙应满足热膨胀的设计要求。板排下端在限位槽钢中应无卡涩现象，以保证振打速度的传递。

4）振打轴中心线的水平误差不超过±1.5mm，同轴度在相邻两轴承座之间小于1mm，全长不超过±3mm。

5）振打机构应转动灵活、方向正确，各锤头打击位置和错位角应符合设计要求，无卡涩现象，减速机油位正常。

6）极板、极线上无金属异物或杂物。

（5）检查验收电晕极大框架。

1）大框架上横梁槽钢与顶部大梁底面距离的允许偏差小于5mm。

2）在同一电场内，前后大框架应等高，其允许偏差不超过5mm。

3）在同一电场内，前后大框架间距及对角线应一致，其允许偏差不超过10mm。用线坠检查，垂直线允许偏差小于10mm。

4）承吊电晕极大框架的瓷支柱应垂直置与大梁上，瓷支柱上法兰面应等高，平面度为1mm，防尘罩与吊杆同心度为10mm。

（6）检查验收槽形极板，槽形极板布置和连接方式应符合设计要求，其垂直度不超过5‰，平行度不超过10mm。

（7）检查验收导流板、气流分布板、阻流板。

1）安装位置应符合设计要求。

2）固定牢固，焊接符合要求，应采用满焊。

3）阻流板与壳体内侧板的距离、灰斗阻流板与收尘极板底部的距离、气流分布板与烟道底部的距离均应符合设计要求。

4）气流分布板的连接部分应牢固，各板间的间隙均匀，无明显气流通道，其与内侧壁面的间距应符合设计要求。

（8）检查验收灰斗及以下的设备系统部分。

1）灰斗内部平整无鼓凹，焊缝完整，灰斗内无杂物，对装有气化装置或内壁振动器等的疏通装置均应完好无损，灰斗下法兰与插板门、插板门与卸灰器或圆顶阀的法兰均应密封严密，插板开关灵活。

2）加热装置系统完好，各阀门严密，开关灵活，保温完好无损，卸灰器盘车转动灵活，圆顶阀开关灵活。

3）冲灰器完好，水封应满足设计和电除尘器内的负压要求。

4）螺旋输送机、斜槽输灰机、仓泵、输灰管路均密封良好。

（9）人孔门开关灵活，严密不漏，其与高压供电装置的安全连锁装置良好。

（10）电除尘器本体内无杂物，其装有的出、入口风门挡板应操作灵活，开度指示正确。

（11）料位计应符合制造厂的设计要求，灵敏正确。

（12）检查验收绝缘子室应干燥清洁，绝缘子完好无损。电加热元件或热风吹扫系统及其挡板截门等齐备，电气接线正确。

（13）电除尘器外表整齐，保温及防锈护板符合要求。顶部护板整齐，防雨及雨水排泄设施良好。

（14）所有楼梯、平台、栏杆等牢固可靠，照明齐全完好。

（15）各设备、系统及安全的标志齐全、清晰。

（二）电除尘器电气部分的检查验收项目

（1）所有电气设备必须严格符合部颁有关规定及《电业安全工作规程（发电厂及变电所部分）》。高低压电气设备的接地装置，应符合《电力设备接地设计技术规程》的要求，并按制造厂的说明书，认真对其验收检查。

（2）电除尘器本体接地电阻不大于1Ω，并逐一检查电除尘器高压隔离刀闸（开关）接地端、高压硅整流变压器及电抗器的外壳、控制柜外壳、低压配电装置外壳及各电动机外壳等必须可靠接地。高压整流变压器及其控制柜外壳应单独接地。

（3）高压隔离刀闸操作灵活，位置正确。

（4）检查高压隔离刀闸（开关）、电晕极悬吊瓷支柱、振打绝缘瓷转轴、高压硅整流变压器及其套管等高压电气设备部件的绝缘及耐压试验记录，高压硅整流变压器的低压线圈及低压瓷套管的绝缘电阻一般应不小于$300M\Omega$，高压线圈、硅整流元件、高压瓷套管的绝缘电阻一般应不小于$1000M\Omega$，电场的绝缘油耐压试验一般应大于$40kV/2.5cm$等。

（5）检查高压电缆的绝缘电阻、直流耐压试验及泄漏电流测试记录，其均应符合部颁《电气设备预防性试验规程》的规定，接头无渗漏油。

（6）高压硅整流变压器外观检查。

1）外壳完好，测温装置等附件齐全，安装牢固。

2）高、低压套管清洁无损。

3）呼吸器完好，硅胶无受潮。

4）外接线正确无误。

5）箱体密封良好，无渗漏油现象，油质合格，油位正常。

6）下油盘、放油管、阀门等无堵塞、漏油现象。

（7）电测量指示仪表按《电测量指示仪表检验规程》的规定进行校验，检查检验记录，并要求用红色标志标出设备的额定值位置。

（8）检查控制柜接线正确无误。

（9）低压配电装置（包括所有开关、刀闸、电源保险、操作保险等）齐全完好，接线及设定值正确。

（10）各电动机均已接线，地线牢固接好，各安全罩完整装好。

（11）所有仪表、电源开关、保护装置、调节装置、温度巡测装置、报警信号、指示灯等完整齐全、正常。

经过检查验收的电除尘器，对发现的问题和缺陷应进行解决和消除，以达到具备投运前的分部试运和冷态试验条件。

二、电除尘器投运前的分部试运行

在所有表记、保护装置、调节装置、温度巡测装置、报警信号及指示灯齐全正常的情况下，进行分部试运行。

（1）具备试运条件后，电源变压器送电，确认运行状况良好。

（2）投入低压配电装置，具备各转动机械试车条件。

（3）启动卸灰器，转动方向正确，运行状况良好，自动/手动切换良好。各电动机、减速机的油质合格、油位正常，冲灰沟内无杂物，沟盖板齐全完好。

（4）校核振打装置过流保护值，应符合要求。阴、阳极和槽形板振打装置在未装保险销子前先就地启动，运转30min，确认转动方向正确且工作良好的情况下，再装上保险销子，试运转，检查振打锤打击中心是否符合设计要求。投入振打程控系统，调整振打周期符合设计整定时间要求。

（5）投入冲灰水系统，水压、水量正常，满足要求，灰沟畅通，喷嘴无堵塞；投入压缩空气系统，压力正常，满足要求。

（6）投入搅拌器、冲灰器、螺旋输送机、斜槽输灰装置或仓泵等，其工作状况良好，输灰管路无堵塞。

（7）打开灰斗出灰口的插板门。

（8）投入顶部与绝缘子室及电晕极瓷轴箱的加热装置，应工作正常，温度巡测装置的控制系统工作良好。校核停止加热及自投加热的温度限值，应符合设计要求。

（9）投入灰斗加热装置，工作正常。如果是蒸汽加热应打开疏水，充分放水。

三、电除尘器的冷态试验

电除尘器的设备系统经过分部试验校核正常，所有问题、缺陷全部消除后，进行电除尘器的冷态试验。

1. 气流分布均匀性试验

在锅炉引风机安装试运行结束后并具备正式投运条件下，才能进行本项试验。由于冷态与正常运行的烟气温度条件不同，因而在进行冷态气流分布均匀性试验时，引风机入口挡板开度约为50%～60%（正常运行烟气温度一般为130～170℃）。一般情况下，只做测试第一电场入口气流分布均匀性试验，应符合设计要求，并至少达到《通用技术条件》规定的合格值（$\sigma < 0.25$），否则每个电场应进行调整处理，包括修改导流板位置或角度，改变气流分布板开孔率，消除涡流区或局部短路区等。改动后仍需重复测试，直至达到要求。

2. 振打性能试验

在常规情况下，一般由制造厂提供阳极板排和阴极小框架的振打加速度的分布测试结果。为了校核安装质量，每个电场应抽测2～3个阳极板排和阴极小框架的振打加速度的分布值，并与制造厂提供的数值进行比较，若误差超出±（10%～20%）时，应分析原因，并进行处理。

3. 冷态伏—安特性试验

为了鉴定电场安装质量和高压供电装置性能与控制特性及其安装接线，应进行冷态伏—安特性试验。

（1）逐一启动各电场的高压硅整流变压器的供电装置，手动升压到额定二次电压或二次电流值，若没有达到额定值或设计规定值时，电场就会发生闪络，此时应立即停止高压硅整流变压器，查明原因并作处理。

（2）对各电场的高压供电装置及其控制部分进行过流、欠压等保护试验，应符合要求，否则应进行调试或处理。

（3）逐一启动高压硅整流变压器进行伏—安特性试验：

首先观察起晕电压，然后手动升压［二次电压自25、30、35、40、45、50、55、60、65、70、72（75）kV］，逐点记录一、二次电压，一、二次电流值。通常，在达到额定二次电压或电流前，应不出现明显的闪络现象。然后手动降压反向同样逐点记录，复核各点上升与下降时的数值，应基本一致。

然后把试验测试结果数据绘制成各电场的伏—安特性曲线，作为今后大、小修或故障处理的参考依据。

4. 电除尘器漏风试验

电除尘器本体在保温前进行严密性试验合格后，待所有设备全部装复，本体及出、入口烟道的人孔门均已封闭的条件下，启动引风机，对电除尘器本体出、入口烟道，灰斗及卸、输灰系统在额定风压下进行全面严密性检查，对各法兰结合面或焊缝有漏风处及时消除。

5. 电除尘器阻力试验

在引风机运行额定风量条件下，测试电除尘器的本体阻力，验证冷态的阻力是否符合设计值。

上述各项试验结束且试验中发现的问题及缺陷经过处理符合要求后，电除尘器才具备了整体的热态试运行条件。

第二节　电除尘器的整体试运行

一、电除尘器投运前的检查与准备

（1）所有工作票全部办理完终结手续，所列安全措施全部拆除，常设遮栏、标示牌、标志等均恢复正常，照明充足。

（2）电动机均已接线，接地线牢固可靠，安全罩完好且与转动部分无接触，传动链条无卡涩。引线端与电动机接线盒连接良好，无积灰、积水现象，就地控制开关在"合"位置。

（3）电动机与减速箱的连接处无漏油，电动机通风槽内无积灰堵塞，减速箱油位正常，油质合格。

（4）高压整流变压器油位正常，油质合格，本体无渗漏，硅胶无受潮，引线接触良好，绝缘瓷件清洁，将高压隔离开关切至"电源—电场"位置。

（5）电除尘器外壳与烟道的保温完好无损。

（6）人孔门已关闭严密，密封填料无脱落，门四周螺栓齐全紧固，且无漏风。

（7）灰斗插板门全部开启，料位指示正常，压缩空气系统正常投运，各气动阀门、手动阀门开关位置正确，输灰系统正常投运，冲灰水系统正常投入使用，卸灰等设备正常投运，喷嘴及灰沟畅通无堵塞，水量充足，沟盖板齐全完整。

（8）配电盘内的所有开关、刀闸完好，所有电源保险、操作保险均齐全。

（9）所有配电间隔、室、箱门的闭锁装置完好并上锁。

（10）确认各开关、操作把手和旋钮均在断开位置，所有表计、电源开关、保护装置、调节装置、温度巡测装置、报警信号及指示灯均完好齐全，指示正确，然后对上述设备进行送电。

（11）开启远方监视器，显示与就地同步。

二、电除尘器投入时应具备的条件

电除尘器投入时应具备的条件是：

（1）烟气温度不低于120℃，最高不超过200℃。

（2）烟气负压小于或等于3920Pa。

（3）烟气中易燃气体的含量必须低于危险程度，一氧化碳含量小于1.8%。

（4）烟气含尘量不大于52g/m³。

（5）烟气尘粒比电阻在160℃时应小于$3.27 \times 10^{12} \Omega \cdot cm$。

（6）接地电阻小于1Ω。

（7）高压供电装置应在锅炉停止燃油后投入。

三、电除尘器的启动操作步骤

（一）启动低压微机自动控制装置

1. 单元开机方式

（1）合低压控制柜的自动开关"QF1"，指示灯亮。

（2）用钥匙接通主令开关"QF2"，微机送上工作电源，指示灯亮。

（3）合上各回路电源开关，将各振打电动机控制器和加热控制器上的转换开关打在"自动"位置上。

（4）按下低压控制柜"复位"键，显示器左4位显示进口温度，右4位显示出口温度，微机工作状态正常，允许进行开机操作。

（5）锅炉点火前12～24h投入顶部大梁、绝缘子室、电晕极瓷轴的加热和灰斗加热，并控制加热温度均应高于烟气温度20～30℃。

分别按"大梁加热"键、"瓷轴加热"键和"灰斗加热"键，选中操作单元回路，按

"单元开机/单元停机"键，投入大梁加热、瓷轴加热及灰斗加热（如灰斗为蒸汽加热方式需开门联系送汽）。

（6）锅炉点火前 2h，启动卸灰装置、输灰系统，运行正常后，分别将电除尘器阴、阳极振打装置投入运行，且处于"连续"工作状态。

分别按"阴极振打"键和"阳极振打"键，选中操作单元回路，选择"连续"运行方式，按"单元开机/单元停机"键，投入阴、阳极振打。

2. 系统开机方式

（1）合上低压控制柜自动开关"QF1"，指示灯亮。

（2）用钥匙接通主令开关"QF2"，微机送上工作电源，指示灯亮。

（3）合上各回路电源开关，将各振打电动机控制器和加热控制器上的转换开关打在"自动"位置上。

（4）按低压控制柜"复位"键，显示器左 4 位显示进口温度，右 4 位置显示出口温度，微机工作状态正常，允许进行开机操作。

（5）按下"系统开机"键，所有回路设备将投入运行。

（二）启动高压微机自动控制装置

（1）合上微机工作电源开关"QF1"，指示灯亮。

（2）用钥匙接通主令开关"QF2"，合上高压控制柜，指示灯亮。

（3）投入高压控制柜冷却风扇。

（4）将安全连锁箱内各电场连锁。

（5）锅炉燃烧稳定后，负荷达到额定负荷的 70％以上，油枪全部撤除，锅炉排烟温度在 120℃以上，电除尘器加热部分的温度高于露点温度 25℃以上时，投入一、四电场，其投运步骤为：

1）设定二次电压整定值为 30kV，设定电场运行方式为"D"。

2）按下"运行/停机"键，投入电场运行。

3）二次电压达 30kV，检查表计无异常后，逐次升高二次电压整定值（限每次 5kV），反复调整至最佳值。

4）闪频首次投运整定在 50 次/min。

（6）锅炉负荷达到 80％以上，投二、三电场（投运步骤同投一、四电场）。

（7）当所有电场投运正常后，将阴、阳极振打的运行方式改为"周期"运行。

（8）电除尘器投运后，要对设备进行全面检查。

四、电除尘器投运时的注意事项

（1）电除尘器投运操作高压隔离开关时，如发现异常，应查明原因，且禁止强行合闸。

（2）高压整流变压器附近，高压引入部位和绝缘子室投运时，所有人员必须在安全距离（至少 1.5m）以外。

（3）电除尘器出口温度应达到 100℃以上，且预热 2h 后，方可投入高压整流变压器。

（4）锅炉投油燃烧时，禁止投入电除尘器运行。

（5）锅炉停止燃油后延时 15min 方可投入电除尘器运行。

第三节　电除尘器的正常运行监督

一、电除尘器的正常运行调整

电除尘器投入运行后，在经过热态调试制定的各种工况条件下的合理运行方式基础上，可根据锅炉实际燃烧的煤种、负荷、燃烧情况以及灰分中的可燃物、粉尘含量等情况来调整，调整内容包括控制柜的工作方式、火花频率、供电参数、卸灰和输灰频率等，以适应锅炉运行工况下使电除尘器保持高效益经济运行。所以运行人员的认真调整是电除尘器高效运行的关键。

为了适应锅炉燃用煤种或粉尘特性的不同，一般高压控制柜都具有多种工作方式，大致可分为六种：

1. 方式 A——最佳工作点探测（一般经常采用该方式）

最佳工作点探测是寻找电场工作电压最高点的一种方式，对于有些电场在起始阶段，随着导通角的增大，二次电压、二次电流同步增大，当达到某一点时，随着导通角及二次电流的增大，二次电压相应减小。这种方式就是使供电装置工作在电压最高点附近的一种工作方式。

2. 方式 B——间隙供电

间隙供电是间断向电场供电的方式，它适用于粉尘比电阻比较高的一些场合。

3. 方式 C——简易脉冲供电

简易脉冲供电是一种周期改变供电幅度的供电方式，类似于间隙供电方式。

4. 方式 D——火花率整定运行

火花率整定运行方式是一种以控制火花率为目标的工作方式，控制原理有两种：一种是火花跟踪模拟供电装置，由于电场工作条件的变化，电场内火花率也会发生变化，闪络时间的电压上升率、下降率不随工况条件变化。另一种是能自动跟踪电场工况条件变化的运行方式，在二次电压、二次电流未达到额定值的条件下，当工况条件变化时，计算机能自动调节上升率和下降率，使火花率稳定地工作在设定值上，其工作电压非常接近火花电压。

5. 方式 E——普通火花跟踪

普通火花跟踪方式的控制原理与模拟供电装置有些相似，随着工况条件的变化，火花率也会发生一些变化，但与模拟供电装置有所区别，其闪络时的电压下降率和上升率完全由计算机自动完成。

6. 方式 F——自动调节工作参数

自动调节工作参数方式的工作原理是将方式 A 与方式 D 有机地结合起来，计算机能根据工况条件的变化，自动选择工作方式，如在运行参数大时，选择方式 A；在运行参数不大时，选择方式 D，并自动选择闪络工作频率。这种方式适用于工况条件变化较大的场合。

除锅炉燃用煤种或粉尘特性与设计有明显变化时，需车间领导、专业技术人员共同进行控制方式等变动外，一般运行工况中不宜任意改变控制方式。

在锅炉负荷高、煤质较差、灰分较大的情况下，目前采用的高压供电装置的控制性能均能自动跟踪运行工况，此时可适当提高火花闪络频率，保持高的供电参数，同时，根据灰斗料位计指示和落灰情况保持高的卸灰、输灰频率。

在锅炉负荷低，煤质较好、灰分较小的情况下，可适当降低火花闪络频率，甚至以小火花或无火花的控制方式运行。在保证电除尘器出口排放浓度的情况下，可适当降低供电参数。

在锅炉调峰升降负荷过程中，及时根据负荷情况、料位指示、落灰情况进行相应的调整。

二、电除尘器的正常运行监督与检查

电除尘器运行值班人员应做好下列监视和检查工作：

（1）电除尘器在运行中应监视高、低压控制柜盘等表计，指示灯、信号报警装置等无异常，温度巡测装置、振打装置、料位指示及卸灰装置等显示正常，且与远方同步。

（2）电除尘器一、二次电流及电压、导通率应每小时记录一次，高压整流变压器的油温、出入口烟温等应每两小时记录一次，并对数据进行分析比较。

（3）每班的值班人员应对电除尘器设备进行全面检查不少于两次，并做好记录，注意在电除尘器顶部检查时要按规定离带电设备保持一定的安全距离（至少 1.5m）。发现设备运行中的故障和问题，应及时处理，保证除尘器的运行效率，避免发生重大环境污染事故。

（4）电除尘器控制室内设备的检查：

1）各控制柜内的设备、元件应无过热、变色、焦味、异常噪声，接地线良好，各指示灯表计完好且指示正确，高压柜内冷却风扇运转正常。

2）高压控制柜内温度不得超过 30℃。

3）观察高压控制柜上一、二次电压、电流表，使其数值符合以下要求：

二次电压工作值不低于 50kV。

二次电流工作值不低于 100mA。

一次电流值不超过 300A。

顺烟气流动方向，前部电场电流值最小，后部电场电流值最大。

火花放电率应保持在 20～30 次/min 之间。

（5）电除尘器本体机械部分的检查：

1）检查灰斗插板门，应在开启位置。

2）振打电动机、卸灰电动机及传动机构运行良好，减速机温度正常，油质合格，油位正常，无渗漏，电动机温度正常，通风散热良好，接地线良好。

3）电除尘器各人孔门关闭严密，无漏风现象，安全联络系统可靠。

4）灰斗无积灰现象，料位指示正常。

5）灰斗加热投运良好。蒸汽加热无漏水、漏汽现象。

6）阴、阳极振打周期时间程序运行正常。

7）卸、输灰装置运行正常，无堵灰、漏灰现象发生。

8）冲灰水量、水压正常，灰沟无堵塞。压缩空气系统压力正常，满足系统要求。

（6）电除尘器电气部分的检查：

1）绝缘子室的加热温度在规定范围内，瓷轴加热工作良好。

2）各处照明良好。

3）高压整流变压器油温正常，油位、油质正常良好，无渗漏油现象（油温达 75℃时，发出声光报警，油温达危险油温 85℃时，变压器自动降压并切断电源，同时发出事故信号）。

4）高压整流变压器无异常声音，干燥剂颜色正常为蓝色，吸收潮气后则变成粉红色，此时应进行干燥和更换。

5）电除尘器顶部各高压隔离开关在"电源—电场"位置，且固定良好，无损坏，高压隔离开关柜完好无损，柜门关闭，锁定良好。

6）高压隔离刀闸（开关）、直流高压引线、支撑绝缘子、联络母线及电除尘器顶部均无明显放电现象。

7）高压控制柜内冷却风扇运行正常。

8）限流电阻、阻尼电阻应完好无损，无过热和放电现象。

三、电除尘器运行中的注意事项

（1）电除尘器正常运行中，严禁打开高压隔离室柜门或打开高压绝缘子室门进行检查。

（2）高压隔离刀闸（开关）不允许带负荷切换，切换前必须将高压硅整流装置停止运行，切换后再投运。

（3）高压整流变压器不允许开路运行。

（4）电除尘器正常运行时，严禁打开人孔门，进入电除尘器内部，一切人孔门的安全连锁必须可靠。

（5）电除尘器的工作场所必须照明充足，走道畅通，各人孔门应标有明显的"高压危险"的警告牌。

（6）控制室各控制屏及布线架构、高压设备，严禁非操作人员接近和乱动。

（7）电除尘器运行时，不准触摸高温裸露部位，防止身体灼伤，如因工作需要，应做好防护措施。

（8）各振打旋转部位，都应有完整牢固的防护罩。

（9）电除尘器在进行电气操作时，应严格遵守《电业安全规程》的规定，戴上合格的绝缘手套，穿上合格的绝缘鞋，湿手不得触摸开关及按钮。

四、电除尘器运行中的定期试验及工作制度

为了保证电除尘器安全、稳定、高效运行还必须建立和执行设备运行的工作制度，并定期进行试验，其主要的试验、工作内容见表3-1。

表 3-1　　　　　　　　　　电除尘器运行中的主要试验及工作内容

项　　目	试验、工作内容	试验周期
报警装置	试验报警装置及声光报警信号是否正常	每半月一次
振打、加热、卸灰的控制	由"自动"改为"手动"能否正常切换	每月一次
温度巡测	巡测装置是否正常、准确的显示各测点温度	每月一次
事故照明	事故照明能否自投	每月一次
减速机	定期加油	每月一次
安全机械锁	定期加油	每季一次

第四节　电除尘器的停运

一、电除尘器的停运操作步骤

随着锅炉机组负荷的降低，对于大容量机组当其负荷降低到一定值时要伴油燃烧。电除尘器的值班人员接到值长降负荷停炉通知后，应随时监视各表记参数。

（1）当锅炉投油助燃时，电除尘器应退出二、三电场运行，同时将阴、阳极振打改为"连续"运行方式。

（2）当锅炉负荷率降至 200MW 以下时，退出一、四电场运行。

（3）停运电场时逐级降低二次电压值（限每次 5kV），或按"下移"键，当降至 30kV 时，按下"运行/停机"键，高压整流变压器停运，一、二次电流、电压值归零，高压柜电源开关"QF1"切至"分"位。

（4）保持阴、阳极振打装置继续运行，持续时间不得少于 4h。

（5）锅炉停运后，电除尘器内的烟气应全部抽净，引风机停运后，停止顶部大梁、绝缘子室和电晕极瓷轴的加热运行。

（6）电除尘器停运后，卸灰、输灰、冲灰系统仍须继续运行，直至灰斗积灰排空，检查无误后，停运排灰系统及灰斗加热。

（7）电除尘器停运后，切断各单机电源开关，主令开关置于"停机"位置。

注意：调峰和临时停炉时，各振打、加热装置仍应保持运行。

二、电除尘停运检修的注意事项

（1）锅炉运行中投油燃烧时，电除尘器应退出运行。

（2）停运电场时，应先将电场电压降至最小值（二次电流为零）后，方可按"运行/停机"键。

（3）电除尘器正常停运后，按"运行/停机"键失灵时，如操作"复位"键仍无效，方可按紧急按钮"AS"。

（4）单个电场故障时，其余电场继续运行工作。

1）属暂时性故障，无需检修工作时，如：堵灰故障引起的电场停运时，则该电场应处于待运行状态，故障消除后，立即投入运行。

2）属非暂时性故障，该电场设备需检修时，必须停下该电场所有电源，并挂好警告牌，作好安全隔离措施。

（5）电除尘器停运后，将高压隔离刀闸置于接地位置，电场与高压输出端挂装接地线前应放电一次，开启人孔门时放电一次。

（6）电除尘器的单个电场因故障停运后，则该电场在挂接地线前应对高压输出端验电。

（7）检查人员在进入停运后的电除尘器内部之前，必须经运行班长许可。

（8）检查人员在打开人孔门进入电场前，应再用接地线对阴极放电一次，且内部温度在 40℃左右（一般在停运 8h 后）。

（9）凡进入电除尘器的工作人员，至少应有两人以上，其中一人负责监护，并在人孔门外设立监护人。

（10）凡进入电场工作的人员必须办理工作票，严格执行"安规"规定及安全技术、组织措施，并做好安全隔离措施。

（11）若电除尘器长时间停运，应每两天开启一次阴、阳极振打机构，连续振打 30min，防止其生锈卡死。同时应关闭灰斗插板门，并将蒸汽的加热管道内的积水放尽（冬季停炉蒸汽的加热系统和冲灰水系统应继续保持投运，以防止冻管）。

三、电除尘器应紧急停运电场的情况

（1）锅炉机组故障灭火停炉。

（2）高压输出端开路。

（3）高压绝缘部件闪络。

（4）高压硅整流变压器的油温超过跳闸温度 85℃而未跳闸，或出现喷油、漏油、声音异常等现象。

（5）高压供电装置发生严重的偏励磁。

（6）高压供电装置自动跳闸，原因不明，允许试投一次，若再跳闸，需查明原因，消除故障后方可再投。

（7）高压阻尼电阻闪络，甚至起火。

（8）高压晶闸管的冷却风扇停转，晶闸管元件严重过热。

（9）电除尘器运行工况发生变化，锅炉投油燃烧或烟气温度低于露点温度。

（10）电除尘器的阴、阳极振打装置等设备发生剧烈震动、扭曲、烧损轴承，电动机过热冒烟，甚至起火。

第五节　电除尘器运行中异常、故障的现象、原因分析及处理

电除尘器运动部件少，能长期安全、可靠地运行，只要维护管理得当，可多年不出故障。

电除尘器的故障类型与除尘器本身结构及使用方法有关。

一、典型故障及原因分析

电除尘器的寿命与设计和工作条件有关，折旧期一般在 20 年以上。电除尘器的故障类型与故障频率因工作条件不同而千差万别，但主要构件的故障及产生原因大致如下。

1. 放电极故障

（1）放电线断线。放电线断线的原因有多种，如腐蚀老化引起放电极强度不足，电腐蚀，安装施工中的欠缺，振打力过大等。因烟气粉尘方面的原因，使放电极支撑部件腐蚀或磨耗，从而缩短寿命。高比电阻粉尘引起的反电晕，反复振打，放电极振动时，重锤和放电极窜动，使其接触处引起电腐蚀。

老式的棒帏式电除尘器中用重锤吊挂的圆线和 SHWB 系列化产品中设计的星形线断线故障较多，主要原因是机械疲劳、频繁的局部火花放电或腐蚀。机械故障一般出现在星形线焊接螺栓接头处，由于其内应力未消除所致。圆线则是极线摆动过度使极线反复冷弯，最后疲劳断裂（也有制作安装方面的因素）。电击断线是收尘极上有毛刺，放电极振动、摆动，使极距缩短而引起局部电场强度升高，产生应力集中的火花放电，把放电线击断。电腐蚀一般在除尘器运行多年才会出现。

解决放电线断线的办法是根据被处理的烟尘性质、气体温度等条件，选择适宜的放电线的材质、形状、强度和安装方法等。

（2）放电极振动。放电极的振动有两种类型：①放电极下部相对于中间的大幅度摇动；②放电极上部安装点与下部重锤两支点的弦振动。这样的振动是产生火花的原因。

振动产生的原因是由于固定在框架上的放电极张力松弛，而重锤受烟气流速的影响产生振动，其振动周期与放电极的固有振动周期一致，从而引起放电极的振动。

防止振动的办法是改变重锤的重量，或者改变放电极的固有振动频率。

（3）放电极肥大。放电线外包粉尘肥大的原因与粉尘的性状、浓度、振动力、振打机构有关。在电场内，放电线上因吸附带正电粉尘而形成薄膜。由于振打清灰不力，粉尘积聚使放电线肥大。在收集高比电阻粉尘时，这种情况只会使电晕电流减少，电晕放电减弱，火花放电加剧。

针对上述情况，要进行振打力的调整，同时对振打时间、振打周期也重新调整。

对于烟气在露点温度以下或因开停机频繁引起的电极肥大，要加强保温措施并改进供电方式。在烟气温度下降到露点之前需对电极连续振打清灰。在电除尘器停机数小时内也要进行连续振打。

2. 收尘极故障

收尘极出现的故障主要有：

（1）收尘极的粉尘堆积。同放电极的粉尘肥大一样，收尘极局部粉尘堆积会使放电特性下降，从而使收尘效率降低。粉尘局部堆积与烟尘的性质、粉尘浓度及振打条件等因素有关，主要原因是振打系统设计不当，振打力不足或振打力分布不均匀所致，有时由于连接收尘极板的螺栓松脱，而使振打力传递不良，这时需要进入电场查明原因。

（2）极板变形。极板变形使电极间距发生变化，其原因是烟气温度过高、极板伸长受到限制而产生弯曲变形；或者高温粉尘堆积在极板上产生蓄热作用而变形；或者因助燃材料过多使烟气温度超过规定的温度值；或者在粉尘层内部的击穿电弧使极板变形。如属于未预留极板伸长的空间裕量或安装方面的原因，在通烟气后出现极板变形，其现象是冷态送电电压可达额定值，通入烟尘时，电压则随着温度的升高而大幅度下降，而停止通烟气时，电压又逐渐上升。这类故障大都出现在新投运的电除尘器上，如属于蓄热和拉弧引起的局部变形，需查明原因，更换变形的极板，从调整极间距或改进振打系统的性能方面予以解决。

3. 振打装置故障

我国电除尘器大多采用挠臂锤振打，其传动部分在除尘器外部，振打锤都在电场内，振打部分出现故障可以从二次电压或电流的改变以及除尘效率降低方面进行判断。对于放电极的振打，如果绝缘部分出现故障，整个电场无法工作，出现这种情况一般很快就会发觉，但个别锤头损坏、失灵，只有检修时才能发现。振打及其传动装置的主要故障有以下几种：

（1）卡轴。卡轴的主要原因有：①在设计热膨胀裕量不足时，往往把振打轴顶死；②振打轴的支撑轴承严重磨损；③收尘极振打锤卡入撞击杆夹板的空挡；④锤头耐磨套间隙过小，粘灰后锤头旋转不灵活，容易同其他构件挂连；⑤振打轴承座不在同一水平线上，超出挠性联轴节的补偿能力，从而影响振打轴的同轴度。

（2）锤头和砧块掉落。掉锤的原因主要是：①连接曲柄与整体锤的大螺栓被磨断；②螺栓上的螺母松脱；③连接曲柄与振打轴的 U 形螺栓被磨断或受腐蚀断裂。掉砧多半因长期振打焊缝开裂。将振打砧与撞击杆先铆再焊，掉砧事故可大为减少。

（3）运行中锤和振打砧不对中。除安装原因外，大多数是由于振打轴热膨胀，振打锤随之产生位移而造成的。尽管在设计中考虑到这个因素，在固定轴承座上加限位装置，但实际上仍控制不住热胀窜位。

（4）保险片（销）破坏频繁。据统计，保险片（销）断裂的故障，主要是设计方面的原因。设计的保险片（销）破坏扭矩应小于减速机输出轴允许的最大扭矩，一旦出现故障，保险片（销）首先破坏，从而保障减速机及电动机的安全。但是一般设计选用的尺寸过小，如收尘极振打保险销直径仅为 4～6mm，动辄就断，使振打系统难以稳定运行，按目前的振打系统设计，保险销直径以 8mm 为宜。

（5）放电极振打传动瓷轴断裂。主要是瓷轴质量问题，安装前必须严格检查，若其没有产品合格证，且表面有裂纹或缺损的均不能用。试车时还应对其及时复查。其次是振打轴扭矩过大，而保险片（销）没有起到应有的作用。此外，还有瓷轴因积灰、结露而造成泄露电流过大或瓷轴受热不均匀而破裂等因素。

4. 高压绝缘子

高压绝缘子容易产生机械性损坏。此外，当高压绝缘子黏附导电性烟尘时，会失去绝缘性能，从而使电除尘器效率降低。如果绝缘子全面而均匀附着烟尘时，使泄漏电流增加，除尘所需要的电晕电流减少；如果附着的粉尘不均匀分布时，则因其局部电流增加而发热，使绝缘子本身的绝缘性能显著下降，并在绝缘套管内部呈现闪络放电状态。这是造成破损事故的主要原因。另一事故是结露爬电，这是由于烟气中含湿量大，温度低，加热不良或无加热设施，使绝缘子上凝聚冷凝水之故。其三是绝缘子安装不平，使所承受的整个放电极系统荷重不均匀，易使绝缘子破裂。

解决上述故障一般采用如下措施：

（1）加热。为防止设置在保温箱内的高压绝缘子结露，采用管状电阻加热器加热，使其周围的气体温度高于露点温度 20～30℃，加热器表面发热能力为 0.8～1.2W/cm²。

（2）封闭绝缘子底座。将高压绝缘子与含尘烟气的电场用绝缘板完全隔离。

（3）热风清扫。热风清扫装置包括通风机、空气加热器、热风管道等。风机吹入的空气经电阻加热器加热至露点以上的温度，经热风管道送至各个保温箱内，使箱内充满热气。也有采用两路系统送风的，即除了送入保温箱外，还有一路送至设在吊杆（或振打轴）贯穿孔上端的环状喷射管内，经由位于喷射管内侧并与吊杆或振打轴呈一定角度的 3mm 窄缝隙喷出，以阻止冷风漏入并形成清扫积灰的空气幕。

5. 排灰系统

据对全国燃煤电厂电除尘器的调查，有 38.5% 的电除尘器曾出现过较严重的灰斗堵塞、排灰不畅，其原因大致分为三种：第一种是由于锤头、砧块、放电极断线掉刺及安装遗留杂物掉落入灰斗，卡住卸灰器引起的；第二种是由于灰斗加热保温不良、插板门漏风、水力冲灰箱潮气沿落灰管上升，使积灰吸潮结块引起的；第三种是由于卸灰器采用滑动轴承，使轴承磨损，主轴下沉，叶轮与壳体摩擦，或压盖止推螺栓松动，叶轮端面与壳体顶死、扭矩加大，从而致使卸灰器电动机过载而烧坏。

解决上述问题主要有以下几种措施：

（1）灰斗角度不小于 55°，内部光滑，四角以圆弧形钢板焊接，以防积灰。

（2）及时清理安装时遗留的杂物，严格检查内部构件的制造安装质量，减少放电极断线掉刺，防止振打锤、砧与灰斗阻流板脱落。

（3）改进灰斗的加热保温，如燃煤电厂电除尘器的灰斗大多采用蒸汽加热保温，加热段仅在灰斗下部，每只灰斗的加热量一般为 12000～16000kJ/h，加之对疏水器不注意保养维护，运行不久即堵塞，其改进措施包括将保温层厚度由 100mm 增至 300mm，每只灰斗的加热量增至 28000～56000kJ/h。

（4）改进卸灰器。①卸灰器的叶轮数由8片改为4片，以减少粉尘黏结；②改滑动轴承为滚动轴承，并与卸灰器本体分离布置，减少粉尘对轴承的磨损；③由于一电场排灰量约占总排灰量的70%以上，故一电场灰斗卸灰器的电动机功率需适当增大，以增大2.2kW以上为宜；④卸灰器上方插板门的严密性要进一步提高，既防漏风，又防灰斗内坍灰时向外喷灰；⑤改卸灰器电动机热偶继电器的自动复位为手动复位，以防故障排除前热偶继电器反复动作而烧毁电动机。

6. 供电部分

按设备分类，供电部分主要故障有以下几方面：

（1）整流变压器方面：①原有设备油枕小，到60℃就喷油；②户外布置的整流变压器到夏季因曝晒或因顶棚通风不良，油温升高报警频繁；③变压器漏油；④整流变压器内的绕组、硅堆、均压阻容等因电场的开路、短路和拉弧等故障而过流过压损坏。

（2）高压供电：①烧坏晶闸管，一般夏天问题突出一些；②高压控制柜内小轴流风扇故障频繁，大多是轴承问题；③网状阻尼电阻烧坏，有的厂改用瓷质阻尼电阻；④高压控制柜内交流接触器因火花、粉尘磨损，铁芯表面不平，吸合不紧，振动噪声大。

（3）低压供电：①振打程控原来用机械式时间继电器，但因其工作环境温度高，粉尘磨损，故障多，所以有的已改为晶体管式或采用可编程序控制器；②电加热器螺母接头高温氧化，电阻加大，使用寿命短，改为焊接效果较好。

二、电气故障

电气故障有如下几种：

1. 升压整流器晶闸管不导通，或晶闸管保险熔断

（1）现象：①警报响，跳闸指示灯亮，整流器跳闸；②再次启动时，二次无电压，"手动"或"自动"升压均无效。

（2）原因：①调整回路有故障，控制极无电压；②晶闸管保险接触不好；③晶闸管保险容量小或升压整流变压器一次侧回路有故障。

（3）处理办法：①复归警报检查或更换保险；②如不是保险故障，应通知检修班处理。

2. 升压整流器晶闸管保护元件或晶闸管击穿

（1）现象：①升压整流变压器声音异常，在启动和运行中突然有很大的响声，而且可觉察到变压器在震动；②警报响，跳闸指示灯亮，接触器跳闸；③再次启动后，一、二次电压和电流迅速上升并超过正常值，同时又发生闪络并跳闸。

（2）原因：①阻容吸收元件损坏或晶闸管质量不良；②一次回路有过电压产生。

（3）处理办法：复归警报后，通知检修班处理。

3. 升压整流变压器晶闸管一个导通，一个不导通

（1）现象：①整流变压器启动后，一、二次电压和电流都指示异常，表针有摆动；②升压整流变压器有异声，随着电流向增加方向摆动时，发出"吭声"。

（2）原因：①调整回路有故障；②一个晶闸管的控制极线断开。

（3）处理办法：①立即停止整流变压器运行；②通知检修班处理。

4. 高压直流回路开路

（1）现象：①整流变压器启动后，一、二次电压迅速上升，但一、二次电流没有指示；②整流变压器运行中，一、二次电压正常，但一、二次电流突然没有指示，整流变压器跳闸。

（2）原因：①高压隔离开关没合到位置；②高压回路串接的电阻烧断。

（3）处理办法：①立即停止整流变压器运行，合好隔离开关，再按规定启动；②及时修理。

5. 升压整流变压器内整流硅堆元件击穿

（1）现象：①整流器启动后，一次电压偏低，一次电流较大并接近额定值，二次电压只能调到 30kV 左右，二次电流也较低；②整流器运行中出现上述现象，整流变压器温度计指示较原来的偏高，油位上升或从加油孔向外溢。

（2）原因：启动和运行中，整流桥中的一个或两个硅堆元件击穿，使一个高压绕组短路。

（3）处理办法：由于欠压保护不能动作，如未能发现油温异常和温度保护失灵，或投入时间不长，可能烧坏整流变压器，甚至着火时，则必须立即停止启动或停止运行，并检查变压器，通知检修班处理。

6. 升压整流变压器运行中跳闸

（1）现象：①警报响，跳闸指示灯亮；②再次启动时，电压升不上，或电压升到一定值后再次跳闸。

（2）原因：①高压直流回路（包括电场内板线间）有永久性击穿点或短路点；②整流装置元器件发生故障；③灰斗满灰，使阴阳极间短路。

（3）处理办法：①复归警报，检查设备；②属于上述①、②项原因时，应通知检修班处理，属于上述③项原因时，应对下灰系统进行处理，并排除积灰。

三、除尘设备故障

从除尘设备故障引起除尘效率下降的角度来看，对其影响最大的是对地短路。若产生短路，则该电场就不能供电，其除尘功能立即丧失。

对地短路的形式有完全短路或不完全短路之分。不完全短路虽然没有达到完全短路的程度，但是其电压、电流大幅度降低，少许增加一点电压就会产生闪络。

电场出现短路的现象是：闪络、过流和拉弧同时存在，低压跳闸报警。如果是电源部分出现故障，一般过流保护环节工作，高压跳闸报警，像晶闸管、电阻、电容、晶体管、变压器、硅堆损坏、快速熔断丝烧断均属于电源装置故障。检查硅整流变压器，应严禁其开路送电。

对地短路的原因及其处理办法见表 3-2。

表 3-2	对地短路的原因及其处理办法	
对地短路形态	原　　因	处　理　办　法
完全短路	（1）放电极损坏，与收尘极及其他接地侧部件相接触。 （2）绝缘子绝缘不良，特别是由于绝缘子保护用加热设备、干空气吹入设备等的故障，使绝缘子表面结露，引起火花闪络。 （3）灰斗内粉尘堆积过多，与放电极接通。 （4）收尘极侧等脱落的锈铁接触到放电极。 （5）高压电缆或高压电缆头绝缘不良	（1）撤去不好的放电极。 （2）检查绝缘子保护用加热设备，把干净空气吹入设备等。 （3）将灰斗内的粉尘排出。 （4）除去造成短路的物件。 （5）卸下电缆及电缆头，检查一下绝缘电阻，使其必须达到 1000MΩ 以上

对地短路形态	原　因	处理办法
不完全短路 或闪络状态	（1）放电极断线，在烟气中摇动，与接地侧部件没有完全接触，操作盘上的输出电压表和输出电流表周期振动。 （2）粉尘附着在放电极和收尘极上，形成堆积肥大，极间变狭，引起闪络。 （3）电极间形成部分粉尘堆积，引起过多地闪络。 （4）高压电缆和高压电缆头漏电。 （5）绝缘子绝缘不良。 （6）铁片、铁锈脱落，接触到接地侧	（1）撤去断线的放电极。 （2）清扫电极，重新调整振打力。 （3）同上。 （4）与完全短路的第5项相同。 （5）检查绝缘电阻。 （6）去除短路片

四、从仪表指示分析故障

电除尘器发生故障有电除尘器本身的原因，也有处理烟气的性质方面的原因。由于烟气性质的复杂性，致使电除尘器的故障表现出多样性。表面上相同的故障其实质可能有较大的区别，而类型相同的故障由于故障程度及工况条件不同而使其出现的现象差别很大。近年来，我国电除尘器的管理人员，通过长时间的观察与实践，总结出了从仪表指示分析电除尘器故障的方法。

1．一、二次电压、电流表均无指示（以 $GGAJO_2$ 系列供电装置为例）

（1）主回路接触器不能吸合。主要原因：安全连锁盘、高压隔离开关闭锁装置的触点未闭合，使启动操作回路断开，启动操作回路控制熔芯熔断或接触不良，电压自动调整器内部跳闸，继电器触点黏结没释放。

（2）主回路接触器虽吸合，但当 HK_3 投"自动升"或"手动升"时不见电压，电流上升，其主要原因有：

1）电压自动调整器失电。此时，一、二次电流均为零，但存在 50V 左右的一次电压，8kV 左右的二次电压（均称为启动漏电压），晶闸管导通角指示为零。

A 型供电装置调整器失电最常见的原因是，主接触器一侧的防止供电装置在控制电源接通瞬间受到冲击的辅助常开触点接触不良，该触点本身是按接通一般低压控制回路设计的，而该触点实际通、断的电压自动调整器的工作电源电压只有 23V，由于其电压低，因此非常容易接触不良。

D 型供电装置中触点串联在 220V 控制电源回路中，使电压自动调整器失电的故障发生率大为减少。

一种简便判断电压自动调整器是否失电的方法是，按一下闪络指示按钮，若调整器有电，则闪络指示灯应亮。

2）主回路上的电源熔断器或快速熔断器熔断，在这种情况下，一、二次电流为零，也看不到启动漏电压，晶闸管导通角指示却为 100%。晶闸管导通角指示来源于电压自动调整器输出的触发序列脉冲的个数，由于主回路断开，没有二次电流反馈到电压自动调整器，按照火花自动跟踪原理，调整器输出脉冲的个数就增加到最多，并对应 100% 导通角指示，了解这一点有利于快速判断故障。

2．二次电压为零、二次电流有显示

（1）多数情况下是电场发生短路，出现这种情况的主要特征是：①投运电场时，二次电流随二次电压迅速上升，无起晕电压转折点；②启动时，不存在一次与二次启动漏电压；③电场没有闪络，各电压、电流表的表针没有上、下摆动现象；④在同样二次电流情况下，短路后一次电流下降，对工作在闪络状态的电场，由于短路后二次电流上升并限定在电流极限值，则一次电流也上升；⑤原来二次电压、电流较小的电场，由于二次电流的增加以及整流变压器的高阻抗特性，则一次电压上升；原来二次电压、电流较大或电压自动调整器中电流极限值较小的电场，一次电压下降；⑥用 2500MΩ 表测量电场绝缘，其数值在 10MΩ 以下或为零。

引起电场完全短路的常见原因是：灰斗满灰造成短路、电场中金属性短路及绝缘部件完全被击穿。

（2）电场不完全短路，此类故障是当电场开始升压时，二次电压逐步上升，到某一数值时，突然击穿到零，电流随之迅速上升并限定在电流极限值内。此时电场参数就同电场完全短路一样。停止运行置"手动降"，一次电压下降到某一数值后，二次电压又恢复到一定值。这种电场有启动漏电压，用 2500 绝缘电阻表测量电场绝缘，其数值大小决定于造成击穿的原因，但不会到零。

引起电场不完全短路的原因通常是：阴、阳极之间存在杂物；极板热膨胀弯曲使阴、阳极距离变近；绝缘子严重污染等。

（3）二次电压测量回路的故障或表针本身故障，其参数特征与电场短路时不同，可以对照短路时的参数情况，并参照处于同样工况的电场，分析出是电场真短路还是表记指示上的假短路。若属于二次电压测量回路的故障，则其 D 型供电装置还会发生低电压延时跳闸。

3. 二次电压偏低

由于负荷减少，电场特性曲线的变化，因此在较低电压值时，电场的二次电流已达到电流极限值。第一、二电场正常投运时，第三电场粉尘浓度低，二次电压同样被电流极限所限制。电场在这些情况下的低电压现象均属正常。造成低电压故障的原因有：

（1）振打不良。阴、阳极振打不良造成二次电压下降，二次电流减少，电场闪络增加。常见原因是：①振打机构卡死，一般是由锤头卡住引起的，除安装不当引起锤头卡住外，电场检修后锤头未复位也是原因之一；②保险片断裂；③振打时控制回路故障或振打周期选择不当；④振打装置位置安装不正，焊接不牢固，电极上振打加速度减少。

（2）电场内异极距变化，其原因有：①电场内部有金属物件；②电场内构件变形；③极板热膨胀变形，热膨胀造成二次电压降低具有以下特征：同样电压下，二次电流较大，弯曲的极板数量愈多，电流越大。冷态时升压正常，热态时电压下降。随着负荷上升，电压逐渐下降。打开相应电场的人孔门，电场能部分或全部回升。停炉时能发现灰斗挡风板被压弯的痕迹；④绝缘部件潮湿污染；⑤供电装置发生严重的偏励磁。供电装置发生偏励磁也就是交流电通过晶闸管控制后输入到整流变压器一次侧的电压波形上、下不对称，轻度的偏励磁除一次电流略有增加外，其余参数变化不明显，偏励磁最严重的情况是只有正波或负波，这种电压相当于直流脉动电压，此时二次电压、电流很小，一次电流很大，往往会超过额定值。一次电压在回路电感续流作用下在 200V 左右，晶闸管导通角指示为 100%。由于磁场的畸形，整流变压器内部出现异常振动与声音，铁耗与铜耗增加使整流变压器温度上升。造成轻度偏励磁的原因一般是因为两组产生序列触发脉冲的电路参数不对称；造成严重偏励磁的原因则可能是因为一组脉冲输出回路故障或一只晶闸管故障。

4. 二次电压高于正常值

二次电压的高低同电场的安装质量、电除尘器的大小、烟气性质及粉尘浓度、供电装置特性及设备运行工况等多种因素有关。同样情况下，前、后电场的电压也不一样，排除这些正常差异后，以下情况会使二次电压升高。

（1）高压回路接触不良，时通时断。此时电场参数的特征是：电场闪络频繁，闪络终点的电压有时高，有时正常，当其高时，电流却较小，甚至没有，这种情况若不及时消除，有可能过渡到完全开路。

接触不良的部位是：高压隔离开关因多次操作后，其卡口处弹簧片凹进，从而使连接松动或因操作机构锈蚀等使开关不到位；工作接地线松动或断线；阻尼电阻已烧断但断开距离较短，还能被高压电击通，阻尼电阻与阴极穿墙套管的连接点也可能松脱或烧断。

（2）高压回路完全开路。高压回路开路时的特征为：①合上主接触器，即有很高的一、二次启动漏电压；②升压后，一、二次电压迅速上升，二次电压能达到 85～100kV，一次电压达到 380V，二次电流为零，一次电流小于 10A。

5. 二次电压、电流正常，一次电流很大

主要原因有：一次电流测量指示回路出现故障，或整流变压器内部有问题。整流变压器内部较易发生故障之处是高压直流侧部分的电容或硅堆击穿。判断整流变压器是否出现故障最常见的办法就是，在变压器开路情况下投运供电装置，此时二次电流为零，一次电流会随着一次电压的升高而迅速增大。

五、一般故障及处理方法

电除尘器的一般故障及其处理办法，见表 3-3。

表 3-3　　　　　　　　　　　　电除尘器的一般故障及其处理办法

部位	现　象	原　因	处理办法
放电极	放电极断线	安装质量不好； 局部应力集中； 极线上积灰拉弧； 疲劳破坏； 烟气腐蚀	摘去断线； 改进制作工艺； 改进振打及放电极形状； 减少框架及放电线的晃动； 改善放电极的材质
	放电极肥大	粉尘潮湿、黏性大； 振打力不足	提高烟气操作温度； 调整振打频率； 增加振打锤头重量
	放电极或框架晃动	气流分布不均匀； 支撑部分松动	校正气流； 将绝缘子固定
收尘极	局部粉尘堆积严重	振打锤不对中； 振打力不足或出现故障； 漏风； 漏雨	调整振打装置； 同上； 加强密封； 堵漏
	极板变形	粉尘高温蓄热； 安装不当； 灰斗满灰	调整振打力； 修复、调整； 清灰

部位	现象	原因	处理办法
振打机构	保险片断裂	停用时间长，转动部分锈死； 保险片安装不正确； 锤柄断裂； 轴串动引起卡锤； 轴承过度磨损	清洗、重新安装； 重新调整； 更换锤柄； 限制轴向位移； 更换或调整轴承
	掉锤头	锤柄或销钉强度不够	加大销钉及锤柄尺寸，改进加工工艺
	振打力变小	锤头和振打砧过度磨损； 积灰过多，运行受阻； 锤头和振打砧不对中	更换锤头及振打砧； 清除灰堆； 重新调整
	电动机烧损	过负荷	消除卡轴或卡锤因素
高压绝缘子	机械破损	受力不均匀； 扭曲； 自身缺陷	上下垫平找正； 调整大框架和振打装置； 更换
	电击穿	堆积粉尘； 表面结露； 漏风； 绝缘子内部结露	定期清扫、改进结构； 安装或修复加热装置； 堵塞局部漏风处； 提高保温箱温度
引风机	轴承座振动	叶轮积灰不均匀； 风机轴和电动机轴不同心	定期清理； 调整
	风机轴承温升过高	轴承间隙过大或过小； 润滑油不良或变质	调整间隙； 更换
排灰装置	灰斗及卸灰装置阻塞	灰斗内粉尘搭桥； 排灰装置进入异物； 排灰容量不足； 粉尘结块； 闸门角度过小； 闸门漏风； 闸门磨损	安装振动器； 清除； 换用大容量的； 清除； 改进闸门内部结构； 修补漏气部分； 更换
入口部分	入口管道内积灰	气流偏集； 整流板安装位置不当； 粉尘粒径粗、浓度大； 烟气流速低； 多孔板上粘灰； 气流分布装置设计不当	加隔板和整流板； 重新调整； 停车时清扫； 将管径改小； 停车时清扫或加振打； 现场重新调整
操作盘	二次电流大，电压低，甚至为零	两极之间短路； 绝缘子内壁结露； 放电极振打装置的瓷轴污染或结露； 电缆或电缆头对地击穿； 灰斗积灰多，两极短路； 放电线断线	清除两极间短路的杂物； 擦净、提高保温箱温度； 同上； 更换； 排除积灰； 更换折断的线
	二次电流正常或偏大，二次电压低	两极间距变小； 两极间有杂物； 绝缘子粘灰受潮漏电； 保温箱出现正压； 电缆击穿或漏电	调整极间距； 清除杂物； 提高保温箱温度； 采取改进措施； 更换

部位	现 象	原 因	处 理 办 法
操作盘	二次电压正常、电流降低	板、线积灰严重； 振打未开或部分失灵； 电晕极肥大； 电晕闭塞	清除积灰； 检查修理振打装置； 分析原因，并进行处理； 降低风速、提高电压
	二次电流不稳定	放电线折断； 工况急剧变化； 绝缘套管或电缆绝缘不良	剪去残留放电线； 消除烟气工况的不稳定因素； 检查对地放电点，并现场处理
	整流电压和一次电流正常，二次电流无显示	毫安表并联，电容损坏； 变压器至毫安表的接线接地； 毫安表指针卡住	检查原因，消除故障
高压整流	给定电位器置零时，输出电压比正常值大	位移绕组的电路开路或短路； 电流调节电位器调节不当； 电源电压波动较大	查出故障，进行处理； 将电位器调至恰当位置
	调节电位器，电压无变化	给定电源无电压输出； 磁放大器工作绕组开路或元件损坏； 饱和电抗器控制绕组开路	检查整流元件和电位器； 检查绕组或元件
	电位器调到最大，电压达不到需要值	电源电压偏低； 移相电流调节不当； 控制电路中元件损坏	改变变压器抽头； 调节移相电流； 检查元件
	磁化电流自动变大，饱和电抗器产生高温	主回路电源电压太低； 电流负反馈电路故障； 移相电流控制电路故障	检查电源电压； 检查线路
	高压硅整流装置跳闸	电场内部出现短路； 电场出现开路； 整流装置内部故障	找出短路或开路部位； 寻找原因
电缆	绝缘破损	转折处绝缘破坏； 电缆端部处理不当； 漏油	更换； 重新修复； 改干式电缆
	电缆头漏油	施工质量问题； 密封填料问题； 电缆本身问题	返工； 修复； 更换

第六节 电除尘器的性能试验

一、电除尘器试验的目的

燃煤电厂锅炉电除尘器，既是防治大气污染的环保装置，又是减轻引风机磨损、保证机组安全发电的生产设备。不论是在研制、投运新电除尘器过程中，还是用来改造其他老电除尘器，电除尘器试验都是必不可少的工作，其目的主要是：

（1）检查电除尘器的烟尘排放量或除尘效率是否符合环保要求。

（2）查找现有电除尘器存在的问题，为消除缺陷、改进设备提供科学依据。

（3）考核验收新建的电除尘器，了解掌握其性能，制定合理的运行方式，使电除尘器高效、稳定、安全地运行。

（4）研制开发新型电除尘器，为进一步提高电除尘技术水平积累数据，创造条件。

二、电除尘器试验的注意事项

通常一个完整的试验过程包括计划、准备、测定、样品分析、计算、总结等六个部分。这是一项细致而繁琐的工作，如果一个环节出现差错，就可能使整个试验失败。所以，在试验过程中，必须自始至终保持认真负责、吃苦耐劳、实事求是的作风，并对以下一些问题予以足够的重视：

（1）试验前应结合除尘器特点和锅炉负荷调度的情况，制定详细的试验计划。试验计划的内容一般包括：试验的任务和要求、除尘器及辅助设施的状况、测试项目、测点布置、试验程序及进度、试验的技术准备工作、试验的安全措施、人员的分工及培训等。

（2）熟练的测试队伍是完成试验任务的保证。测试前需安排一定的时间，对测试人员进行技术培训，并根据实际情况进行一、二次预备性试验，以全面熟悉试验的组织、测试操作的要领及相互的配合，同时也可以初步掌握设备的运行特性。

（3）为了保证试验的顺利进行，测试前应对各种测试仪器进行认真的检查，若发现有泄漏、破损、刻度不准等现象，均需及时更换，对于易损仪器或部件，需有一定的备品。

（4）试验前应充分征求锅炉运行人员的意见，力求试验期间保持规定的试验工况。若工况不稳定，则不安排试验。

（5）试验期间，试验人员应坚守岗位，各负其责，精心操作，并认真作好各项原始数据的记录。记录字迹要端正清晰，记录纸不得污损、丢失。

（6）试验负责人在测试过程中应经常监督锅炉和除尘器运行的主要工况参数，并巡回检查各处测试和采样的工作，若发现问题，应及时解决。

（7）试采集到的样品，是试验人员的劳动成果。也是下一步进行样品称量或分析的物质准备，必须指定专人用专用器皿妥善保管，不允许样品有所散失，也不允许样品中掺入外界的杂质。

（8）试验工作应遵守安全规程的有关规定。高空测点处应搭脚手架，并设栏杆；晚间测试应有灯光照明，以确保人身安全。对有可能影响设备安全运行的试验内容和方法，应预先进行事故预想，并妥善制定相应的预防和处理措施，以防止造成设备运行故障。

（9）试验数据应及时整理或计算。条件许可时，最好做到当天测试的数据，当天处理完毕，以便及时发现当天试验中的问题或不足，以便在以后的试验中予以弥补。

三、电除尘器的性能试验

电除尘器的性能试验涉及许多基本物理量和内容：

有关粉尘性质方面的有，成分、密度、黏度、分散度、粒径和比电阻等。

有关烟气性质方面的有，温度、湿度、压力、流速、流量及含尘浓度。

有关除尘性能方面的有，阻力、漏风率、除尘效率、伏安特性、气流分布和振打性能等。

电除尘器的性能试验很多，主要指气流均匀性；集尘极、放电极振打特性；电晕放电伏安特性；除尘效率特性等。电除尘器的性能试验既可以在工业设备上进行，也可以在冷态模型或热态半工业性能试验装置上进行。

（一）气流均匀性试验

电除尘器的气流均匀性试验一般包括两部分内容：即一台锅炉上各台（或各室）的电除尘器的气量分配的均匀性；每台电除尘器电场内的气流分布均匀性。

1. 气流分布均匀性试验方法

目前，由于还不能利用理论计算指导工业设备电除尘器（以下简称原型）的气流分布均匀性设计，故常用物理模拟实验方法，在取得结果之后用于指导原型设计。

（1）利用模型进行气流分布均匀性模拟试验。

1）模拟试验准则。含尘烟气在电除尘器内的除尘过程是十分复杂的两相多元流动。但在研究气流分布均匀性时，因为可以不考虑尘粒的受力状态，因而使问题得以简化，气体的运动按黏性不可压缩的稳定等温条件考虑。

从相似理论可知，模拟试验时模型与原型之间必须满足几何相似，运动相似，动力相似，边界条件和起始条件相似。利用相似转动公式或积分类比法都可以推导出三个三准则数。

弗劳德准则
$$Fr = \frac{w^2}{gL} \tag{3-1}$$

式中　w——流体的速度，m/s；

　　　g——重力加速度，m/s^2；

　　　L——断面几何尺寸，m。

Fr 是表征运动中惯性力与重力的比值。在研究电除尘器电场内的气流分布均匀性时，可以不考虑粉尘在运动中的受力情况，故弗劳德准则是次要的，模拟试验可不予考虑。

欧拉准则
$$Eu = \Delta P / \rho w^2 \tag{3-2}$$

式中　ΔP——测量断面之间的阻力，Pa；

　　　ρ——流体密度，kg/m^3；

　　　w——流体的速度，m/s。

欧拉准则是表征运动中压力场的相似准则，Eu 是压力与惯性力的比值。

雷诺准则
$$Re = \frac{\rho \omega L}{\mu} = \frac{\omega L}{\nu} \tag{3-3}$$

式中　μ——流体的动力黏度，kg/（m·s）；

　　　ν——流体的运动黏度，m^2/s。

雷诺准则是表征流体状态的准则，Re 是惯性力和黏性力的比值。在黏性流体受迫运动的场合下，雷诺准则对流动状态起决定性作用。因此要求模型中的 Re_m 应与原型中的 Re 相等。但雷诺准则的这种决定性作用，也只是在一定的条件下才存在，而在另外条件下它的作用就不明显，甚至消失。例如，当 Re 小于某一定值（称之为"第一临界值"）时，流动呈层流状态。在层流状态范围内流体流动的状态、流速分布与 Re 无关，这种现象称为"自模性"。当 Re 大于第一临界值时，流动转为过滤状态。在过滤状态范围内，流体的紊流程度及流速分布都随 Re 的增大而变化，最初的变化很大，以后影响逐渐减小，流动进入稳定紊流区。当 Re 继续增大到另外一定值（称之为"第二临界值"）时，流体的流动状态及流速分布不再随 Re 的增大而变化，流动重新进入自模化状态，称为第二自模化区，其特征是欧拉数为一定值，Eu 不再随 Re 的增大而变化。

综上所述，利用模型进行气流均匀性试验的关键是，保证模型与原型几何相似和保证试验处于第二自模化状态。

2）模型的几何相似。模型与原型应保持几何相似，其不仅包括进、出口烟箱和气流均匀分布构件在内的电除尘器本体，而且电除尘器进口以前和出口以后的烟道、弯头、联通烟箱均应按几何相似模拟。

模型与原型之间按一定的几何比例缩小，各研究者对最佳的缩小比例的说法不尽一致。例如：

西德鲁奇公司认为，模型一般按照原型的 1/8～1/10 缩小。

瑞士依莱克斯公司认为，模型一般按照原型的 1/6～1/12 缩小。如果缩小比例为 1/30，试验结果是不够准确的。

美国洛奇—科特雷尔公司认为：模型的缩小比例为 1/8。

我们从实践中体会到，模型缩小比例的原则是：在保证试验足够准确的前提下，根据原型电除尘器电场断面积的大小，对模型的缩小比例进行取值［例如一般火电厂电除尘器电场断面积为 40～240m²，模型的缩小比例取 1/6～1/12 比较适宜（见表 3-4）；对于超大型电除尘器，模型缩小比例不要小于 1/16］。

表 3-4　　　　　　　　气流分布均匀性模型试验的模型缩小比例与 Re_{II} 值

实验序号	原型电除尘器电场数×断面积	模型缩小比例	原型 Re（设计值）10^5	第二自模化区 Re_{II} 10^5	Re_{II}/Re
1	4×30	1：5.5	2.19	1.25	0.57
2	3×120	1：6.0	5.60	2.50	0.44
3	4×220	1：8.0	4.45	2.29	0.51
4	3×102	1：8.0	4.27	1.90	0.44
5	2×108	1：8.9	4.60	1.86	0.40
6	4×99	1：9.8	4.48	2.10	0.47
7	2×40	1：10	3.10	1.00	0.32
8	3×165	1：10	6.40	1.15	0.18
9	3×165	1：10	5.48	1.92	0.35
10	3×100.8	1：10	4.40	1.25	0.28
11	3×114	1：10	3.74	1.20	0.32
12	4×245	1：10	4.44	1.25	0.28
13	3×245	1：10	3.70	1.20	0.32
14	3×108	1：10	4.30	1.50	0.35
15	3×165	1：10	4.88	1.83	0.37
16	3×194	1：12.3	5.03	1.07	0.21

3）第二自模化区的临界雷诺数 Re_{II}。模拟试验时，应保证模型试验工况的雷诺数 Re_{m} 大于第二自模化区的临界雷诺数 Re_{II}。Re_{II} 一般是预先由试验确定的，其常用的测定方法是：确定在不同的电场流速 w，气体的密度 ρ；动力黏度 μ 或运动黏度 ν；实测试断面的几

何尺寸 L；两个测量断面之间的阻力 ΔP；计算出相应的雷诺数和欧拉数；用列表法或作图法找出 $Eu = f(Re)$ 关系。当 Eu 为定值时，其相对应的 Re 就是 Re_{II}（见图 3-1）。

利用 $Eu = f(Re)$ 关系确定 Re_{II} 时，要求试验人员工作细致、耐心并具有一定的经验。表 3-4 列出了 16 台电除尘器的气流分布均匀性模型试验的 Re_{II} 值，从中可以发现，尽管原型电除尘器电场断面积为 $30 \sim 245 \mathrm{m}^2$，模型比原型的缩小比例为 $1/5.5 \sim 1/12.3$，原型的运行工况雷诺数 $Re = 2.19 \times 10^5 \sim 6.40 \times 10^5$，但第二自模化区的临界雷诺数变化不大，仅为 $Re_{\mathrm{II}} = 1 \times 10^5 \sim 2 \times 10^5$。$Re_{\mathrm{II}}$ 与原型的 Re 比值和模型缩小比例 M 两者之间存在线性关系（见图 3-2），也就是说，为了保证模拟试验的工况进入第二自模化区，当模型缩小比例为 $1/5 \sim 1/8$ 时，模型的试验风速应满足 $Re = 2.0 \times 10^5 \sim 2.5 \times 10^5$；对于排烟温度约 200℃ 的电除尘器而言，在进行气流分布均匀性模型试验时，一般取模型缩小比例为 $1/5 \sim 1/21$，试验时的模型雷诺数 Re_{m} 取原型 Re 的 $2/3 \sim 1/4$ 以上即可。

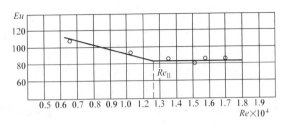

图 3-1　试验模型的雷诺数与欧拉数的关系曲线

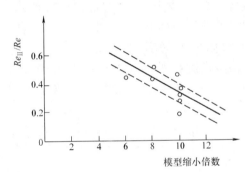

图 3-2　Re_{II}/Re 比值与模型缩小倍数的关系

（2）对原型进行冷态气流分布均匀性试验。将通过模拟试验确定的进、出口烟道，烟箱，导流板，气流分布板结构和尺寸，按比例放大，设计出原型的气流均匀性装置。为了防止放大时失真或安装误差过大或漏风太大而破坏原型的气流均匀性，因此在原型安装竣工后投入运行之前，应对其进行冷态气流均匀性试验，以便及时发现问题、纠正缺陷。如有必要，还应调整气流分布板的开孔率，以确保原型气流均匀性符合设计要求。

进行原型冷态气流均匀性调整试验时，电场风速可以按热态工况的设计值选取。如果风机出力受限制或其他原因致使试验风速（w_{k}）不能达到热态烟气条件下的设计值（w_{y}）时，试验风速可以按保持 Re 相等的原则，由冷态和热态工况换算求出，即 $\rho_{\mathrm{y}} w_{\mathrm{y}} / \mu_{\mathrm{y}} = \rho_{\mathrm{k}} w_{\mathrm{k}} / \mu_{\mathrm{k}}$。例如，燃煤锅炉排烟，一般 $\rho_{\mathrm{y}} \approx 0.83 \mathrm{kg/m}^3$，$\mu_{\mathrm{y}} = 22 \times 10^{-6} \mathrm{kg/(m \cdot s)}$；冷态空气 $\rho_{\mathrm{k}} \approx 1.15 \mathrm{kg/m}^3$，$\mu_{\mathrm{k}} = 19.8 \times 10^{-6} \mathrm{kg/(m \cdot s)}$，则 $w_{\mathrm{k}} = 0.6 \sim 0.7 w_{\mathrm{y}}$。

在作冷态气流分布均匀性试验时，要注意排除安装中焊缝不严密引起漏风所造成的干扰，也要消除其他漏风（如人孔门关闭不严，穿墙孔漏风，灰斗卸阀漏风等）的干扰。大量实测结果表明：原型只要认真按模拟试验结果放大，并且其安装质量符合要求，则原型的气流分布均匀性一般比模型的气流分布均匀性还要好。

（3）气流分布均匀性试验的测点布置和测量仪器。无论是在原型上还是在模型上进行试验，检测电场内气流分布均匀性的测点都应布置在各电场进口侧靠近集尘极板排的断面上。因为该断面的气流分布均匀性可以代表相应电场的气流状况。一台电除尘器顺气流方向串联几个电场时，第一电场进口断面的气流分布均匀性可代表整台电除尘器的均匀性（通常第一电场的气流分布均匀性较差，随着电场数的增加，气流分布均匀性逐渐有所改善）。第一电场的测量断面距气流分布板应有大于或等于$(8\sim10)d(d$为多孔板孔径）的距离，如人靠近多孔板，气流穿过多孔板时所产生的局部射流易影响测量值。在原型上测量时，由于测量断面靠近放电极大框架，又常有振打机构的影响，因此应尽量避开干扰。

测量断面上的测点数，在水平方向每隔$0.3\sim1.2m$布一个测点，前者适用于小型电除尘器；后者适用于大型电除尘器；在垂直方向上一般视集尘板的高度取$8\sim12$个测点。

测定气流分布均匀性的仪器，大多用热球风速仪。目前国产的定型 QDF 型热球风速仪的引线仅 3m 长，须将引线接长后重新标定才能使用。

在测试大型电除尘器的气流分布均匀性时，试验人员须进入电场内，关闭入场门，启动引风机进行测量。为减少干扰，试验人员不易太多，应隐蔽在对气流影响较小处。热球风速仪用专用夹具携带、在测量断面的上部和下部沿水平方向各布置一根铁丝，用绳索牵引夹具，使热球风速仪既可以沿上部和下部两根铁丝之间做水平移动，又可以沿垂直方向移动。

QDF 型热球风速仪应按说明书操作，使用中要经常核对零位，以免由于电源电压变化造成零位漂移而加大测量误差。必须指出，QDF 型热球风速仪不能辨别气流方向。也就是说，热球风速仪不能排除紊流的干扰。紊流会使测量值大于实际速度，而且随着紊流的加剧，测量的结果比实际值大得愈多。在模型试验和原型的测量中都曾发现，根据热球风速仪测出断面速度场而计算得到的平均速度，比用皮托管测得的平均速度大。而且气流分布均匀性越差，气流紊乱程度越大，这种差异越显著。为了减少紊流对测量值的影响，曾在热球风速仪探头处，加装上用薄铜片制成的导流罩，导流罩可以使风速仪探头的测速元件免受四周紊流的干扰，使测量值更为稳定。

通常每个测点须测量两次以上，取平均值，如果两次测量值误差太大，则必须多次重复测量，再取其平均值。

2. 气流分布均匀性评判标准

目前，尚没有统一的电除尘器气流分布均匀性的评判标准，各国甚至各公司都根据各自的经验提出其评判标准。尽管现有的评判标准各有差异，表达形式不同，但若以测量断面速度场的均方根差$\sigma=\sqrt{\dfrac{\sum\limits_{i=1}^{n}(w_i-\overline{w})^2}{n}}$（即标准偏差）作为比较的基础，则可以将现已搜集到的七个评判标准与σ的关系列于表 3-5。

表 3-5 各种气流分布均匀性评判标准的换算

序号	标准名称	原评判标准		换算为均方根值	换 算 依 据
		要　求	计　算　式		
1	美国相对均方根值法(SMR)	$\sigma'=0.10$ 优 $\sigma'=0.15$ 良 $\sigma'=0.25$ 合格	$\sigma'=$ $\sqrt{\dfrac{1}{n}\sum\limits_{i=1}^{n}\left(\dfrac{w_i-\overline{w}}{\overline{w}}\right)^2}$	$\sigma<0.10\overline{w}$ 优 $0.10\overline{w}<\sigma<0.15\overline{w}$ 良 $0.15\overline{w}<\sigma<0.25\overline{w}$ 合格	$\because\sigma=\sqrt{\dfrac{1}{n}\sum\limits_{i=1}^{n}(w_i-\overline{w})^2}$ $\therefore\sigma'=\dfrac{\sigma}{\overline{w}}\quad\sigma=\sigma'\overline{w}$

序号	标准名称	原评判标准		换算为均方根值	换算依据
		要 求	计 算 式		
2	美国气体净化工业协会标准（IC-GI）	1. 在 85% 测点上 $w_i = \overline{w}(1 \pm 25\%)$ 2. 在 100% 测点上 $w_i = \overline{w}(1 \pm 40\%)$		$\sigma \leqslant 0.278\overline{w}$	按 IGCI 要求计算均方根值 $\sigma \leqslant \overline{w}\sqrt{0.85(\pm 0.25)^2 + 0.15(\pm 0.4)^2}$ $= 0.278\overline{w}$
3	苏联速度场系数法（M 值）	$1 < M < 1.1 \sim 1.2$	$M = \dfrac{\sum\limits_{i=1}^{n} w_i^2}{n\,\overline{w}^2}$	$0 < \sigma < (0.316 \sim 0.447)\overline{w}$	$M = \dfrac{\sum\limits_{i=1}^{n} w_i^2}{n\,\overline{w}^2}$ $= \dfrac{\sum\limits_{i=1}^{n} \overline{w}^2 + 2\overline{w}\sum\limits_{i=1}^{n} \Delta w_i + \sum\limits_{i=1}^{n} \Delta w_i^2}{n\,\overline{V}^2}$ $= 1 + \left(\dfrac{\sigma}{\overline{w}}\right)^2 \sigma = \overline{w}\sqrt{m-1}$ $\therefore 0 \leqslant \sigma \leqslant (\sqrt{0.1} \sim \sqrt{0.2})\overline{w}$
4	苏联容积利用系数法（m 值）	$0.833 \sim 0.91 < m < 1$	$m = \dfrac{\left(\sum\limits_{i=1}^{n} w_i\right)^2}{n\sum\limits_{i=1}^{n} w_i^2}$	$0 < \sigma < (0.314 \sim 0.447)\overline{w}$	$m = \dfrac{\left(\sum\limits_{i=1}^{n} w_i\right)^2}{n\sum\limits_{i=1}^{n} w_i^2} = \dfrac{(nw)^2}{n\left(n\overline{w}^2 + \sum\limits_{i=1}^{n} \Delta w_i^2\right)}$ $= \dfrac{1}{1 + \left(\dfrac{\sigma}{\overline{w}}\right)^2}$ $\sigma = \overline{w}\sqrt{\dfrac{1}{m} - 1}$ $0 \leqslant \sigma \leqslant \left(\sqrt{\dfrac{1}{0.833} - 1} \sim \sqrt{\dfrac{1}{0.91} - 1}\right)\overline{w}$
5	日本海重工业株式会社标准（A 值）	$A > 85\%$	$A = 1 - \dfrac{\sum\limits_{i=1}^{n} \lvert w_i - w \rvert}{2n\overline{w}}$	$\sigma \leqslant 0.376\overline{w}$	$\dfrac{1}{n}\sum\limits_{i=1}^{n} \lvert w_i - w \rvert = \sqrt{\dfrac{2}{\pi}}\sigma$ $A = 1 - \dfrac{1}{\sqrt{2\pi}}\dfrac{\sigma}{\overline{w}}$ $\sigma = (1 - A)\sqrt{2\pi}\,\overline{w} \leqslant 0.15\sqrt{2\pi}\,\overline{w}$
6	瑞士 ELEX 公司标准	1. 允许 5% 测点 $w_i \geqslant \overline{w}(1 + 30\%)$ 2. 允许 5% 测点 $w_i \leqslant \overline{w}(1 - 30\%)$		$\sigma < 0.182\overline{w}$	设 $f = \dfrac{x}{\sqrt{2}\sigma}\dfrac{2}{\sqrt{\pi}}\int_0^i e^{-\frac{t^2}{2}}\,dt = 90\%$（查概率积分表） $t = 1.167 \quad x = 1.65\sigma$ $\sigma \leqslant \dfrac{0.3\overline{w}}{1.65}$
7	中国武汉冶金安全技术研究所（K 值）	$K < 30\%$	$K = \dfrac{\sum\limits_{i=1}^{n} \lvert w_i - w \rvert}{n\overline{w}}$	$\sigma < 0.376\overline{w}$	$K = \sqrt{\dfrac{2}{\pi}}\dfrac{\sigma}{\overline{w}}$ $\sigma < 0.3\sqrt{\dfrac{\pi}{2}}\,\overline{w}$

比较表 3-5 所列七个标准可知：

（1）美国相对均方根值（RMS）法实质上是电除尘器断面上速度场的相对标准偏差。从统计学上看，σ' 值表示各测点的气流速度 w_i 和平均速度 $\overline{w}$ 的离散程度。σ' 值愈大表示电场内气流分布均匀性愈差。σ' 和其他标准比较，其特点是对速度场的不均匀值的反应比较灵敏，它将气流分布均匀性分成优（$\sigma \leqslant 0.1$，即 $\sigma' \leqslant 0.1$）、良（$0.1w \leqslant \sigma \leqslant 0.15\overline{w}$，即 $0.1 \leqslant \sigma' \leqslant 0.15$）、合格（$0.15\overline{w} \leqslant \sigma \leqslant 0.25\overline{w}$，即 $0.15 \leqslant \sigma' \leqslant 0.25$）三级。原水电部发布的部标准《燃煤电厂电除尘器通用技术条件》也采用此评判标准。

（2）瑞士 ELEX 公司的标准比较严格，它的合格值相当于 $\sigma \leqslant 0.182\overline{w}$，接近相对均方根值"良"的水平。

（3）美国 IGCI 标准的合格值相当于 $\sigma \leqslant 0.278\overline{w}$，接近相对均方根值"合格"的水平。实际上由于它要求在 100% 测点上满足 $w_i = \overline{w}(1 \pm 40\%)$ 的限制，IGCI 标准的"合格"往往比相对均方根值法的"合格"水平还要严。

（4）日本海重工业株式会社的 A 值，武汉冶金安全技术研究所的 K 值，虽然表示形式不同，但其实质是一样的，它们的合格相当于 $\sigma \leqslant 0.37\overline{w}$。$A(K)$ 值实质上是电场内气流速度场的相对算术平均差值，虽然它也是表示速度不均匀性的一种形式，但是它对速度场中个别偏差比较大时的反映不如相对均方根差灵敏，而且合格标准也比 σ' 低。

（5）苏联的 M 值和 m 值互为倒数，它和相对均方根值存在着 $M = \sigma'^2 + 1$ 的关系。M 值合格相当于 $\sigma \leqslant (0.316 \sim 0.477)w$。$M$ 值（m 值）的要求过低，对于 $\eta \geqslant 99\%$ 的高效率电除尘器显然是不合适的。

从上述比较可知，用 σ' 值评判电除尘器气流分布均匀性最合适，其他各种评判可以通过表 3-5 给出的关系式换算成 σ' 值。

（二）振打特性试验

清除电除尘器集尘极板排及放电极电晕线（以下简称极板、极线）的粉尘，是电除尘器高效率稳定运行的必要条件之一。极板上振打加速度及其分布均匀程度关系到黏附在极板表面的粉尘能否有效剥落。振打力太小，极板上积灰增厚，会造成除尘效率下降；对于高比电阻粉尘，容易加剧反电晕现象。振打力太大，从极板上剥落的粉尘不易形成片状或团状降落，而是呈细粉尘状降落，易被烟气流携带走，引起"二次扬尘"，并加速振打系统的机械损耗。电晕极的振打也有类似情况，振打力太小，积灰清除不干净，电晕电流减小，除尘效率下降，振打力太大，易造成电晕线损坏。

1. 振打特性试验的方法

（1）振打试验对象的确定。

1）新安装的电除尘器的被测振件可随机选择，被测振件确定后，必须对其相应的振打系统作详细检查，应保证振打系统构件的加工与安装符合设计要求；振打锤与承击砧的相对位置配合正确，接触良好；振打轴的转动系统灵活、平稳。

2）已投产的电除尘器必须根据测定目的来选择被测对象。例如，需要了解极线表面加速度的大小，可选择积灰适中的一组极板作被测件；如果确定某种粉尘所需的振打加速度值，则选择极线表面积灰不超过规定要求的一组作被测件。

（2）测点布置。不论测试的目的属于哪一类，对被测件相应的系统及结构形式都必须作简要说明，并画出简图，标明测点位置。

1）新安装的电除尘器，可以对被测极板排进行全面的测定。当极板高度为 9m 以下时，每隔 1.0～1.5m 设一个测点；对于 9m 以上的极板，每隔 1.5～2.0m 设一个测点。

2）已投产的电除尘器，最好能挪开被测件相邻两侧的极板排（放电极小框架），腾出空间，以便对被测件进行全面测定；但在条件不允许，空间位置又受限制时，则只能对首尾两块极板进行测定，有时在每块极板上的上、下两端还可以布一个测点。

3）双边振打的极板排（放电极小框架），一般只测其半边上的加速度值即可。但如需要时，也可以测量整个极板排上的加速度值。

4）极板与冲击杆连接处，也应布置测点，以便分析冲击杆上的冲击力分布及其传递给极板时的衰减情况，从而检验安装质量情况。

（3）测试仪器。目前国内生产冲击振动测量仪的厂家较多。通常测振仪包括加速度传感器，电荷放大器，冲击电压表三部分。当前普遍使用福州无线电厂生产的 YOZ-2 型冲击振动测量仪。

（4）测试方法。

1）加速度传感器的选择：被测件承受振打时，振打力近似于正弦波，冲击脉冲宽度为 0.1～0.2ms。为了不失真地测出冲击脉冲信号，加速度传感器和配用的电荷放大器等的频率范围要与其相适应。加速度传感器的体积要小，重量要轻，其重量不要超过被测件重量的 1/10。加速度传感器出厂时均附有电压、电荷灵敏度和频率响应曲线等技术指标。随着时间的延长，加速度传感器的灵敏度会降低，为保证其质量和精度，一般每半年至一年需要对其重新标定一次，且最好对测量仪系统进行整体标定。

2）电荷放大器上、下限截止频率的选择：由于加速度传感器的谐振频率不够高，冲击激励的宽广频谱会引起加速度传感器的共振响应。因此，在加速度传感器输出、送入电荷放大器时，必须把高频信号滤掉。电荷放大器的上限截止频率一般有五挡，即 1、3、10、30、10^5Hz（线性），它们分别表示信号在该频率下降 3dB±1dB。因此，应根据不同型号的加速度传感器的频率响应，选择电荷放大器的上限截止频率，如 JC-2 型加速度传感器的频率响应为 $8×10^3$Hz，则电荷放大器的上限截止频率宜选择 $10×10^3$Hz 挡。

3）冲击电压表量程挡的选择：选择量程挡应使读数在表盘刻度的 30%～100%。

4）加速度传感器的安装：加速度传感器的安装固定方式对测定结果有很大的影响。由于现场条件不同，加速度传感器与被测件的连接可以用螺栓或粘连剂。无论采用何种连接方式，在测定数据中应说明。当用螺栓连接时（一般用 M_4 螺栓），因紧力不同测定结果相差很大。最后用扭力扳手，安装力矩为 18kg·m。如果需用粘连剂黏结，可采用氯仿糊胶、氯仿或 502 粘连剂等。加速度传感器的接触面要平整光滑。被测件表面应除污垢、去铁锈。此外，加速度传感器引出端应保持清洁、干燥，以免降低绝缘电阻，使系统的低频响应变坏。传感器垂直安装于被测件表面上，测得法向（z 向）加速度；安装方向与振打力的方向平行，测得切向（x 向）加速度。测量结果应注明振打力的方向。

5）切勿使仪器在过载状态下工作，当电荷放大器的输入或输出电压超过 10V 时，过载指示灯亮，此时应把电荷放大器的输出灵敏度降低，否则会使测量值偏低。应避开强电场、磁场、高噪声及其他振打源的干扰。

2. 振打效果的评判

良好的振打效果应该是：极板基本清洁（允许残留一定厚度的粉尘，其厚度应由粉尘比电阻的大小而定）；二次电流不会逐渐下降，电气运行应能保持最佳状态；尽量减少振打时二次扬尘，以保持除尘效率稳定、持久、高效。因此，要求振打力应大于最小振打加速度值，振动频率不太高，振打加速度分布均匀。振打加速度分布均匀性用相对均方根值表示：

$$\sigma' = \sqrt{\frac{1}{n} \sum_{i=1}^{n} \left(\frac{a - a_i}{\overline{a}}\right)^2} \tag{3-4}$$

式中　$\overline{a}$——全部测点振打加速度的算术平均值；

a_i——各测点的加速度值。

振打加速度分布越均匀，σ'值愈小。在 $10 \sim 220 \mathrm{m}^2$ 电除尘器的测定结果中，σ'一般在 $30\% \sim 70\%$ 之间。如 $\sigma' \leqslant 40\%$，表示振打加速度均匀，而 $\sigma' \geqslant 40\%$ 则表示加速度分布不均匀。

振打加速度分布均匀性和极板的吊挂、振打的撞击方式都有密切关系。

极板的吊挂和振打的撞击方式分两类。一类是极板上部用螺栓固定在板排的小梁上（也有的铰链在板排小梁上），下部用螺栓与振打杆固接，简称"固接"，其主要优点是：极板承受冲击后，位移不大，振打力传递好（即加速度衰减较小），板面上加速度平均值比较高；其主要缺点是：在长期运行的连续冲击下，固接螺栓易松动，造成振打力急剧减少。另一类是上部用偏心吊挂（铰接），因偏心吊挂而产生的水平分力使极板紧靠在挡块上；下部的连接方式为，板排首尾两块极板用销子与振打杆铰接，中间几块极板插入振打杆中，利用挡块传递振打力，简称"铰接"，其主要特点是：板面上平均加速度分布均匀，在相同的冲击力撞击下，板排上的加速度比"固接"的小。两种吊挂和振打方式各有利弊，应根据粉尘性质和运行条件选择。

（三）空载升压及伏安特性测定

伏安特性测定有冷态及热态两种，冷态测定是在收尘极系统和放电极系统安装完毕以后，或者每次检修完毕进行。热态测定是从总体上对电除尘器的安装及检修质量的检验。

电除尘器空载升压的伏安特性应存入档案，为日后检修及质量验收时提供依据。

通电升压以前，应确认电场内已经清理完毕，并检查两极间的绝缘电阻，应符合向电场供电的要求。

空载通电升压试验，必须在正常天气条件下进行，不宜在雨天、大雾天进行。试验时，必须记录当时的气象条件，包括温度、湿度、大气压等。

伏安特性测定时应采用电除尘器实际使用的高压直流电源、电抗器、自动电压调整柜等。如单套设备容量不够时，可采用两套高压直流电源并联供电。并联供电通过高压隔离开关及联络母线来实现。在并联供电之前，两台变压器整流器必须分别向电场进行供电，确认性能完好时，方可并联供电。

并联供电时，两台电源必须接在同一相位上并同时启动，采取手动办法，同步升压。记录不同电压时对应的电流。具体操作应严格遵守高压电源生产厂的有关规定，并联供电时间应尽可能缩短。在电场开始闪络或电流电压达到最高输出时，即用手动把电压缓慢降下来，此时电场空载电压为两台电源输出电压平均值，电流为两者之和。

电流、电压值直接从高压直流电源的电流和电压表读出。测二次电压的千伏表需经高压静电表校正。二次电流表经精度为 1.0 级的万用表和测试调整器校正。

将测得的二次电流值（mA）除以电场的收尘极投影面积（m^2），计算出收尘极板电流密度（mA/m²），将二次电压（kV）和相应的电流或电流密度，绘制出空载伏安特性曲线。

每个电场空载升压试验一般重复三次，以获得最高电压平均值为该电场空载升压试验的最高电压测定值。

若用空载通电升压试验的方法来检查新安装的电除尘器的质量和极间有无异物时，并不一定要两台电源并联将电压升至火花击穿，而是用以下两种方法进行检查。

一种方法是预先提供一个伏安特性曲线的范围，见图 3-3，试验时，只用专属该电场的电源供电，达到其额定输出电流即停止，不必升至火花击穿。由此作出的伏安特性曲线只要在规定的曲线范围之内，如图中第 3 条曲线，就认为合格。若实测伏安特性曲线在曲线 2 的左侧，则表明极间有异物或安装超差；实测曲线越靠近曲线 1，则表明安装质量越高，至于伏安特性范围，应先在实验室测出此种极板、极线的结构形式和匹配的伏安特性范围，或者根据以往积累的现场实测伏安特性定出一个范围。例如，异极距为 150mm，设计允许安装误差为 10mm，则按照实际情况安装一组极线，分别测出名义极间距为 150mm 和 140mm 时的两条伏安特性曲线。因为电场伏安特性还与空气的温、湿度和大气压等因素

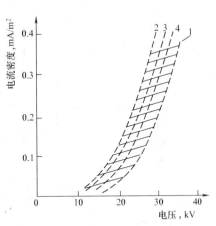

图 3-3　某种极配形式下空载伏安特性示意
1—标准极距时；2—允许最大安装偏差时；
3、4—不同的较小偏差时

有关，所以应在不同季节，不同湿度、温度下，多测出若干组空气的伏安特性曲线，以便在现场视情况选用。

另一种方法，是采用该电场的电源供电，升压至电源的额定输出电流为止，作出伏安特性曲线，再比较各电场的伏安特性曲线，如果有一条或几条伏安特性曲线与其余曲线大不相同，则必须对这些电场作进一步的分析和检查，在重新调整处理后再作试验，直至与其他电场的特性曲线相接近为止。

热态伏安特性试验能反映各种因素的变化，不需要两套高压电源并联，可在正常运行时测定。利用热态伏安特性曲线可以判断电除尘器运行条件的变动，甚至可以检验电场内是否发生反电晕现象。

例如，处理烟气量增加或电极振打失灵时，伏安特性曲线向电压侧坐标右移，前者是几个电场同时出现这个现象，而且随着烟气流速的降低又自动恢复；后者则发生在振打失灵的电场，而且只有振打装置正常后才能复原。又如，当除尘器出现极板变形、灰斗满灰、绝缘支柱或绝缘轴结露粘灰、异极距变小等情况时，则会引起伏安特性曲线变短，运行人员可以借助热态伏安特性曲线的变化来判断电除尘器运行条件的改变，或借助它分析故障。

当粉尘比电阻太高，电除尘器出现明显的反电晕时，伏安特性曲线出现如图 3-4 所示的电压下降、电流增大的现象。

图中曲线 1 是没有反电晕时的伏安特性曲线，曲线 2 是发生严重反电晕时的伏安特性曲线。由于粉尘比电阻太高，荷电粉尘集聚在收尘极板上后，电荷释放也困难，致使相同的电压下曲线 2 的电流小于曲线 1 的电流。曲线 2 上的拐点是极板上粉尘层频频产生反电晕，大量的正离子进入空间，电流剧增、电压下降的标志。所以当粉尘比电阻太高，在电压由低往

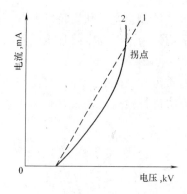

图 3-4　反电晕时的伏安特性特征
1—没有反电晕时的伏安特性曲线;
2—发生严重反电晕时的伏安特性曲线

高的升高阶段,伏安特性呈曲线 2 的特征,在频频发生反电晕现象后,如果将电压由高往低降,伏安特性呈曲线 1 的特征,即电压上升阶段与下降阶段,伏安特性曲线形状不同,两者之间存在月牙形差值。

（四）除尘效率的特性试验

除尘效率又称收尘效率、捕尘效率或分离效率,它是所捕集的粉尘量与进入除尘器的粉尘量之比。测定除尘效率需按粉尘采样的要求,选择合适的测定位置,采用标准采样管,在除尘器进、出口同步采样,然后通过计算求得。

1. 除尘效率概述

（1）总除尘效率。火力发电厂锅炉除尘器的总除尘效率一般以除尘器进、出口的粉尘质量或单位气体体积内的粉尘质量为基准,即

$$\eta = \frac{G' - G''}{G'} \times 100\% = \left(1 - \frac{G''}{G'}\right) \times 100\% \tag{3-5}$$

或

$$\eta = \left(1 - \frac{C''Q''}{C'Q'}\right) \times 100\% \tag{3-6}$$

式中　G'、G''——除尘器进、出口的粉尘质量,kg/h;

　　　C'、C''——除尘器进、出口的含尘浓度,g/(N·m³);

　　　Q'、Q''——除尘器进、出口标准状况下的处理气体流量,Nm³/h。

对于高效率除尘器,例如电除尘器、袋式除尘器,常用透过率 P 来表示该除尘器的捕尘性能:$P = (1 - \eta) \times 100\%$。例如,$\eta = 99\%$,则 $P = 1\%$;$\eta = 99.99\%$,则 $P = 0.01\%$。

超高效的除尘器性能还可用净化系数 f_0 来表示,即

$$f_0 = \frac{1}{1 - \eta} \tag{3-7}$$

例如,$\eta = 99.999\%$,则 $f_0 = 10^5$。

净化系数的对数值称为净化指数,上例的净化指数为 5。

（2）分级除尘效率。一般来说,在一定的粉尘密度条件下,粉尘愈粗除尘效率愈高。因此,仅用总除尘效率来描述除尘器的捕尘性能就显得不够,还应标出不同粒径粉尘的除尘效率才更为合理。后者便称为分级除尘效率,以 $\eta_{\Delta\delta}$ 表示,即

$$\eta_{\Delta\delta} = \left(1 - \frac{f_{2(\Delta\delta)} G''}{f_{1(\Delta\delta)} G'}\right) \times 100\% \tag{3-8}$$

式中　$f_{1(\Delta\delta)}$、$f_{2(\Delta\delta)}$——某相同粒径段 $\Delta\delta$ 的粉尘在除尘器进、出口的粉尘质量的百分比。

分级效率和总除尘效率的关系为

$$\eta_{\Delta\delta} = \eta_m \cdot \frac{f_{2(\Delta\delta)}}{f_{1(\Delta\delta)}} + \left(\frac{f_{1(\Delta\delta)} - f_{2(\Delta\delta)}}{f_{1(\Delta\delta)}}\right) \times 100\% \tag{3-9}$$

式中　η_m——总除尘效率,%。

（3）多级串联除尘器的除尘效率。假如除尘器由多级串联组成,各级除尘效率分别为 η_1、η_2、η_3、…、η_N,则其总除尘效率为

$$\Sigma\eta = \eta_1 + (1 - \eta_1)\eta_2 + \cdots + (1 - \eta_1)(1 - \eta_2)\cdots \times (1 - \eta_{N-1})\eta_N$$

如各级除尘效率相等，即 $\eta_1 = \eta_2 = \eta_N$，则

$$\sum \eta = 1 - (1 - \eta_N)^N \tag{3-10}$$

2. 除尘效率的特性试验

电除尘器效率特性试验包括：供电设备性能（如电压、电流波形、极性、控制特性等），供电方式，运行电压，电流密度，电晕功率；电除尘器结构（如极板、极线形式和匹配，极间距等）；电除尘器的运行条件，运行方式，诸如煤种、烟气速度、振打周期、电场闪络（火花）频率等各因素对除尘效率的影响。总之，一切对电除尘效率有影响的因素都可以作为电除尘器效率特性试验的内容，在进行某项特性试验时，只变动该项参数而其他条件应保持稳定。

（1）振打清灰周期的影响。电除尘器的振打清灰周期对除尘效率的影响十分显著。振打清灰周期是电除尘器结构形式（电场长度、电极间距、振打机构和电场数）及其运行参数（如烟气速度、粉尘浓度、比电阻、除尘效率）等的函数。目前，理想的振打清灰周期还不能用理论计算来确定。合理的振打制度可以根据粉尘的性质（如黏附性、比电阻、分散度），烟气速度，粉尘浓度，极板或极线的振打加速值及其分布均匀性情况，通过试验来确定。振打清灰周期太短时，由于积灰层太薄，振打时易形成细粉末重新被烟气带走而加剧二次扬尘；振打周期太长则积灰太厚，虽然积灰有时也能自行剥落，但其会降低电晕电流和除尘效率，对于高比电阻粉尘易引起反电晕。

振打清灰周期对除尘效率的影响的试验方法有两种。一种是定性的，通过改变电场振打清灰周期，观察排灰颜色的变化，排灰颜色清淡时相应的振打清灰周期为合理的运行方式；另一种是定量的，在保持稳定的烟气条件下，改变各电场的振打清灰周期并测量相应的除尘效率，以找出合理的运行方式。由于电除尘器是多电场串联运行的，各电场的振打清灰周期不相同，相互之间有交叉影响，确定整台电除尘器振打清灰制度是一个多因素多水平的试验问题，可以用正交设计试验法解决。

（2）电场闪络（火花）的影响。粉尘在电场中主要受库仑力、重力、黏滞力、粉尘凝聚力、电风和涡旋的作用。提高运行电压无疑会加大库仑力，对提高除尘效率有利。因此，电除尘器的最高效率是在运行电压升至临近火花放电时获得的。但是由于工况不稳定，高运行电压总是要出现闪络。每次闪络都将引起扰动，造成局部粉尘透过率增加。火花引起粉尘透过率的增加程度与火花强度和延续时间有关，不同火花造成的影响程度也不同；最佳火花频率也不相同。一般情况下，粉尘比电阻高，最佳火花频率也较高，因此高比电阻粉尘的火花强度小，它对集尘极板上积灰层扰动相对小一些。比电阻适中的粉尘最佳火花频率在 $10 \sim 100$ 次之间。因为这种粉尘火花比较强，对集尘极板上积灰层的扰动比较大，火花频率高会使二次扬尘加剧。通过除尘效率的比较，可以确定此粉尘运行工况条件下的最佳火花率。

（3）电场烟速的影响。从多依奇公式可知，电场烟速是以指数函数关系影响除尘效率的。对任何一台电除尘器，在保持运行烟气和粉尘发生性质稳定的前提下，改变若干个电场烟速工况，测出各烟速工况下相应的除尘效率，再用作图法或回归分析运算可以得出该除尘器电场烟速对除尘效率的影响关系。今后在相同的烟气、粉尘性质条件下，利用已获得的曲线或函数式，测出电场烟速，则可以估计出相应的除尘效率。

（4）燃煤品种（烟气和粉尘性质）变化的影响。燃煤多变是我国各电厂的普遍现象，燃煤品种变化，烟气和粉尘性质也相应变化，它对常规电除尘器的除尘效率影响比较明显。

某两电场除尘器曾在相邻两天内燃烧三种燃煤，测出相应煤种下的除尘效率列于表 3-6。虽然三种煤的硫分差别不大，但除尘效率却相差比较明显，驱进速度相差达 40.7%。

表 3-6　　　　　　　　　　　　燃煤品种变化影响除尘效率实例

煤 种	电场烟速 $\overline{\omega}$ (m/s)	燃煤硫分 S_y(%)	单位电晕功率 N/q [W/(m³/s)]	除尘效率 η (%)	驱进速度 ω (cm/s)
开滦洗中煤	0.82	0.68	336.1	97.73	7.71
西山煤	0.82		349.7	93.32	5.48
大同混煤	0.82	0.90	383.0	96.36	6.79

(5) 电晕功率的影响。美国的怀特（White）早已提出，电除尘效率与电晕功率之间存在指数函数关系。以装配在 300t/h 锅炉上的电除尘器实测结果为例（见图 3-5）。将试验结果作回归分析，可以得出式（3-1）所示的关系式，即

$$\eta = 1 - e^{-a - b\frac{N}{q}} \tag{3-11}$$

式中　$\dfrac{N}{q}$——单位电晕功率，W/(m³/s)；

　　　a——2.174；

　　　b——5.35×10⁻³。

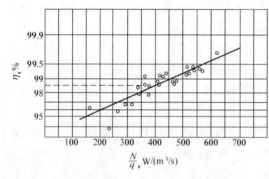

图 3-5　单位电晕功率对除尘效率影响的实例

利用图 3-5 或式(3-10)可以估计出某一单位电晕功率下的除尘效率，例如，当运行工况变动，电除尘器的运行电压、电流发生波动，当它的电晕功率 $N/q = 400$W/(m³/s)时，可以查出（计算出）$\eta = 98.66\%$。

此处所述的电晕功率指"有效电晕功率"，即用于正常电晕放电所消耗的功率。若电除尘器运行状况不正常，或者供电装置控制特性不良，则可能出现电除尘器二次电流过大，即电晕功率过大，但除尘效率却反而下降的情况，因此不了解烟气条件，片面强调大电流、大电晕功率是不可取的。

(6) 电除尘效率的确定。电除尘器的除尘效率 η 实际上是粉尘在电场中的重力沉降效率 η_0 叠加该电场的电除尘效率 η' 而得的，即

$$\eta = \eta_0 + (1 - \eta_0)\eta' \tag{3-12}$$

式中　η_0——电场中的粉尘重力沉降效率，%；

　　　η'——电场供电后的电除尘效率，%。

从式（3-11）变换形式后可以确定电除尘器的除尘效率，即

$$\eta' = \frac{\eta - \eta_0}{1 - \eta_0} \tag{3-13}$$

当前电除尘器的除尘效率是由测定进、出口烟道粉尘量而计算出的。某电场的除尘效率 η_i 是由整台电除尘器（多电场）的沉降效率 η_0 叠加该电场的电除尘效率 η_i' 而得的，即

$$\eta'_i = \frac{\eta_i - \eta_0}{1 - \eta_0} \tag{3-14}$$

同理，两电场的除尘效率 $\eta_{1,2}$ 是由整台电除尘器的沉降效率叠加这两个电场的电除尘效率 η'_1 和 η'_2 而得的，即

$$\eta_{1,2} = \eta_0 + (1 - \eta_0)\eta'_1 + (1 - \eta_0)(1 - \eta'_1)\eta'_2 \tag{3-15}$$

多电场时类推，即

$$\eta_{1\cdots i} = \eta_0 + (1 - \eta_0)\eta'_1 + (1 - \eta_0)(1 - \eta'_1)\eta'_2 + \cdots$$
$$+ (1 - \eta_0)(1 - \eta'_1)\cdots(1 - \eta'_{i-1})\eta'_i \tag{3-16}$$

利用式（3-12）～式（3-16）可以确定多电场电除尘器各个电场的电除尘效率。

（五）漏风率的测定

任何一台除尘器都不可能做到完全严密，在壳体接缝及各种孔盖等处都可能存在漏风。但是由于设计、制造、安装、运行等方面的因素，同样的设备其漏风率可以相差很大。

在负压下运行的除尘器，如果漏风率过高，则对系统、设备都会造成一些不利的影响。

对整个除尘系统而言，外界大气的漏入，使系统的排风量增大而吸风点的风量减少，结果是增加无益的电能浪费，降低了系统的通风除尘效果。

对除尘设备而言，电除尘器通常用于高温烟气系统，烟气中会有一定的水分和硫氧化物。外界大气的漏入使除尘器局部区域的温度降低，有可能使烟气中水分冷凝析出，而生成稀硫酸。水分的析出也可使部分粉尘受潮而粘在放电极和收尘极上，造成放电线肥大和收尘极异常积灰等问题。如果灰斗漏风则会出现吹灰现象，使粉尘重新返回气流，影响除尘效果，对于高效除尘器，这一点是相当敏感的。

对含酸烟气，若温度降低到露点之下，生成的稀酸对电除尘器结构产生腐蚀，大大缩短电除尘器的使用寿命。

由此可见，漏风率对于除尘器，特别是对于高效的干式电除尘器来说，是一个十分重要的指标。一台新建的或大修后的电除尘器，做漏风率的检测是很必要的。

电除尘器的漏风率是指除尘器出口烟气量比入口烟气量增大的百分率，即

$$\alpha = \frac{Q_0 - Q_i}{Q_i} \times 100\% \tag{3-17}$$

式中　α——漏风率，%；

　　Q_0——除尘器出口烟气量，m^3/h；

　　Q_i——除尘器入口烟气量，m^3/h。

除尘器的漏风率可以在安装时检查，在运行时测定。可采用目视、涂渗透剂（如煤油等）、施放烟幕弹、进行打压试验等方法检查。

目前大多数电除尘器是结合除尘效率的测定，用皮托管同时测量电除尘器进、出口烟气量，并换算成标准状态下的烟气量，再按式（3-17）计算漏风率。皮托管法的最大缺点是误差太大，而且这些误差又不完全是随机的，它还受操作与现场条件的限制。

（六）压力降的测定

除尘器压力降，亦称压力损失或阻力，是指烟气通过除尘器所损失的能量。分别测得除尘器进、出口烟气总能量后，两者相减即为除尘器的压力降。为此，需同时测定进口和出口的烟气静压、动压、介质温度、环境温度、大气压力等数据，并查明测量处的标高。

如果烟气流态较平稳、均匀，则可用烟道侧壁上一点测得的静压代表整个测试断面静压的平均值。此测点应安装在平直管段上，静压测孔内径一般为5~6mm，孔四周的烟道内壁应光滑无毛刺、无积灰。

如果烟气流态不够均匀，则应在烟道四周设数个静压测孔，并用环形管相连，求得测试断面静压的平均值。

除尘器压力降可按下式计算

$$\Delta p = (P'_d - P''_d) + (P'_j - P''_j) - \rho_k(y' - y'')g + (y'\rho' - y''\rho'')g \qquad (3-18)$$

式中　P'_d、P''_d——除尘器进、出口烟气动压，Pa；

P'_j、P''_j——除尘器进、出口静压，Pa；

y'、y''——除尘器进、出口静压测点标高，m；

ρ'、ρ''——除尘器进、出口烟气密度，kg/m³；

ρ_k——烟道周围的空气密度，kg/m³；

g——重力加速度，m/s²。

当除尘器进、出口烟气温差不大时，$\rho' \approx \rho''$，取平均值为ρ_y，则式（3-18）可简化为

$$\Delta p = (P'_d - P''_d) + (P'_j - P''_j)(\rho_k - \rho_y)(y'' - y')g \qquad (3-19)$$

如果进、出口静压测点标高相差不大，则可进一步简化为

$$\Delta p = (P'_d - P''_d) + (P'_j - P''_j) \qquad (3-20)$$

此时，若除尘器进、出口烟速大致相等，则除尘器阻力可近似看作进、出口烟气静压之差，即

$$\Delta p = P'_d - P''_j \qquad (3-21)$$

（七）极间距安装误差的测试

电除尘器安装完毕，极间距经安装单位调整后，电除尘器封顶之前，由用户单位组织，电除尘器制造厂监督，安装单位具体实施检测极间距的安装误差。

根据电除尘器阴、阳极间距安装误差测试方法规定，凡采用芒刺形放电极（含管形芒刺线、锯齿形芒刺线）的电除尘器，其阴、阳极间距误差，理论上为阴、阳极中心距误差，实际测量时可测芒刺尖端到收尘极工作表面距离的偏差。

阴极为星形线和其他类似的极线的电除尘器，阴、阳极间距误差，实际测量时可测防电线的表面到收尘极工作表面距离的偏差。

阳极为螺旋线的电除尘器，其阴、阳极间距误差为收尘极板和相邻的放电极小框架的中心距的误差，实际测量时可测收尘极板翼缘外侧与相应的放电极小框架间的偏差。

电除尘器阴、阳极间距误差测定时的测点布置，见图3-6。

芒刺线放电极的测点布置见图3-6（a），每个通道中至少在两根放电线上布置测点，每根放电线上布置8个测点，在垂直方向上，最上面的一个芒刺尖端为第一个测点，最下面的一个芒刺尖端为第8个测点，中间可根据具体情况选择6个测点，并进行记录。其余极线以及被抽测极线的末测点都必须用经鉴定合格的专用工具（通止规）检测合格。

放电极为星形线的测点布置见图3-6（b），在每个通道上任意选择两根放电线上布置测点，在垂直方向上，适当选取8个测点，每根放电线的中间位置应布置一个测点，被抽测极线的末测点都必须用经鉴定合格的专用工具（通止规）检测合格。

使用螺旋线的电除尘器，应检查螺旋线挂钩处尺寸是否已满足规定的公差要求。目测所

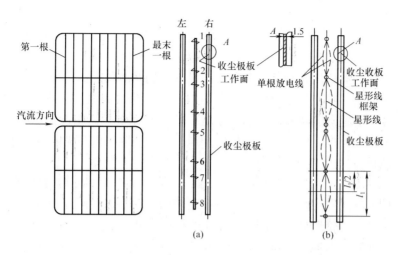

图 3-6　电除尘器阴、阳极间距误差测点布置

有螺旋线的安装情况，并对所有收尘极板的翼缘外侧和相应框架间的距离进行目测，不合格的需要进行校正，直至符合要求，在此基础上，测定每个电场首末两块收尘极板的翼缘外侧与相应的阴极小框架间的距离，并进行记录。

按现行标准规定：收尘极板高度小于或等于 7m 的电除尘器，其阴、阳极间距安装误差应在 ±5mm 范围内；收尘极板高度大于 7m 的电除尘器，其阴、阳极间距安装误差应在 ±10mm 范围内。

第七节　电除尘器的安全技术规程

为使电除尘器与主机运转同步，减少粉尘对空排放，确保人身和设备安全，负责电除尘器的运行或维修人员必须遵守各厂制定的电除尘器运行、维修方面的安全技术规程。

一、电除尘器运行安全技术规程

电除尘器在安装或大修后，必须进行调试工作，调试人员应认真阅读设备说明书及有关技术资料，熟悉设备性能、结构，按试验方法及步骤要求进行。

（1）电除尘器开机前，必须对各处设备进行检查，确认设备各部分正常，电场内无人工作，各人孔门关好后，方可开机。

（2）电除尘器运行前 4h，所有绝缘子加热系统及灰斗保温系统均应先行投运。

（3）烟尘进入电除尘器，所有振打装置、排灰系统同时投运，当通过电除尘器的烟气温度高于露点温度，电场已进入正常状态时，方可向电场供电。

（4）开机运行阶段加强巡回检查，发现问题及时处理。

（5）电除尘器在运行中电压自动调整器不允许有拉弧和调节无效现象，发现下列故障，必须停止向相应电场供电，排除故障后重新启动：①运行中一次电流上限超过额定值；②高压绝缘部件闪络严重；③阻尼电阻闪络频繁甚至起火；④整流变压器发出超温警报、喷油、漏油、声音异常；⑤供电装置发生严重偏励磁；⑥电流极限失控；⑦供电装置经二次试投再跳闸；⑧晶闸管散热片温度超过 60℃；⑨排灰阀发生故障、灰斗堵灰；⑩主机工况变化及其他危及设备、人身安全的情况。

（6）运行中必须进行的记录：①每1～2h记录一、二次电压，电流值及除尘器运行温度值；②每班记录二次整流变压器温度；③电除尘器所有开、停操作记录；④异常情况及设备缺陷记录；⑤接地线装、拆记录；⑥警告牌挂取记录。

（7）电除尘器运行中所进行的日常监视，发现问题及时处理的内容：①每班定时试验一次报警装置；②一、二次电压、电流值；③振打、电加热、灰位控制系统；④变压器油温、油色及放电、渗漏现象；⑤排灰阀及输灰系统；⑥振打系统运行情况；⑦电气屏、柜、箱、盘内各电气元件运行情况；⑧晶闸管元件冷却风扇运转、阻尼电阻无闪络；⑨人孔门密封良好，保温层无脱落。

（8）电除尘器停机，应先将电场电压调到零，再分断主接触器，拉掉电源总刀闸和各分刀闸。然后关闭绝缘子室电加热，将所有振打系统的手动作连续振打，消除极板、框架积灰后停止振打。确认灰斗排空后，关闭排灰系统，同时停止灰斗加热系统和输灰系统工作。

（9）一人操作，一人监护，做好保护工作。

（10）电除尘器运行过程中，严禁打开人孔门，如确认有必要进入电场，必须停电，然后将风门关小或停止引风机。

（11）为防止过电压，运行中严禁拉开高压隔离开关，严禁电场在开路情况下送电。

（12）电气失火，应切断高、低压电源，禁用水灭火。发生触电事故，应先切断电源，然后进行急救，严禁赤手空拳抢救。

（13）因生产工艺不正常，致使烟气温度超过电除尘器设计值时，应停机采取应急措施，直至工况正常后再启动。

二、电除尘器检修安全规程

电除尘器的停机按停机顺序操作，进入电场检修应遵守下列规定：

（1）高压供电装置的控制盘和操作盘开关应断开。

（2）操作盘上应挂上检修标牌以免误合闸。

（3）高压切断开关转接到接地端，放电极也应接地（在检修过程中应始终接地）。

（4）用便携式接地棒释放高压系统中的残存电荷。

（5）电场停电后，振打装置应继续运行，使附在电极上的粉尘清除干净，灰斗排灰装置继续运行，直到灰斗内粉尘排完为止。

（6）电场逐渐冷却后（冷却时间不少于8h），才允许打开人孔门，否则，突然进入冷空气，容易使高温下的极板产生变形。

（7）电除尘器内有人工作时，应在辅助设备（如主排风机、振打装置、卸灰装置等）上加锁，或挂上检修的标牌。

（8）检修人员进入电场应根据电场情况穿戴防尘罩、防尘眼镜、防尘靴和防腐手套等劳保用品。

（9）当灰斗堵灰时，严禁开启灰斗人孔门放灰。

（10）进入检修现场的人员要戴安全帽，凡坠落高度在基准面2m以上时，施工人员必须系安全带。

（11）进入电场前，还必须检测CO等有毒气体、堆积粉尘的处理及装置内的排气等。

运行工况对电除尘器性能的影响

第四章

影响电除尘性能的因素很多，大致可以归纳为以下四个方面：

烟气性质：主要包括烟气温度、压力、成分、湿度、流速和含尘浓度。

粉尘特性：主要包括粉尘的比电阻、粒径分布、真密度、堆积密度、黏附性等。

结构因素：包括电晕线的几何形状、直径、数量和线间距，收尘极的形式，极板断面形状、极板间距、极板面积以及电场数、电场长度，供电方式，振打方式（方向、强度、周期），气流分布装置，灰斗形式、出灰口锁气装置和电除尘器的安装质量等。

运行因素：包括漏风率、气流短路、粉尘二次飞扬和电晕线肥大等。

本章着重介绍运行工况对电除尘器性能的影响。

第一节　烟气性质的影响

烟气性质对电除尘器的性能影响很大，本节主要介绍烟气的温度、压力、湿度，烟气流速和烟气含尘浓度对电除尘器性能的影响。

一、烟气的温度和压力

烟气的温度和压力影响电晕始发电压、起晕时电晕极表面的电场强度、电晕极附近的空间电荷密度和分子、离子的有效迁移率等，温度和压力对电除尘器性能的某些影响可以通过烟气密度公式评定，即

$$\delta = \delta_0 \frac{T_0}{T} \frac{p}{p_0} \tag{4-1}$$

式中　δ——烟气在 T 和 p 时的密度，kg/m^3；

　　δ_0——烟气在 T_0 和 p_0 时的密度，kg/m^3；

　　T_0——标准温度，273K；

　　T——烟气的实际温度，K；

　　p_0——标准大气压，76cmHg；

　　p——烟气的实际压力，cmHg。

烟气密度 δ 随温度的升高和压力的降低而减少。当 δ 降低时，电晕始发电压、起晕时电晕极附近的电场强度和火花放电电压等都要降低。这些影响可以用 δ 对电晕极附近的空间电荷密度的影响来进行解释。当 δ 减小时，离子的有效迁移由于与中性分子碰撞次数减少而增大。因为在外加电压一定的情况下。这将使电晕极附近的空间电荷密度减小，导致在电晕极表面以较低的电场强度获得一定的电晕电流。因此，为了在极板上保持一定的平均电晕电流密度，则外加电压必须降低，以出现较低电场强度，而使离子以较低的速度离开电晕极临近区。

二、烟气的成分

烟气成分对电除尘器的伏安特性和火花放电电压也有很大的影响（见图4-1和图4-2）。不同分子成分的浓度和这些成分的亲和力对负电晕放电是重要的。不同的烟气成分会使电晕放电中电荷载体有不同的有效迁移率。一般来说，电流是由分子、离子和自由电子实现的。自由电子的作用大小取决于分子成分的电子捕获能力、烟气的温度和压力，收尘极的间距以及作用的电压等，在捕集燃煤排出烟气的电除尘器中，一般认为自由电子对总电流不起多大作用。

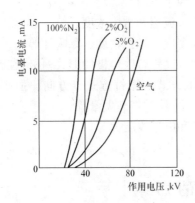

图4-1　烟气成分对伏安
特性的影响

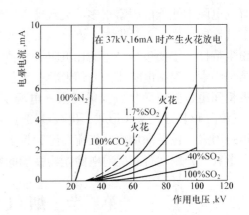

图4-2　烟气成分对伏安特性和
火花放电电压的影响

煤燃烧进入电除尘器的烟气含有捕集电子气体的浓度分别为 $O_2=2.0\%\sim8.0\%$；$CO_2=11.0\%\sim16.0\%$；$H_2O=5.0\%\sim14.0\%$；$SO_2=150\sim3000ppm$；$SO_3=0.0\sim30.0ppm$。这些气体成分对电子的捕获能力，其重要性顺序为 SO_3、SO_2、O_2、H_2O 和 CO_2。这些气体对电气条件产生重大影响的最小含量分别为 $SO_2=0.5\%\sim1\%$；$O_2=2.0\%\sim3.0\%$；$H_2O\approx5.0\%$。由于有其他的捕获电子的气体，因此，CO_2 的影响一般不予以考虑。

三、烟气的湿度

由于煤中含有一定的水分，煤中的氢燃烧后生成水蒸气，参与燃烧的空气中也含有水分，因此燃烧后排出的烟气中都含有一定的水分，这对电除尘器的运行是有利的。一般烟气中水分多，除尘效率就高。烟气中的含水量对电除尘器伏安特性的影响见图4-3，烟气中的含水量和电晕电流的关系见图4-4。

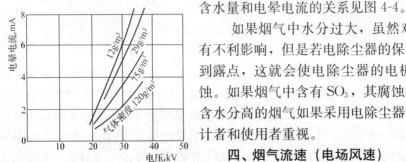

图4-3　烟气中的含水量对
电除尘器伏安特性的影响

如果烟气中水分过大，虽然对电除尘器的性能不会有不利影响，但是若电除尘器的保温不好，烟气温度会达到露点，这就会使电除尘器的电极系统以及壳体产生腐蚀。如果烟气中含有 SO_3，其腐蚀程度就更为严重。所以含水分高的烟气如果采用电除尘器，其腐蚀问题应引起设计者和使用者重视。

四、烟气流速（电场风速）

从降低电除尘器的造价和占地面积少的观点出发，应该尽量提高电场风速，以缩小电除尘器的体积。但是电场风速不能过高，否则会给电除尘器运行带来不利的影响。因为粉尘在电场中荷电后沉积到收尘极板上需要有一定的时间，如果电场风速过高，荷电粉尘来不及沉降就被气流带出；同时电场风速过高，也容易使已经沉积在收尘极的粉尘层产生二次飞扬，特别是电极清灰振打时更容易产生二次飞扬。从除尘效率公式来看，一般规律是电场风速增高，除尘效率相应降低。

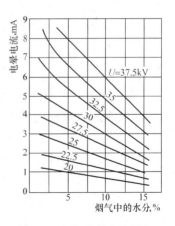

图 4-4 烟气中的含水量与
电晕电流的关系

五、烟气含尘浓度

当含尘气体通过电除尘器的电场空间时，粉尘粒子及其中的游离离子而荷电，于是在电除尘器内便出现两种形式的电荷，离子电荷和粒子电荷。所以电晕电流一方面是由于气体离子的运动而形成的，另一方面是由于粉尘粒子运动而形成的。但是粉尘粒子的大小和质量都比气体离子大得多，所以气体离子的运动速度为粉尘粒子的数百倍，这样，由粉尘粒子所形成的电晕电流仅占总电晕电流的 $1\%\sim2\%$。随着烟气中含尘浓度的增加，粉尘粒子的数量也增多，以致由于粉尘离子形成的电晕电流虽然不大，但形成的空间电荷却很大，接近于气体粒子所形成的空间电荷，严重抑制电晕电流的产生，使尘粒不能获得足够的电荷，从而使除尘效率下降。

第二节 粉尘特性的影响

一、粉尘的比电阻

粉尘的比电阻对电除尘器性能的影响主要有以下两个方面：

（1）在通用的板式电除尘器中，电晕电流必须通过极板上的粉尘层传到接地的收尘极板上。若粉尘的比电阻超过临界值 $5\times10^{10}\ \Omega\cdot cm$，则电晕电流通过粉尘层就会受到限制，这将影响到粉尘粒子的荷电量、荷电率和电场强度等，如不采取必要措施，将使除尘效率下降。

（2）由于粉尘的高比电阻对粉尘的黏附力有较大的影响，会使粉尘的黏附力增大，因此清除电极上的粉尘层要提高振打强度，结果将造成二次飞扬比正常情况下的大，从而使除尘效率下降。

（一）比电阻的定义

各种物质的电阻与其长度成正比，与其截面积成反比，并和温度有关。如果用 R 代表一种材料在某一温度下的电阻，则有

$$R = \rho \frac{L}{S} \tag{4-2}$$

式中 R——材料的电阻，Ω；

   ρ——材料的比电阻，或称电阻率，$\Omega\cdot cm$；

   L——材料的长度，cm；

   S——材料的横截面积，cm^2。

由此可知，一种物质的比电阻就是其长度和横截面积各为 1 个单位时的电阻。

沉积在电除尘器收尘极表面上的粉尘应具有一定的导电性，才能传导从电晕放电到大地的离子流。根据现场粉尘的比电阻对电除尘器性能的影响，大致可分为三个范围：

（1）$\rho < 10^4 \Omega \cdot cm$ 范围内的粉尘称为低比电阻粉尘。

（2）$10^4 \Omega \cdot cm < \rho < 5 \times 10^{10} \Omega \cdot cm$ 范围内的粉尘称为中比电阻粉尘，最适合于电除尘。

（3）$\rho > 5 \times 10^{10} \Omega \cdot cm$ 范围内的粉尘称为高比电阻粉尘。

比电阻过低或过高的粉尘，如不采取预处理措施，均不适合于采用电除尘器对其进行捕集。

（二）低比电阻粉尘

如果粉尘的比电阻 $\rho < 10^4 \Omega \cdot cm$，则当它一到达收尘极表面不仅立即释放电荷，而且由于静电感应获得和收尘极同极性的正电荷，若正电荷形成的排斥力大得足以克服粉尘的黏附力，则已经沉积的粉尘将脱离收尘极而重返气流，重返气流的粉尘在空间又与离子相碰撞，会重新获得电晕极同极性的负电荷而再次向收尘极运动。结果形成在收尘极上跳跃的现象，最后可能被气流带出电除尘器。用电除尘捕集石墨粉尘、炭黑粉尘，都可以看到这一现象。如不采取相应措施，用电除尘器捕集低比电阻粉尘，就会得不到预期的效果。当然，能否出现跳跃现象还与粉尘的黏附性有关。

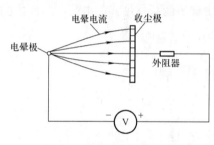

图 4-5　模拟电除尘器电晕
系统的等效电路

（三）高比电阻粉尘

为了更好地理解高比电阻粉尘对除尘性能的影响，可作如下分析。设图 4-5 中电路内的外阻器代表有电阻的粉尘层，其单位面积电阻 R_S 为

$$R_S = \rho \delta_R \tag{4-3}$$

式中　R_S——单位面积电阻，$\Omega \cdot cm^2$；

　　　　ρ——比电阻，$\Omega \cdot cm$；

　　　　δ_R——粉尘层厚度，cm。

因为由电晕放电产生的离子在电极间形成的电流必须通过收尘电极上的粉尘层，根据欧姆定律，电流通过具有一定电阻的粉尘层的电压降为

$$\Delta U = J R_S = J \rho \delta_R \tag{4-4}$$

式中　ΔU——粉尘层的电压降，V；

　　　　J——粉尘层中的电流密度，A/cm^2。

则作用于电极之间的空间电压 U_g 为

$$U_g = U - \Delta U = U - J \rho \delta_R \tag{4-5}$$

式中　U——电除尘器的外加电压，V。

从（4-5）式可以看出，如果粉尘比电阻不太高，则沉积在收尘极上的粉尘层中的电压降对空间电压 U_g 的影响可以忽略不计。但是，随着比电阻的增高，粉尘层中的电压降 ΔU 变得很大，在达到一定程度以后，开始发生异常现象，从而使粉尘层局部击穿，并产生火花放电，即通常所说的反电晕现象。

所谓反电晕就是沉积在收尘极表面上的高比电阻粉尘层所产生的局部放电现象。若沉积在收尘极上的粉尘是良导体，就不会干扰正常的电晕放电。但如果是高比电阻粉尘，则电荷不容易释放。随着沉积在收尘极上的粉尘层增厚，释放电荷更加困难。此时一方面由于粉尘层未能将电荷全部释放，其表面仍有与电晕极相同的极性，便排斥后来的荷电粉尘；另一方

面由于粉尘层电荷释放缓慢，于是在粉尘间形成较大的电位梯度，当粉尘层中的电场强度大于其临界值时，就在粉尘层的孔隙间产生局部击穿，产生与电晕极极性相反的正离子，所产生的离子便向电晕极运动，中和电晕区带负电的粒子，见图4-6。

另外，粉尘层中气体和固体的击穿产生电子—阳离子对，电子被排斥，穿过粉尘层流向收尘电极，阳离子则被电场推向放电电极。在这些阳离子经过粉尘层时碰撞尘粒，使它们荷正电荷而重返气流；而那些跑出粉尘层的离子则将碰撞悬浮在气流中的粉尘，减少它们的负电荷，这些影响将使电除尘器的除尘效率大大下降。

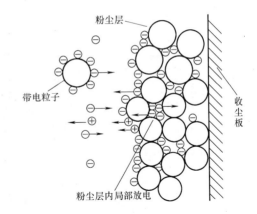

图 4-6　反电晕现象

当粉尘层比电阻超过临界比电阻值后，火花放电电压下降，并频繁地产生激烈的火花放电，这种现象称为火花频发。电除尘器内适当的火花对除尘是有好处的，但火花频发则有许多不良影响。为避免火花频发，就得降低外加电压，这样虽能使粉尘层的绝缘不被破坏和反电晕现象停止，但同时收尘空间的电场、电流密度显著下降，必然使除尘性能恶化。

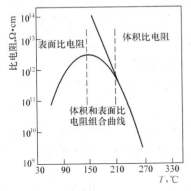

图 4-7　飞灰比电阻和温度
关系的典型曲线

（四）影响粉尘比电阻的因素

1. 温度对粉尘比电阻的影响

粉尘比电阻是随温度的变化而变化的。飞灰比电阻和温度关系的典型曲线见图4-7。温度超过200℃左右时，比电阻随温度的升高而降低，与烟气的成分无关。温度低于100℃时，比电阻随温度的降低而降低。温度在150℃左右，比电阻值最高。

2. 影响体积比电阻的因素

在分析粉尘导电的过程中，可将粉尘的比电阻看成是两种独立的导电机理，一种导电是通过粉尘层的内部（体积导电）；一种是沿粉尘粒子的表面（表面导电），并与吸附在粉尘层表面的气体和冷凝水有关。哪种导电机理占主要地位，主要取决于电除尘器的实际运行情况。一般情况下，这两种导电机理都是重要的。体积导电只与粉尘粒子的化学成分有关，而表面导电则与粉尘粒子和烟气的化学成分有关。

3. 影响表面比电阻的因素

表面导电需要在粉尘表面建立一个吸附层。如果烟气中含有冷凝物质（水或硫酸），若温度足够低，便能在粉尘表面形成吸附层，此时表面导电将是主要的。物理吸附以及冷凝可包括在表面导电中。当温度低于露点时，吸附在粉尘表面的速度加快。但在多数情况下，即使温度高于露点很多，被吸附物质也会沉积在粉尘表面形成表面导电通道。但是温度较高时，水分含量对比电阻的影响就不显著，因为此时表面导电所需要的吸附机理已不存在了，

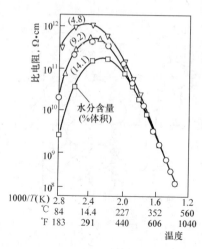

图 4-8　水分含量影响比
电阻的典型曲线

水分含量影响比电阻的典型曲线见图4-8。

煤的含硫量对飞灰比电阻有较大的影响。含有硫的煤燃烧时产生二氧化硫，二氧化硫的产生量取决于煤中硫的含量，在正常情况下，大约 $0.5\%\sim1\%$ 的二氧化硫氧化成三氧化硫，如果温度足够低，三氧化硫吸附在飞灰上就能大大地降低飞灰的比电阻。所以，含硫量高的煤所烧成的飞灰其比电阻比含硫量低的煤要低。

（五）防止和减弱反电晕的措施

研究克服和解决高比电阻粉尘对电除尘性能的影响一直是国际上发展电除尘技术的主要课题。要从技术上解决高比电阻粉尘被击穿，就必须降低粉尘层的电晕电流或粉尘的比电阻。由于降低粉尘比电阻的措施很多，比如对烟气进行调质处理，采用高温电除尘器、脉冲供电系统和宽间距电除尘器等，情况很复杂，在此就不作介绍了。

二、粉尘的粒径分布、密度和黏附性

1. 粉尘的粒径分布

粉尘的粒径分布对电除尘器总的除尘效率有很大的影响。这是因为荷电粉尘的驱进速度随粉尘粒径的不同而变化，即驱进速度与粒径大小成正比。粉尘的粒径对驱进速度的影响，实质上就是对除尘效率的影响。通常粉尘的粒径越大，其粉尘的成分，物理和化学性质若有差异，则其计算驱进速度也不尽相同。粒径小于 $0.2\mu m$ 的粉尘，虽然可以认为驱进速度与粉尘粒径无关，但是粉尘粒径越细，其附着性越强，因此吸附在电极上的细粉尘不容易振打下来，这样会使电除尘器的性能降低。

2. 粉尘的真密度和堆积密度

粉尘的真密度对电除尘器的影响虽然不像靠重力和离心力进行分离的机械除尘装置那样重要，但是已经分离出来的粉尘在落入灰斗时也要靠重力，所以粉尘的真密度对电除尘器的真性能也是有影响的。

所谓堆积密度是指固体微粒的集合体，测出包括粒子间的气体空间在内的体积并取固体粒子的质量求得的密度，粒子间的空间体积与包括粒子群在内的全部体积之比，通常称为空隙率，用字母 P 表示。空隙率、真密度 r 与堆积密度 r_a 之间的关系可表示为 $r_a = (1-P)r$。

真密度对一定的物质而言是一定的，而堆积密度则与空隙率有关，随着充填程度不同而有较大的变化。如果真密度与堆积密度的比值越大，则由于粉尘二次飞扬而对除尘性能的影响也就越大。燃烧煤粉的锅炉产生的飞灰，其真密度一般在 $2.1g/cm^3$ 左右，堆积密度约为 $0.52g/cm^3$。

3. 粉尘的黏附性

粉尘有黏附性，可使细微粉尘粒子凝聚成较大的粒子，这对粉尘的捕集是有利的。但是粉尘黏附在除尘器壁上会堆积起来，这是造成除尘器发生堵塞故障的原因之一。若粉尘的黏附性强，粉尘会黏附在电极上，即使加强振打力，也不容易将粉尘振下来，就会出现电晕线肥大和收尘极板粉尘堆积的情况，影响工作电压升高，从而使除尘效率降低。所以设计电除尘器时，对粉尘的黏附性应予以充分考虑。

由于尘粒之间或尘粒与器壁之间存在黏附力，因此可将粉尘层的黏附强度作为评定粉尘黏附性的指标。一般黏附强度为 0～60Pa 的粉尘称作无黏附性粉尘；60～100Pa 的粉尘为微黏附性粉尘；300～600Pa 的粉尘为中黏附性粉尘；600Pa 以上的粉尘为强黏附性粉尘。

第三节 运行因素的影响

一、气流分布

气流分布状况对电除尘器的性能有重要影响，甚至不亚于电场内作用于粉尘粒子的电场力对除尘效率的影响。气流形态决定着粒子回收的特性，被干扰的气流形态呈严重紊流、气喷、旋涡、脉动以及其他不平衡和不稳定状态，对除尘效率造成严重的影响。

（一）气流分布不均匀的原因

在电除尘器中，造成气流分布不均匀的原因主要有：

（1）由锅炉进入除尘器连接管道的气流，由于和锅炉有关的各种原因而紊乱。

（2）在管道中由于摩擦而使近壁气流速度减慢并产生紊流。

（3）由于管道弯头的曲率半径很小，气流经过这种弯头后，在内侧的流动速度大大减小，甚至会逆转方向。在外侧的流动速度有相当大的增加。

（4）由于粉尘在管道中沉积过多，使气流严重紊乱。粉尘在管道中沉积可能是因为气流在管道中的速度低，也可能是因为水气和硫酸冷凝在管道壁上引起粉尘黏附。有些弯头的导流叶片也可能有粉尘沉积。

（5）在管道中的气流速度通常要比在电除尘器中高得多，因而管道与除尘器连接处需要有扩散段降低速度。如果扩散段的截面积增加太快，则气体将形成沿中心线速度高、靠近扩散段壁速度低的射流。逐渐扩大的扩散段虽然可以让气体均匀地慢下来，但将产生粉尘沉积问题。

（6）其他原因，例如：除尘器入口多孔板上的焊缝有缝隙（会出现高速气喷），除尘器本体漏风，从锅炉出来的气体温度不均匀，有的风机产生脉冲气流等。

（二）气流分布不均匀对电除尘器性能的影响

气流分布不均匀对电除尘器性能的降低主要有以下几个方面：

（1）在气流速度不同的区域内所捕集的粉尘量不一样，即气流速度低的地方可能除尘效率高，捕集的粉尘量也会多；气流速度高的地方，除尘效率低，可能捕集的粉尘量就少。但因风速降低而增大粉尘捕集量并不能弥补由于风速过高而减少的粉尘捕集量。

（2）局部气流速度高的地方会出现冲刷现象，将已经沉积在收尘极板上和灰斗内的粉尘再次大量扬起。

（3）可能除尘器进口的烟尘浓度就不均匀，使除尘器内某些部位堆积过多的粉尘。如果在管道、弯头、导向板和分布板等处存积大量粉尘，会反过来又进一步破坏气流的均匀性。

（4）如果通道内气流显著紊乱，则振打清灰时粉尘容易被带走。

另外，在气流速度低的区域内，电晕线上可能积累过多的粉尘，抑制电晕，引起不均匀的电晕放电；如果温度显著不平衡，气体中尘粒分散得不好，或形成气体射流，在电除尘器的某些区域可能发生过量的火花；而且由于气流不均匀，可能造成低温区域的壳体或烟道腐蚀。

（三）改善气流质量的方法

气流分布均匀程度主要依靠正确选择管道断面积与除尘器断面积的均比（开口比），以及设置气流分布装置来达到。

1. 气流分布板（多孔板）

电除尘器一般都在入口端设置气流分布板，这种分布板通常是在平面钢板上冲出许多直径约 25～50mm 的小孔构成，小孔的总面积约为分布板总面积的 25％～50％（开孔率）。多孔板上也会有粉尘黏附，时间长了容易把小孔堵塞。因此，多孔板应有振打装置。多孔板的开孔形式在实际中常采用圆孔，通常在整个分布板上的圆孔大小都相同，但为了使气流分布均匀，通过模型试验，也可采用不等直径的圆孔，例如，中部圆孔较小，而四周圆孔应增大。有时设置一层分布板还达不到气流分布均匀的目的，则可以设置 2～3 层分布板。

2. 导流叶片

在电除尘器管道系统设计中常采用的措施是安装导流叶片。因为当管道截面或方向突然

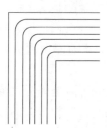

图 4-9　有导流叶片的 90°弯头

改变时气流被严重地扰乱，会形成大的涡流。这种气流往往有沿管道内侧表面引起逆向流动的特性。当气体含尘时，这些涡流能达到高的含尘浓度，如果速度慢就会形成异常的粉尘沉积。安装导流叶片可以使这种情况有所改善。有导流叶片的 90°弯头见图 4-9。

3. 模型试验

由于除尘系统的具体情况不同，电除尘器内的气流分布也会不同。如果没有现成的经验可循，往往需要进行模型试验来观察气流状况和研究如何使气流分布均匀，特别是大型的电除尘器更需如此，因为要对实际的电除尘器系统进行调整是不容易的，而理论计算又极其困难。用模型进行试验应当使模型中的气流分布与实际电除尘器中的相同才能取得有效的结果。要做到这一点，必须在模型试验时满足三种类型的相似，即几何相似、运动相似和动力相似。几何相似需要模型和实物的结构、形状一样，模型与实物相应的各部分尺寸都成同样比例；运动相似需要模型和实物两个流动系统处处都有同样的相对速度和加速度；动力相似必须在两个系统的相应点使两个无因次参数——雷诺数和欧拉数相同，其中雷诺数是首要的。

二、漏风

电除尘器一般是负压运行，如果壳体的连接处密闭不严，就会从外部漏入冷空气，使通过电除尘器的风速增大，从而使除尘性能下降。有的厂为了防止电除尘器被高温损坏，在入口管道处开设冷风门，这是很不合适的。掺入的冷风越多，除尘效果就更恶化。此外，电除尘器捕集的粉尘一般都比较细，如果从灰斗或排灰装置漏入空气，将会造成收尘极下的粉尘产生二次飞扬，也会使除尘效率降低。电除尘器出口端的灰斗漏风将更为严重。若从检查门、烟道、伸缩节、烟道闸门、绝缘套管等处漏入冷空气，不仅会增加电除尘器的烟气处理量，而且会由于温度下降出现冷凝水，引起电晕极结灰肥大、绝缘套管爬电和腐蚀等后果。鉴于这些原因，电除尘器设计时要保证有良好的密封性，壳体各连接处都要求连续焊接。

三、粉尘二次飞扬

（一）产生粉尘二次飞扬的原因

多依奇效率公式的推导是假设已经沉积在收尘极板上的粉尘不会被气流重新带走。但是

在干式电除尘器中，沉积在收尘极上的粉尘如果黏附力不够，容易被通过电除尘器的气流带走，这就是通常说的粉尘二次飞扬。产生粉尘二次飞扬的原因与下列因素有关。

（1）粉尘沉积在收尘极板上时，如果粉尘的荷电是负电荷，就会由于感应作用而获得与收尘极板极性相同的正电荷，粉尘便受到离开收尘极的斥力。同时离子流又不断供给粉尘负电荷，粉尘又受到收尘极的吸力作用，所以粉尘所受的净电力是吸力斥力之差。如果斥力大于吸力，就会使粉尘产生二次飞扬。当粉尘比电阻很高时，粉尘和收尘极之间的电压降使沉积粉尘层局部击穿而产生反电晕时，也会使粉尘产生二次飞扬。

（2）当气流沿收尘极板表面向前流动的过程中，可以假定极板表面和气流之间的界面上的气流是静止的，随着气流和极板表面的距离的增加，气流速度迅速从零上升到其主气流中的数值。因为气流存在速度梯度，所以沉积在收尘极板表面上的粉尘层将受到使其离开极板的升力，速度梯度愈大，升力愈大。为减小升力，必须减小速度梯度，其主要措施之一就是降低气流速度，另一措施是把收尘极设计成能减小速度梯度的形式。

（3）电除尘器中的气流速度分布以及气流的紊流和涡流都能影响粉尘二次飞扬。在电除尘器中，气流分布常常是不均匀的，如果局部气流速度很高，就有引起紊流和涡流的可能性。而且烟道中的气体速度一般为 $10\sim15\text{m/s}$，而气流进入电除尘器后突然降低到 1m/s 左右，这种气流突变的情况也很容易产生紊流和涡流。此外，强烈的电风也能使沉积的粉尘产生二次飞扬。

当振打电极清灰时，沉积在电极上的粉尘层由于本身重量和运动所产生的惯性力而脱离电极。若振打强度或频率过高，脱离电极的粉尘不能成为较大的片状或块状，而是成为分散的小片状或单个粒子，则很容易被气流重新带出电除尘器。

（4）当电除尘器有漏风或气流不经过电场而是通过灰斗出现旁路现象时，灰斗中的粉尘直接被气流卷走而产生二次飞扬。

总之，粉尘二次飞扬造成的损失主要取决于粉尘的特性、电除尘器的设计、供电方式、电除尘器内的气流状态和性质、振打装置的类型和操作以及收尘极的空气动力学屏蔽性能等。

（二）防止粉尘二次飞扬的措施

为防止和克服粉尘二次飞扬的损失，可采取以下措施：

（1）使电除尘器内保持良好的气流分布。

（2）使设计出的收尘电极具有充分的空气动力学屏蔽性能。

（3）采用足够数量的高压分组电场，并将几个分组电场串联。

（4）对高压分组电场进行轮流均衡地振打。

（5）严格防止灰斗中的气流有环流现象和漏风。

四、气流旁路

所谓气流旁路是指电除尘器内的气流不通过收尘区，而是从收尘极板的顶部、底部和极板左右最外边与壳体内壁形成的通道中通过。

防止气流旁路的一般措施是采用常见的阻流板迫使旁路气流通过收尘区；将收尘区分成几个串联的电场；使进入电除尘器和从电除尘器出来的气流保持良好的状态等。如果不设置阻流板，即使所有其他因素都符合要求，则只要气流中有 5% 的气体旁路，除尘效率就不能大于 95%。对于要求高效的电除尘器来说，气流旁路是一个特别严重的问题。装设阻流板，就能使旁路气流与部分主气流重新混合。气流旁路对除尘效率的影响取决于设有阻流板的区数和每个阻流区的旁路气流流量以及旁路气流重新混合的程度。气流旁路会使气流紊乱，并在灰斗内部和顶部产生涡流，其结果是使灰斗的大量集灰和振打时的粉尘重返气流。阻流板和灰斗的设计应使由于气流旁路所引起的粉尘二次飞扬最小。灰斗的设计必须考虑几种空气动力学的影响，其中包括伯努利原理、气流分离和涡流的形成。实际设计时，最好是通过模型试验和对现场除尘器的实际观察结果进行设计。为了使效率高，阻流区的数量至少应该是四个，气流旁路的百分率应该保持低值。若气流旁路的百分率高，即使有许多阻流也会使除尘效率大大下降。

五、电晕线肥大

电晕线越细，产生的电晕越强烈，但因在电晕极周围的离子区有少量的粉尘粒子获得正电荷，便向负极性的电晕极运动并沉积在电晕线上。如果粉尘的黏附性很强，不容易振打下来，于是电晕线上的粉尘越集越多，即电晕线变粗，从而大大地降低了电晕放电效果，这就是所谓的电晕线肥大。电晕线肥大的原因大致有以下几个方面：

（1）粉尘因静电荷作用而产生附着力。

（2）当锅炉低负荷或停止运行时，电除尘器的温度低于露点，水或硫酸凝结在尘粒之间以及尘粒与电极之间，并在其表面溶解，当锅炉再次正常运行时，溶解的物质凝固或结晶，从而产生较大的附着力。

（3）尘粒之间以及尘粒与电极之间有水或硫酸凝结，由于液体表面张力而黏附。

（4）由于粉尘的性质而黏附。

（5）由于分子力而黏附。

为了消除电晕线肥大现象，可适当增大电极的振打力，或定期对电极进行清扫，使电极保持清洁，或在大修期间，对电除尘器内部进行水冲洗。但这都不是根本解决问题的措施。

六、阴、阳极热膨胀不均

1. 阴、阳极板热膨胀不畅

为防止烟气经灰斗而不过电场直接排走，在灰斗内部设有灰斗挡风板。设计时已根据除尘器运行温度及极板长度确定了极板与灰斗挡风板之间的膨胀间隙。当安装过程疏忽而间隙量没有保证，在空载通电升压时，电场处于冷态，问题不会暴露。带负荷运行时电场处于热态，极板膨胀受阻而弯曲变形，阴、阳极之间放电距离变小，二次电压升不高或升高就跳闸。要避免这类缺陷，设计必须正确，安装间隙应绝对保证。

2. 异极间距超差

异极间距超差的主要原因是：阴极小框架和阳极排组合时平面度没有调到标准要求，电场就位时又没有进行认真调整。而放电强度与放电间距及放电极结构有关。在相同结构的电场内部，电压将在最小间距处击穿。安装偏差越大，运行电压越低。安装过程精心组合校正才是消除缺陷的根本办法。

另外，电除尘器运行一段时间后，由于烟温变化和电场空间烟温不均等原因，也会引起阴、阳极膨胀不均，使异极间距超差，影响运行电压和电流。所以应及时进行维护和检修。

七、用 V-I 特性曲线判断电除尘器工作状况

运行状态下的电除尘器伏安特性受很多因素的影响，其中最重要的影响因素是烟气成分、温度、压力；粉尘成分、含尘浓度、粒度、比电阻；烟气速度；极板、极线的结构形式

或匹配、极间距；电压波形等。

正在运行的电除尘器可以通过热态伏安特性的变化反映出运行工况的变化，运行人员可以借助热态伏安特性曲线的变化来判断电除尘器运行条件的改变，或借助它分析故障。

1. 平移

如图 4-10（a）所示，在相同电压下电晕电流减小，这是由于电晕线肥大造成的。

2. 旋转

如图 4-10（b）所示，*V-I* 特性曲线向右旋转，即在同一电压下，电流减小，这是由于烟气含尘浓度增加造成的，如果严重向右旋转，则易发生电晕封闭；*V-I* 特性曲线向左旋转，即在同一电压下，电流增加，这表明烟气含尘浓度减小。

3. 过原点

如图 4-10（c）所示，*V-I* 特性曲线过原点，*V-I* 特性曲线有一直线段，这是电场内堵灰短路所致。

4. 变短

如图 4-10（d）所示，即击穿电压下降，这表明异极距变小或绝缘支柱、绝缘轴严重粘灰。

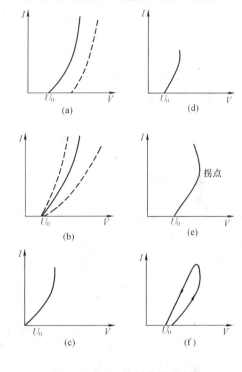

图 4-10　*V-I* 特性曲线的变化

5. 出现拐点

如图 4-10（e）所示，*V-I* 特性曲线出现拐点，这表明发生了反电晕现象。*V-I* 特性曲线升压和降压时，曲线不重合是严重反电晕，见图 4-10（f）。

第四节　除灰系统的影响

一、灰斗堵塞，排灰不畅

不少除尘器出现较严重的灰斗堵塞，排灰不畅。灰斗堵塞的原因是多种多样的，大致分为三种：第一种是由于锤头、砧块、放电极断线掉刺及安装遗留杂物掉落在灰斗，卡住卸灰器引起的；第二种是由于灰斗加热保温不良，插板门漏风、水力冲灰箱潮气沿落灰管上升，使积灰吸潮结块引起的；第三种是由于卸灰器采用滑动轴承，不耐磨损，主轴下沉，叶轮与壳体摩擦卡涩，或压盖止推螺栓松动；叶轮端面与壳体顶死，扭矩加大，引起电动机发热，热偶继电器跳闸，又得不到及时修复而造成的。若热偶继电器失灵，则往往使卸灰器电动机过载而烧坏。

解决上述问题的措施归纳起来主要有：

（1）灰斗坡角不宜小于 $55°\sim60°$，内壁光滑，四角以圆弧形钢板焊接，以防积灰。目前，不少大型电除尘器每个电场设 2 个灰斗，灰斗连接处的底梁平面上往往积灰很多，无法清除，极易造成其上方通道的电场短路，今后对其设计中应予以改进。

（2）及时清理安装遗留杂物，提高内部构件制造安装质量，减少放电极断线掉刺，防止振打锤、砧与灰斗阻流板脱落。尤其是灰斗阻流板的脱落，一般均属焊接质量问题，理当避免，但目前已有电厂发生这类事故，应当引起安装单位的警觉。

（3）改进灰斗的加热保温。燃煤电厂的电除尘器灰斗大多采用蒸汽加热保温，加热段仅在灰斗下部，每只灰斗加热量一般只有 12000～16000kJ/h，加之疏水器不注意保养维护，运行不久即堵塞如同虚设，结果蒸汽停留时间短，热量没充分利用，实际加热量还不到上述指标。个别电厂蒸汽加热盘管的接头焊接质量不良，焊缝跑汽漏水，无法投运。此外，保温层所用岩棉（矿渣棉），一般厚度仅 100mm，内在质量各地相差也很大。这与不少国外电厂保温层厚达 300mm，每只灰斗加热量有 28000～56000kJ/h 相比，确有很大差距。其实在加热保温上多下些工夫，比起灰斗堵塞，电场短路，电除尘器被迫停运的损失，还是得大于失的。

（4）研制适用的灰斗料位计，实现卸灰自动监视与控制。目前灰斗料位计种类虽不少，但在生产中真正可以使用的却不多。

（5）灰斗内积灰搭拱，如何破碎，也是众所关注的一个问题。以往曾在灰斗外壁设置仓壁振动器，但效果适得其反，若灰斗下口堵塞，愈振积灰压得愈紧。近年来，大多新电除尘器已不设仓壁振动器，但尚无更适合的装置替代。

（6）卸灰器下方的落水管若直径较细（一般为 276mm）或做成方形，均易加剧落灰管堵灰，可改为直径为 400mm 左右的圆形落灰管。落灰管需加以保温。

（7）现普通使用的水力冲灰箱，长期以来未作大的改进，既费水，又不能避免热灰与水接触产生的潮气沿落灰管上升而堵塞灰斗。在国内还未能普遍采用气力输灰的情况下，研制新型的水力冲灰箱，不但可解决生产急需，而且有较大的经济效益，应当努力促成。此外，各电厂水力冲灰箱容积的设计应视排灰量而异，大小有别，对冲灰水的流量与压力要给以一定的保证。

（8）逐步推广干式除灰技术。水力冲灰不仅容易造成灰斗堵塞，而且不利于粉煤灰的综合利用。目前，全国燃煤电厂中干除灰量仅占灰渣总量的 5％左右。今后新建电除尘器应尽量采用干式除灰技术。

二、引风机调节的影响

引风机对除尘器分室内和分室之间的烟流分布也有影响。例如，由于风机挡板控制机构或指示仪表的缺陷，使两台风机流量不等。有时运行人员为了调整锅炉两侧过热器的温差，通过引风机控制挡板改变两侧流量分配，致使两侧烟气分配不均，从而影响了电除尘器的运行性能。

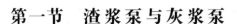

水力除灰、渣系统设备 第五章

第一节 渣浆泵与灰浆泵

对于水力除灰系统的渣浆泵与灰浆泵，电厂大多采用石家庄水泵厂生产的卧式悬臂离心式渣浆泵，该类型设备具有比较厚的承磨部件和重型托架，适于输送强磨蚀性、高浓度渣浆或高浓度、高扬程的灰浆。渣浆泵选用的型号为 8/6E-AH，灰浆泵选用的型号为 12/10ST-AH，分别用来把渣浆和灰浆提升输送到浓缩机。

一、渣浆泵与灰浆泵的结构

渣浆泵、灰浆泵的结构基本相同，都主要由泵头、轴封、传动三部分组成，电动机与泵均采用三角皮带连接。

1. 泵头部分

渣浆泵与灰浆泵的泵头均为双泵壳结构，即泵体、泵盖带有可更换的耐磨金属内衬，包括叶轮、护套、前后护板。泵体、泵盖根据工作压力采用灰口铸铁或球磨铸铁制造，垂直中开，用螺栓连接紧固；泵体的止口与重型托架用螺栓连接，泵的吐出口可按八个角度旋转安装；叶轮前后盖板带有背叶片以减少泄漏，提高泵的使用寿命；泵的入口为水平方向，从传动方向看泵为顺时针方向旋转。

2. 轴封部分

渣浆泵与灰浆泵均采用填料式轴封，有着结构简单、维修方便、成本低廉、运行可靠等优点，其主要由填料箱、水封环、轴套和填料组成，它的作用是当泵内压力低于大气压力时，从水封环注入高于一个大气压力的轴封水，防止空气漏入；当泵内压力高于大气压力时，注入高于内部压力 0.05～0.1MPa 的轴封水，以减少泄漏损失，同时还起到冷却和润滑作用。

3. 传动部分

传动部分包括托架和轴承组件，泵轴直径大、钢性好、悬臂短，在恶劣的工况下不会弯曲和振动，轴承根据传递的不同功率，选用重型单列或双列圆锥滚子轴承及圆柱滚子轴承，其能够承受泵最大轴向及径向的载荷，其中 8/6E-AH 型渣浆泵选用重型单列圆锥滚子轴承 6535/6580，12/10ST-AH 型灰浆泵选用重型双列圆锥滚子轴承 929749/926710，轴承采用干油润滑，轴承体两端有密封端盖、迷宫套及迷宫环，能有效防止渣浆等污物进入轴承，保证轴承能安全运行，具有较高的使用寿命。

二、渣浆泵与灰浆泵的工作原理

渣浆泵与灰浆泵为特种耐磨离心泵，其工作原理为：当泵的叶轮被电动机带动旋转时，充满于叶片之间的流体随同叶轮一起转动，在离心力的作用下，流体从叶片间的槽道甩出，并由外壳上的出口排出，而流体的外流造成叶轮入口间形成真空，外界流体在大气压作用下会自动吸进叶轮补充。由于泵不停的工作，将流体吸进压出，便形成了流体的连续流动，连续不断地将流体输送出去。

三、渣浆泵与灰浆泵的系统组成

灰浆泵系统由离心式灰浆泵、灰浆池、冲洗水系统、轴封水系统、阀门及灰浆管路组成，以完成灰浆从灰浆池到浓缩机的输送过程。

渣浆泵系统一般由离心式渣浆泵、渣浆池、冲洗水系统、轴封水系统、阀门及渣浆管路组成，以完成渣浆从渣浆池到振动筛的输送过程。

四、渣浆泵与灰浆泵的主要技术参数

渣浆泵与灰浆泵的主要技术参数，见表 5-1。

表 5-1　　　　　　　　　　　　　渣浆泵与灰浆泵的主要技术参数

项　　目	单　　位	灰　浆　泵	渣　浆　泵
型号		12/10ST-AH	8/6E-AH
流量	m³/h	1200	400
扬程	m	30	37
转速	r/min	.680	900
泵质量	kg	4318	
泵制造厂家		石家庄水泵厂	石家庄水泵厂
电动机型号		TS126-6	Y280M-4
电动机功率	kW	155	90
额定电压	V	380	380
额定电流	A	289	164.3
电动机转速	r/min	980	1480
电动机质量	kg	1300	655
投产日期		2001 年 11 月	2001 年 11 月
电动机生产厂家		保定电机厂	河北电机厂

五、渣浆泵与灰浆泵的运行与维护

1. 渣浆泵与灰浆泵启动前的检查

（1）落实设备工作票已结束，现场整洁干净，照明良好，确认无遗留缺陷，检查有无妨碍设备运行或操作的障碍物。

（2）投运轴封水源，检查渣浆池、灰浆池应无杂物。

（3）对准备启动的泵盘车，检查有无动静摩擦和卡涩现象。

（4）检查泵和电动机的地脚螺栓是否牢固齐全，皮带轮、皮带、防护罩是否齐全合适。

（5）检查泵的压兰、转子部分是否合适，无影响转动的接触，检查电动机接线、接线盒、接地线是否完好。

（6）检查所有表计齐全完好，零位正确，操作盘开关指示灯齐全，指示正确，事故音响完好。

（7）检查泵的出、入口阀门和轴封水门是否完好，开关位置是否正常，转动灵活应无卡涩，开启准备启动泵的入口门和轴封水门。

2. 渣浆泵与灰浆泵的启动

（1）通知喂料泵房值班员对振动筛和分流槽进行全面检查，确认无妨碍运行故障，启动一台振动筛，然后进行下一步操作。

（2）在灰浆池和渣浆池进水后，开启灰浆泵，渣浆泵的入口门及轴封水门。

（3）将灰浆泵和渣浆泵的操作开关打至"启动"位置，红灯亮，绿灯灭，当电流由最大值迅速降至空载值后，缓慢开启泵的出口门，调节出口门使泵的电流达到正常值，最后投入泵的压力表。

3. 渣浆泵与灰浆泵运行中的检查和维护

（1）泵的电流值应在规定范围内运行，电流不得超过红线，或大幅度摆动，若发现电流值降低，应及时检查灰浆池或渣浆池的水位，并观察入口管是否堵塞。

（2）定时检查检测水位，确保水位保持在泵的入口管以上，以防止水位过高影响锅炉冲渣和电除尘器冲灰，并防止水位过低泵拉空运行。

（3）定时检查泵和电动机是否异常，包括轴承、填料箱、压兰、泵本体、各个阀门，特别注意声音、温度、振动的变化，不得有摩擦和撞击声，其中泵轴承温度不超过70℃，电动机不超过100℃。

（4）定时检查泵的出口压力是否正常，轴封泵压力应高于灰浆泵、渣浆泵的出口压力0.1～0.2MPa。

（5）检查泵和电动机地脚螺栓，不得松动，牢固可靠，皮带轮与防护罩无摩擦，三角带紧力适中，各阀门及管道连接无泄漏。

（6）每小时记录各设备运行参数，就地检查灰浆池和渣浆池的水位，认真准确填写巡检卡。

4. 渣浆泵与灰浆泵的停运

（1）观察灰浆池、渣浆池的水位情况，当灰浆池、渣浆池停止进浆后，且池内水位下降到一定程度后，关闭停运泵的出口门，然后把操作开关打到"停止"位置，同时注意泵的惰走时间，若时间太短，说明泵内可能有卡涩，应及时处理。

（2）关闭泵的入口门及轴封水门。

（3）停泵时应先关闭出口门，将其负荷降低到最小，方可停止其运行。

（4）如对应管道也同时停运时，必须对泵体跟管道进行彻底冲洗，冬季还应该注意打开管道放水门，放尽管道积水，防止冻堵。

5. 渣浆泵与灰浆泵运行中应合理添加润滑脂

渣浆泵与灰浆泵的润滑脂添加量及周期见表5-2。

表 5-2　　　　　　　　　渣浆泵与灰浆泵的润滑脂添加量及周期表

项　　目	驱动端（g）	泵端（g）	周期（h）
渣浆泵	44	44	1200
灰浆泵	74	132	1000

6. 渣浆泵与灰浆泵启动后不及时打开出口门水汽化的原因

离心泵在出口门关闭下运行时，因水送不出去，高速旋转的叶轮与少量的水摩擦，会使水温迅速升高，引起泵壳发热，如果时间过长，则水泵内的水温超过吸入压力下的饱和温度而发生汽化。

六、渣浆泵与灰浆泵的安装与检修质量标准

1. 检修工艺标准

(1) 泵解体，出入口短节拆除时，应作好记号，法兰面要清理干净。

(2) 活节、压兰螺栓完好，丝扣无损坏。

(3) 泵盖不得有裂纹、气孔、砂眼，各结合面不得有缺损，磨损不得超过原厚度的1/3，胶垫无损坏和老化。

(4) 叶轮不得有裂纹、夹渣、局部穿孔及严重气孔等缺陷，流道光滑，磨损量不得超过原厚度的1/4，丝扣完好。

(5) 水封环完好无变形，泵壳不得有裂纹、夹渣、局部穿孔及严重气孔等缺陷，流道光滑。

(6) 轴套、定位套、挡水盘无裂纹、变形，磨损量不超过 2.0mm，对轮完好，键槽无损伤，与轴配合处光整，无变形。

(7) 轴承压盖、轴承箱不得有裂纹、砂眼，结合面无毛刺、麻点、凹坑、残损。

(8) 泵轴无沟痕、碰痕、扭曲、扭伤、磨损，键槽完好，轴颈处的椭圆度和圆锥度不超过 0.05mm，弯曲度全长不超过 0.10mm，轴头与叶轮配合处及紧丝处丝扣完好，无损伤。

(9) 轴承不得有脱皮、重皮、剥落、锈蚀、裂纹、严重磨损、过热变色，保持架完好，用手拨动，旋转无振动，无倒转现象，轴承颈向游隙为 0.08～0.20mm，紧力为 0.01～0.04mm，与轴承箱配合间隙为 0.01～0.04mm，盘车轻快均匀，无卡涩、摩擦感。甩油环支撑挡套连接牢固，甩油环位置合适。

(10) 装配轴承组件时，渣浆泵由于采用单列圆锥滚子轴承 6580/6535，所以必须用调整轴承端盖处的垫片方法来调整，保证轴向间隙在 0.40～0.60mm；灰浆泵由于采用双列圆锥滚子轴承，轴承本身已经能确保轴向间隙，故不需要作调整。

(11) 注意正常装配时，轴承的内圈、外圈、定位套等都是成套件，严禁互换，以确保轴承间隙质量要求。

(12) 泵整体组装完成后，应调整叶轮与前护板的间隙到 0.5～1.0mm 之间，手动盘车检查，无摩擦卡涩。

2. 灰浆泵与渣浆泵检修后应达到的标准

(1) 检修质量达到规定的质量标准。

(2) 消除设备原来存在的缺陷。

(3) 恢复设备的原有出力，提高效率。

(4) 消除渗漏现象。

(5) 安全保护装置和主要自动装置动作可靠，主要仪表、信号及标志正确。

(6) 设备现场整洁，保温完好。

(7) 检修技术记录正确齐全。

3. 灰浆泵与渣浆泵的试运行要求

(1) 泵转动方向正确，严禁反转。

(2) 泵体内无摩擦、撞击等异常声音。

(3) 泵体无异常振动，轴承振动值不超过规定要求。

（4）轴承温度不超过 80℃。

（5）各个结合面无渗漏，轴封密封良好。

（6）运行稳定，电流稳定，压力、流量波动小，各个参数均能满足工况要求。

4. 渣浆泵、灰浆泵的叶轮间隙调整

调整叶轮间隙时，松开压紧轴承组件的螺栓，拧动调整螺栓上的螺母，使轴承组件整体向泵体的入口方向移动，同时转动泵轴按泵转动方向旋转，直到叶轮与前护板摩擦为止，这时只需将前面拧紧的螺栓放松半圈，再将调整螺栓上前面的螺母拧紧，使轴承组件后移，此时叶轮与前护板的间隙在 0.5～1.0mm 之间，或者用百分表测量调整叶轮与前护板间隙到 0.5～1.0mm 之间。间隙调整后，拧紧所有螺栓即可。

5. 渣浆泵与灰浆泵装配轴承时的润滑脂用量

渣浆泵与灰浆泵装配轴承时建议使用 2 号锂基脂或 3 号锂基脂，用量见表 5-3。

表 5-3　渣浆泵与灰浆泵装配轴承时的润滑脂用量

项　目	渣浆泵用量（g）	灰浆泵用量（g）
驱动端	200	500
泵　端	200	1000

6. 渣浆泵与灰浆泵的常用易损配件

渣浆泵与灰浆泵的常用易损配件，见表 5-4、表 5-5。

表 5-4　　　　　　　　　　12/10ST-AH 型灰浆泵常用易损件列表

序　号	常用易损配件名称	型　号	数　量	备　注
1	轴套	12/10ST-AH	1	CS1
2	叶轮	12/10ST	1	KmTBCr26 或 KmTBCr15Mo3
3	护套	12/10ST	1	KmTBCr26 或 KmTBCr15Mo3
4	前护板	12/10ST	1	KmTBCr26 或 KmTBCr15Mo3
5	后护板	12/10ST	1	KmTBCr26 或 KmTBCr15Mo3
6	填料箱	12/10ST	1	KmTBCr26 或 KmTBCr15Mo3
7	护套胶垫	12/10ST	2	天然橡胶
8	前护板密封圈	12/10ST	1	丁腈橡胶
9	吸入口胶垫	12/10ST	1	天然橡胶
10	吐出口胶垫	12/10ST	1	天然橡胶
11	水封环	12/10ST	1	1Cr18Ni9Ti
12	轴承	926749/926710	1	
13	轴承	32526	2	

表 5-5　　　　　　　　　　8/6E-AH 型渣浆泵常用易损件列表

序　号	常用易损配件名称	型　号	数　量	备　注
1	轴套	8/6E-AH	1	3Cr13
2	叶轮	8/6E-AH	1	KmTBCr26 或 KmTBCr15Mo3
3	定位套	8/6E-AH	1	CS1
4	护套	8/6E-AH	1	KmTBCr26 或 KmTBCr15Mo3
5	前护板	8/6E-AH	1	KmTBCr26 或 KmTBCr15Mo3

序 号	常用易损配件名称	型 号	数量	备 注
6	后护板	8/6E-AH	1	KmTBCr26 或 KmTBCr15Mo3
7	填料箱	8/6E-AH	1	KmTBCr26 或 KmTBCr15Mo3
8	护套胶垫	8/6E-AH	2	天然橡胶
9	前护板密封圈	8/6E-AH	1	丁腈橡胶
10	吸入口胶垫	8/6E-AH	1	天然橡胶
11	吐出口胶垫	8/6E-AH	1	天然橡胶
12	水封环	8/6E-AH	1	1Cr18Ni9Ti
13	轴承	6580/6535	1	

七、灰浆泵和渣浆泵的常见故障及处理

灰浆泵和渣浆泵的常见故障、原因及处理方法，见表5-6。

表 5-6　　　　12/10ST-AH 型灰浆泵与 6/4X—SH 型渣浆泵常见故障、原因及处理

序号	常见故障	可能发生原因	解决办法
1	不能上水，上水慢，电流低	(1) 吸入管或填料处泄漏进气。 (2) 转向不对。 (3) 叶轮损坏。 (4) 泵安装距离吸入液面过高。 (5) 吸入管堵塞。 (6) 排出管堵塞	(1) 排除泄漏故障。 (2) 改变转向。 (3) 更换叶轮。 (4) 提高液面至满足吸上要求。 (5) 检查入口门，吸入管，清理堵塞。 (6) 检查出口门，出口管，清理堵塞
2	轴功率过大，电流高	(1) 填料压得太紧。 (2) 泵内产生摩擦。 (3) 轴承损坏。 (4) 流量偏大。 (5) 介质比重超过正常情况。 (6) 电动机轴与泵轴不对中	(1) 调整填料压盖螺栓。 (2) 调整叶轮间隙。 (3) 检查更换轴承，调整轴承间隙。 (4) 调节泵的运行工况。 (5) 调整介质的比重。 (6) 重新找正，调整电动机轴与泵轴的同心度
3	轴承温度高	(1) 轴承润滑油过多或过少。 (2) 润滑油回路堵塞。 (3) 轴承内进入杂物。 (4) 润滑油变质或进入杂物。 (5) 轴承损坏。 (6) 轴承间隙调整不当。 (7) 甩油环机构不能正常工作	(1) 按要求数量添加润滑油。 (2) 疏通清理润滑回路。 (3) 清洗轴承。 (4) 更换润滑油。 (5) 更换轴承。 (6) 重新按要求调整轴承间隙。 (7) 检修甩油环机构
4	轴承振动大，使用寿命短	(1) 电动机轴与泵轴不对中。 (2) 泵轴弯曲变形。 (3) 泵内有摩擦。 (4) 叶轮失去平衡。 (5) 轴承内进入异物。 (6) 轴承装配不合理，间隙调整不当。 (7) 轴承本身存在质量问题	(1) 重新找正，调整电动机轴与泵轴中心。 (2) 检修或更换泵轴。 (3) 消除摩擦。 (4) 重新找平衡或更换叶轮。 (5) 清洗轴承更换润滑油。 (6) 重新按要求调整轴承间隙。 (7) 检查更换合格的轴承

序号	常见故障	可能发生原因	解决办法
5	振动噪声大	(1) 轴承损坏。 (2) 叶轮失去平衡。 (3) 流量不均匀或有抽空现象。 (4) 吸入管进气或堵塞。 (5) 基础地脚螺栓固定不良或松动。 (6) 管路布置不合理。 (7) 产生汽蚀。 (8) 电动机轴与泵轴不对中	(1) 更换轴承。 (2) 叶轮重新找平衡。 (3) 改善泵的进料条件。 (4) 排除进气或清理堵塞。 (5) 加强基础固定，紧固地脚螺栓。 (6) 改进管路布置。 (7) 消除汽蚀。 (8) 重新找正，调整电动机轴与泵轴中心
6	轴承箱地脚螺栓断裂	(1) 轴承箱长期振动大，地脚螺栓疲劳损坏。 (2) 传动装置发生严重冲击、拉断。 (3) 地脚螺栓松动，造成个别地脚螺栓受力过大。 (4) 地脚螺栓选择太小，强度不足。 (5) 地脚螺栓材质有缺陷	(1) 检查消除振动。 (2) 检查对轮销子，更换缓冲皮圈，消除传动装置的冲击。 (3) 紧固地脚螺栓，必要时重新浇筑。 (4) 重新选择合式的地脚螺栓

第二节 振 动 筛

水力除灰系统采用灰渣混除结构形式的比较多，振动筛是该系统用于将渣根据粗细进行分离的一种装置，其根据系统的实际情况，将灰渣按颗粒达到预定直径后分离出来，并脱水。SZD 型振动筛因结构简单，质量轻，消耗功率小，易损件少，便于检修维护，所以现在采用得比较普遍。

一、SZD 型振动筛构造及原理

SZD 型振动筛是利用惯性振动原理设计的，由多个筛箱连接组成，每个相邻筛箱之间采用柔性活动连接，这样既可以防止物料掉入，又不影响工作振动。每个筛箱框上各对称安装一台方向相反的振动电动机，组成该级振动动力源。按照设计振动筛在远超共振区运行，可以在变化的负荷下连续稳定地工作。

二、SZD 型振动筛的特点

SZD 型振动筛有以下性能及特点：

(1) 筛箱由多级串接组成，可根据脱水量的大小和输送距离的远近决定所需要的级数。

(2) 可根据系统状况，选配不同孔隙的筛板，分离不同颗粒要求的灰渣。

(3) 选用聚氨脂筛板，其耐磨，防结垢，不锈蚀。

(4) 采用振动电动机直接作为振动源，减少了零部件数量，提高了工作可靠性，降低了噪声。

(5) 结构简单，质量轻，消耗功率小，易损件少，便于检修维护。

(6) 筛板连接固定采用新结构，取消了铁压条，木压条及 T 形螺栓，设计简单，便于筛板拆卸及更换。

（7）电气回路上设计有反接制动保护电路，可有效防止停机时通过共振区的剧烈振动而使机械损坏。

三、振动筛的主要技术参数

振动筛的主要技术参数见表 5-7。

表 5-7　　　　　　　　　　　　　振动筛的主要技术参数

项　　目	单　位	振 动 筛	项　　目	单　位	振 动 筛
型号		SZD2016-3C	振动频率	Hz	16
组合级数	级	3	筛面倾角	(°)	0
处理渣水量	m³/h	1500	电动机型号		
筛分面积	m²	10	电动机功率	kW	
筛缝	mm	3	外形尺寸	mm	4975×2742×1250
振幅	mm	−5	生产厂家		河南荥阳振动设备厂

四、振动筛的运行与维护

1. 振动筛启动前的检查

（1）落实设备工作票已结束，现场整洁干净，照明良好，确认无遗留缺陷，检查有无妨碍设备运行或操作的障碍物。

（2）检查振动筛箱体应完好，周围无卡涩。

（3）紧固螺栓无松动，各个支撑弹簧无损伤，断裂，弹力均匀。

（4）振动电动机无损伤，接地牢固。

（5）固定筛板的木楔齐全无松动，筛板无杂物，无堵塞，无撕裂，无孔洞，出入口无积渣，无堵塞。

（6）来渣方箱及排渣母管无泄漏，无积渣堵塞。

（7）入口插板门开关灵活，打开将要启动的振动筛入口插板门。

2. 振动筛的启动

（1）启动振动筛，检查其振幅及运转情况，要求排渣正常，无明显的漏灰。

（2）不得有振动紊乱、共振和异响。

（3）运行正常后将控制室振动筛开关合至"启动"位置。

3. 运行中的检查与维护

（1）定时检查，振动筛应振动稳定，无特殊噪声，无振动紊乱，不产生横振现象，支撑弹簧完好。

（2）振动筛箱体不得与下部方箱发生碰撞和摩擦。

（3）振动电动机固定螺栓牢固，不得发生松动，避免箱体撕裂。

（4）对称振动电动机应振幅一致，轴承温度不得超过 60℃。

（5）每两小时就地全面检查一次，做好巡检记录。

4. 振动筛的停运

（1）接到班长停止振动筛运行的命令后，关闭入口插板门，检查振动筛筛板的积渣情况。

（2）当排除积渣后，停止其运行。

五、振动筛的大修项目及标准

（1）筛箱、筛框完好，无裂纹，连接部位紧固。筛箱井字架连接牢固，无磨损，不得有弯曲变形。

（2）筛板结合严密，木楔子紧固，无松动，筛板完好无损坏。

（3）振动电动机完好，转向正确。

（4）筛簧完好，弹性适中，对称位置水平一致。

（5）各级筛箱之间的柔性连接完好，无开裂、孔洞。

第三节 浓 缩 机

一、概述

浓缩机是一种节水环保设备，有利于水资源的循环利用，其大量用于电力生产的水力除灰系统，灰渣的高浓度外排系统。

1. 浓缩机的系统组成

浓缩机是水力输灰系统实现灰浆外排中的重要中间环节，是承接灰浆泵、渣浆泵与外排柱塞泵的重要设施，同时也为冲灰、冲渣、回水系统提供循环水源的重要设备，连接整个水力除灰系统，对系统的稳定至关重要。系统主要包括渣浆泵、灰浆泵、冲灰泵、冲渣泵、回水泵、振动筛、柱塞泵，以及渣浆、灰浆、冲灰、冲渣管路阀门和灰浆冲洗设施。

2. 浓缩机的主要参数（见表5-8）

表 5-8 　　　　　　　　　　　　　　浓缩机的主要参数

项　目	单　位	浓缩机	项　目	单　位	浓缩机
型号		DN45	电动机型号		YZR180L-6
出力	t/24h	3260	电动机功率	kW	15
浓缩池直径	mm	45000	电动机转速	r/min	962
浓缩池深度	mm	5216	电压	V	380
浓缩池容积	m³	1590	额定电流	A	33.8
耙架转动一周时间	min	21.3	电动机的质量	kg	230
轨道中心圆直径	mm	45383	生产厂家		佳木斯电机厂
齿条中心圆直径	mm	45625	速比		224
浓缩机的质量	kg	73258	减速机的质量	kg	627
生产厂家		武汉电力设备修造厂	制造厂家		湖北荆州减速机厂

二、浓缩机系统的运行与维护

浓缩机的启动前的检查：

（1）落实设备工作票已结束，现场整洁干净，照明良好，确认无遗留缺陷，检查有无妨碍设备运行或操作的障碍物。

（2）检查浓缩池内部和溢流槽中无杂物，溢流堰无破损。

（3）浓缩机耙架、槽架、耙齿及中心转动机构连接牢固，耙齿与浓缩池底部间隙均匀，约150～200mm。

（4）检查中心轴承油箱油位，周边驱动齿条、轨道连接牢固，无杂物，润滑良好。

（5）减速机及电动机地脚螺栓牢固，电动机接地良好，防护罩齐全，无摩擦。

（6）浓缩机传动滑线完好，无卡涩，碳刷架及碳刷位置正确，与滑线接触良好。

以上工作结束后，开始向浓缩池注水。

三、浓缩机的启动

（1）启动浓缩机，监视电流，应三相平衡，无异常波动。

（2）整机转动一周，时间应在 21.3min 左右。

（3）检查各个传动部位运转良好，整机无卡涩，无异音，齿轮与齿条啮合良好，间隙适中，滚轮与轨道的接触符合规定，无拖轮现象。

（4）减速机及电动机运转正常，供油充分，温度、振动符合规定，振动无异响。

（5）滑线与碳刷接触运行平稳，无打火现象。

（6）上述检查合格后，打开分流槽插板门，开始进浆注灰带负荷。

四、浓缩机运行中的检查与维护

（1）监视浓缩机电流，要求电流平稳，无异常波动，正常值应在 40℃ 左右。

（2）减速机不得有显著温升，发现润滑油变质、噪声异常、温度超过 80℃ 应停机检查并消除原因。

（3）定时检查传动齿轮与齿条的啮合情况及滚轮与轨道的接触情况，要求整机运转平稳，无异常振动，卡涩。

（4）检查中心轴承油位，及时添加，中心进浆口不得有翻浆现象。

（5）检查浓缩机各传动轴承的温度，不得超过 65℃，减速机注油泵供油正常，电动机轴承温度不超过 100℃。

（6）每小时就地巡检一次并记录参数，严密监视参数的变化与波动。

五、浓缩机的停机

（1）浓缩机停机前，应关闭分流槽插板门，停止进浆，并将池内灰浆水位排至 1/3 以下，方可停机。

（2）大修或长时间停运时，应将池内灰浆排尽，打开池底放水门。

（3）冬季原则上禁止浓缩机的停运，如有必须停机的故障，应作好防冻措施，以确保再次启动的安全。

六、浓缩机的安装与检修质量标准

1. 浓缩机大修的项目

浓缩机大修的项目是根据实际使用情况及缺陷故障情况，具体制定的，一般都有以下内容：

（1）检查紧固轨道地脚螺栓，调整浓缩机轨道、传动齿条、滑道的水平度、同心度。

（2）检修所有轴承，清理加油，必要的更换。

（3）检查更换支撑滚轮、滚轮轴承，检查传动齿轮磨损情况，必要时翻新或更换，调整传动齿轮与齿条的啮合、间隙，更换部分损坏严重的齿条。

（4）大修减速机及减速机的电动机，更换减速机油泵。

（5）更换来浆管、弯头、中心桶。

（6）调整耙齿高度，检查槽架、传动架、小耙上下连接、耙架、耙齿，损坏的部分更换或补焊。

（7）检查大轴承，清理加油，必要时更换。

（8）检查修复或更换中心柱分流锥。

（9）检查补焊来浆管，必要时翻新或更换。

（10）所有磨损、开焊的部位进行补焊或更换。

（11）检修调整打磨滑线。

（12）整机进行无渗漏及防腐处理。

2. 浓缩机的检修质量标准

（1）进浆弯头与进浆过渡筒及进浆管的过渡管与旋转盘中心孔之间的两个结合面合理配合，严禁中心机构顶部溢流灰浆。

（2）中心部分所有冲刷、磨损部分全部进行更换或补焊。

（3）清理检查中心轴承、滚珠、滚道，梳理轴承及旋转盘的油路，要求油路通畅。

（4）调整轨道，齿条的同心度和水平度，要求轨道及齿顶水平度不超过 0.4/1000，同心度不超过 6mm，相邻轨道高低相错不超过 0.5mm，左右不超过 1mm，接口间隙为 2～4mm，相邻齿条接口间隙为 1～2mm，齿条接头处周节极限偏差为 1mm。

（5）检查紧固地脚螺栓和连接板螺栓，要求所有轨道、齿条的地脚螺栓及连接板螺栓牢固，无松动。

（6）调整滚轮与轨道的接触面，要求接触良好，轨道圆中心线与滚轮中心线在整个范围内，不重合偏差小于 2mm 的滚轮轴线应通过浓缩机的回转中心，每米半径偏离不大于 0.5mm。

（7）调整齿条与齿轮的间隙，要求齿顶间隙在 8～10mm 之间，齿轮与齿条的啮合要均匀，沿齿高、齿宽均应在 50％ 以上。

（8）检查清理驱动机构，疏通驱动机构油路，确保中心轴承、滚轮轴承、齿轮轴承及驱动减速机油路畅通。

（9）检查调整驱动架、耙架、传动架及耙架连接螺杆、拉紧栓等结构件，要求焊口不得有开裂，整体框架结构无明显的翘曲变形，平面翘曲误差全长内不超过 10mm，全宽内不超过 3mm，传动架整体倾斜度不超过 0.5°，槽架的弯曲不大于 1/1000，且全长不大于 10mm，耙架长度极限偏差为 10mm，横向水平公差为 1/1000。

（10）清理检查调整耙齿与耙架，要求焊口牢固，相邻耙齿间的水平投影应有 1.125L 的重合度（L 为耙齿长度），转动一周，耙齿到浓缩机池底的距离为 75～100mm。

（11）减速机清理检查对轮，重新找正，更换机油、油管，并整体进行无渗漏处理，要求对轮中心偏差不超过 0.15mm，对轮间隙为 3～5mm，转动振动不超过 0.12mm。

（12）清理检查所有金属结构件，对磨损、开裂部分，须部分更换或补焊，最后应对金属结构件进行防腐油漆。

（13）大修结束后，应清理恢复现场，浓缩机池底不得有任何杂物。

（14）整体试转，全机运行平滑，无异音，电流稳定，来浆管无异常摆动，滑线导电稳定，无打火现象。

（15）轨道直径误差小于 5mm，两轨道端头接头高度误差小于 0.50mm，其最大不平度沿圆周任意两点小于 5mm。

（16）齿条与传动轮的啮合应均匀，其高度、宽度均应在 50％以上。

（17）齿条的齿应完整，无大的塑性变形，磨损不超过原厚度的 25％。

（18）紧固件无松动。

（19）浓缩机轴承滚珠和轴承圈应完整，不得有损坏变形，麻点表面积小于滚珠表面积的 20％，麻点深度小于 0.05mm，滚珠圆度小于 0.05mm。

（20）浓缩池内表面应光滑，无裂纹，不得有渗水现象。

（21）溢流堰上边缘应平整。

（22）中心部分的水泥柱顶锥面完好，中心底部灰沟畅通，无结垢。

（23）旋转支架与固定支架定位良好，无断裂、松脱现象。

（24）渡槽无堵塞和泄漏。

（25）耙架、耙齿的焊接应牢固，相邻耙齿间的水平投影应有 1.125L 的重合度（L 为耙齿长度），转动一周，耙齿到浓缩机池底的距离为 75～100mm。耙架长度安装误差小于 5mm。

（26）传动架整体倾斜不得超过 0.5°。

七、浓缩机的常用易损配件

浓缩机的常用易损配件见表 5-9。

表 5-9　　　　　　　　　　　DN45 型浓缩机常用易损件列表

序号	常用易损配件名称	规格型号	数　量	备　注
1	中心轴承上下环	$DN45$	1	ZG65Mn
2	滚珠	100	100	
3	滚轮	$DN45$	4	
4	驱动齿轮	$DN45$	4	
5	齿条	$DN45$	4	
6	中心过渡筒	$DN45$	1	
7	分流锥	$DN45$	1	
8	强制齿轮供油泵	GB-0.8	2	江苏泰州前进减速机配件厂
9	小耙上部连接	$DN45$		
10	小耙下部连接	$DN45$		
11	大耙上部连接	$DN45$		
12	大耙下部连接	$DN45$		
13	滚轮轴承	3522	8	
14	驱动齿轮轴承	3616（22316）	4	

第四节　柱　塞　泵

水力除灰系统的灰浆高浓度、高压力远程排放大都使用宝鸡水泵厂生产的 PZNB 型高浓度往复式柱塞泥浆泵，柱塞泵适用于灰渣混除（渣需磨细）和灰渣分除系统，但其在灰渣分除系统运行中更为经济、可靠、稳定。灰渣分除系统要求灰渣颗粒直径小于 3mm，含量不大于 20％。柱塞泵适用的灰浆浓度较高，浓缩后的灰浆质量百分浓度不大于 60％，一般在40%左右较好。

一、柱塞泵系统的结构组成

柱塞泵主要由传动端、柱塞组合、水清洗系统、阀箱组件几个部分组成。

（1）传动端。传动端是将电动机的圆周运动，经过偏心轮、连杆、十字头转换为直线运动，其主要包括：偏心轮、十字头、连杆、上下导板、大小齿轮、轴承等；其结构特点：泵的外壳采用焊接结构，泵的偏心轮采用热装结构，泵内的齿轮为组合人字齿轮结构。

（2）柱塞组合。柱塞组合是柱塞泵与其他泥浆泵的根本区别所在，在柱塞的往复运动过程中，实现浆体介质的吸入和排出，其主要包括：柱塞、填料密封盒、密封圈、喷水环、压环、隔环、支撑环、压紧环等；其结构特点：柱塞采用空心焊接结构，表面喷焊硬质合金。

（3）水清洗系统。水清洗系统是柱塞组合确保使用寿命，柱塞泵长期稳定运行的关键系统，其主要包括：清洗泵、高压清洗水总成、A型单向阀、B型单向阀等；其结构特点：清洗泵采用小流量高压往复式柱塞泵，A型单向阀、B型单向阀设计为双重单向阀。

（4）阀箱组件，其主要包括：阀箱、阀组件、阀座、出入口阀簧、吸排管。阀箱分为吸入箱、排出箱分体和吸入、排出箱一体两种，阀压盖采用粗牙螺纹，阀组件结构为橡胶密封圈式。

二、柱塞泵的工作原理

柱塞泵及清洗泵的工作原理为：电动机通过皮带轮将动力传递到曲轴，使曲轴旋转运动，再经连杆将曲轴的旋转运动转变为十字头的往复直线运动，十字头前端与柱塞连接，柱塞在缸体内随十字头一起作往复直线运动。当柱塞运动离开液力端死点时，排出阀立即关闭，排出过程结束，吸入阀开启，吸入过程开始，当柱塞运动离开动力端死点时，吸入阀立即关闭，吸入过程结束，排出过程开始。柱塞和阀门的这种周而复始的运动就是泵的工作过程。

三、柱塞泵系统的组成

柱塞泵系统一般由柱塞泵、清洗泵、回水泵、出入口缓冲罐及清洗水源和管路阀门构成，与浓缩机、振动筛等设备实现灰浆高浓度排放

四、柱塞泵系统的主要参数

柱塞泵系统的主要参数见表5-10、表5-11。

表 5-10　柱塞泵系统的主要参数

项　目	单　位	柱 塞 泵
型号		PZNB-145/8
扬程	MPa	8
流量	m³/h	145
柱塞直径	mm	210
柱塞行程长度	mm	210
输送介质直径	mm	≤3
转速	r/min	84
配套电动机型号		JSI510-10DZ2
功率	kW	400
电压	V	6000
电流	A	49
转速	r/min	590
质量	kg	5510
制造厂家		湘潭电机厂

表 5-11　柱塞泵配套高压清洗泵的主要参数

项　目	单　位	清 洗 泵
型号		3DS3-10/10
扬程	MPa	10
流量	m³/h	10
柱塞直径	mm	50
泵速	r/min	262
行程长度	mm	120
输送介质		清水
配套电动机型号		Y250M-8
功率	kW	30
电压	V	380
电流	A	63
转速	r/min	
质量	kg	391
制造厂家		西安电机厂

五、柱塞泵系统的运行及维护

1. 柱塞泵系统起动前的准备

（1）落实设备工作票已结束，现场整洁干净，照明良好，确认无遗留缺陷，检查有无妨碍设备运行或操作的障碍物。

（2）检查柱塞泵、高压清洗泵及其配套电动机的地脚螺栓应紧固齐全，皮带轮完好，皮带紧力适中。

（3）检查柱塞泵、高压清洗泵的油窗清晰，油质良好，油位合适。

（4）检查柱塞泵、高压清洗泵的阀箱、压盖螺栓应齐全紧固，柱塞与挺杆连接正常。

（5）柱塞泵、高压清洗泵的盘车正常，无卡死或偏磨现象，皮带紧力适中。

（6）检查出入口空气罐完好，地脚螺栓、防爆片完好。

（7）检查并关闭放水门。

2. 柱塞泵系统的启动

（1）打开高压清洗泵出入口门，柱塞泵切换门，喂料冲洗门及喂料总门。

（2）启动清洗泵，检查其压力、电流、振动等工况参数是否正常。

（3）启动柱塞泵，全面检查润滑情况和振动情况。

（4）观察高压清洗泵与柱塞泵的压力变化，直到压力稳定，调整高压清洗泵出口压力，保证其压力高于柱塞泵的出口压力 5～10MPa。

（5）柱塞泵运行稳定后，检查如发现异常，则关闭喂料冲洗门，切换为灰浆正常运行。

3. 柱塞泵系统运行中的检查与维护

（1）监视泵的运行电流在规定范围内，无异常摆动，高压清洗泵电流应在 63A 左右，柱塞泵应在 49A 左右。

（2）检查清水箱补水正常，防止拉空，定期清理水箱滤网。

（3）检查泵体、连接管路、阀门、法兰，不得有渗漏。

（4）检查泵和电动机地脚螺栓、皮带轮、皮带、出入口空气罐。

（5）泵和电动机振动不的超过要求，振动 0.1mm，传动在 0.2～0.4mm 之间，轴承温度不超过 70℃。

（6）检查监测高压清洗泵与柱塞泵的压力并保持高压清洗泵的出口压力要始终高于柱塞泵的出口压力 5～10MPa。

（7）检查柱塞组合的密封情况，注意检查油箱油位，油质，定期加油，确保油位正常，油质合格，并定期用长把毛刷向柱塞涂抹二硫化钼，用听针检查进排浆单向阀的动作情况及减速箱柱塞组合的运行情况，若发现异常，及时查明原因。

4. 柱塞泵系统的停机

（1）打开喂料冲洗门，关闭进浆切换门，对柱塞泵及管道系统进行冲洗，直到冲洗干净后，关闭喂料出入口门及冲洗门，同时停止柱塞泵、清洗泵运行，关闭柱塞泵外管线切换门，打开放水门。

（2）如设备故障停运短时间内无法恢复，应启动高压清洗泵对柱塞泵和外管线进行冲洗，防止堵管。

（3）冬季应在外管线停运 2h 以上并在冲洗后打开放水门，将管内积水放尽，以防止冻管。

六、柱塞泵系统的安装与检修质量标准

1. 柱塞泵安装后的验收及标准

（1）整体外形完整，各个附件齐全、完整良好。各个地脚螺栓、连接螺栓紧固，无松动，皮带、皮带轮、防护罩完好牢固。

（2）动减速箱完整，内部各连接螺栓压紧，螺栓紧固，齿轮啮合良好，油位计完整清晰，无堵塞，箱内油位在油位中间位置。

（3）皮带紧力适中，用手拉皮带盘车，检查转动是否平滑，以两个人能盘动为正常。

（4）检查泵阀箱及其他附件是否完整，出入口阀门开关灵活。

（5）出入口管路上压力表完整，指示准确。

（6）检查出入口空气罐外形完整，防爆片齐全。

（7）检查所有地脚螺栓、连接螺栓应完整、齐全、紧固、可靠。

（8）电动机的纵横向水平偏差不大于 0.5mm/m。

（9）出口管道的截止阀与泵之间应设有直径大于 50mm 的泄压阀，以确保停机时灰浆不漏入泵内。

（10）各个部件严格按照装配图纸要求安装，喷水环的孔安装在柱塞下方中心处。

（11）高压喷水系统的单向阀动作灵活，方向正确。

2. 柱塞泵系统的维护项目及标准

（1）定期检查柱塞泵各个转动机械润滑部分的工作情况和温度变化，发现温度不正常时应及时检查处理（柱塞泵轴承温度不超过 75℃）。

（2）定期检查机组振动情况，要求振动值不超过 1.0mm，轴串动为 2.0～4.0mm。

（3）定期检查减速箱内油位变化，定期加油，保持油位。

（4）定期用长把毛刷向柱塞表面涂刷二硫化钼润滑脂，使柱塞表面得到润滑。

（5）定期检查减速箱、柱塞组合、出入口阀箱的声音应正常，若有杂音及撞击声，应及时查明原因，并进行处理。

（6）运行中随时注意监视各个表计，指示灯等的变化，若发现异常时应及时停机处理。

（7）定期检查各管道的振动情况和各法兰、阀门的密封情况。

（8）运行中应注意调整柱塞泵的出力，要求泵的出口压力不得超过铭牌压力的 0.5MPa。

（9）运行中，柱塞泵的出口压力不得低于正常工作压力的 0.5MPa，如低于此值，应冲洗管道，查明原因后，方可运行。

（10）注意检查浓缩机的电流变化，若发现异常，应及时处理。

3. 柱塞泵的大修项目

（1）检查出入口阀箱，若其磨损严重，影响正常运行时应修复或更换。

（2）解体检查阀组件、阀座、弹簧、导向套、阀压盖、上紧法兰、上紧螺母的损坏情况，不合格的应更换。

（3）解体检查柱塞套，柱塞组合，更换柱塞组合的易损件。

（4）检查高压喷水系统总成，更换 A 型单向阀。

（5）清理减速箱，过滤或更换润滑油。

（6）检查导板磨损情况，调整十字头与导板的间隙在 0.2～0.4mm。

（7）检测齿轮啮合情况及轴承磨损情况。

（8）检测出入口三通组件的磨损情况，必要时更换。

（9）检查紧固所有瓦架螺栓、压紧螺栓、连接螺栓、地脚螺栓。

4. 柱塞泵阀箱部分的检修及标准

（1）分别将出入口阀箱的压紧螺栓拆除，将阀座、阀组件、弹簧、密封圈、阀压盖等拆出，逐个检查损坏情况，必要时修复或更换。

（2）用钢丝绳将阀箱绑扎牢固，松开阀箱连接螺栓，拆下阀箱。

（3）检查阀座与阀箱的装配接触面，要求接触面不得有机械损伤和纵向伤痕。

（4）检查阀箱与泵体接触面，要求结合严密，不得有磨损和损伤，密封圈完好，回装时，连接螺栓应全部紧固到位，不得出现泄漏现象。

（5）回装时注意在各结合面、丝扣处涂抹油脂，以方便下次拆卸。

5. 柱塞组合的检修及标准

（1）将柱塞与挺杆的连接卡头拆下，用专用工具拆卸压紧环；拆卸填料密封盒与柱塞套的连接螺栓，用专用工具拆下柱塞组合。

（2）取出柱塞，用专用工具拆下喷水环、压环、隔环、支撑环及密封圈。

（3）检查柱塞套如需更换时，将柱塞套与泵体的连接螺栓拆下，用顶丝或专用工具取出，更换时注意与阀箱结合部的O形密封圈的黄油不要涂抹得太多。

（4）检测柱塞、喷水环、填料密封盒等的磨损程度，数据超标时，应更换，要求柱塞、填料和喷水环的磨损竖沟深度不超过0.5mm，圆度、圆柱度小于0.03mm，柱塞磨损厚度小于0.25mm，喷水环与柱塞的间隙为0.05～0.15mm。回装柱塞组件时，应注意喷水环进水孔要对正，O形密封圈要装好。

（5）将喷水环、柱塞、压环、隔环、支撑环、压紧环、密封填料、填料密封盒等先装配好后，再装回泵体柱塞套，然后紧固连接螺栓。

（6）回装好高压喷水系统总成。

（7）装前各个零部件应清理干净，结合面应涂抹适量黄油。

（8）装喷水环时，进水孔在柱塞正下方，必须对准位置。

（9）装好有关零部件前后的O形、V形密封圈。

（10）V形密封圈不得装反或短缺，缺口应对着阀箱方向。

6. 柱塞泵减速箱的检修

（1）拆卸检修解体前，对重要的零部件作好记号和记录。

（2）将减速箱内的润滑油放净，用煤油和柴油清洗干净。

（3）拆下柱塞泵皮带轮，用顶丝拆下驱动轴轴承，清理干净，仔细检查，不符合要求的应更换。将驱动轴用绳子捆绑好。

（4）拆除偏心轮轴瓦架螺栓，将连杆与偏心轮主体用铅丝捆绑好，防止起吊时突然摆动，损坏设备。将偏心轮组件整体吊出，检查齿轮、轴承、十字头、连杆、销子等的磨损情况，要求十字头轴承两端面间隙各为1.00mm，十字头销与轴承内环的配合间隙为0.01～0.03mm，如不符合标准，应及时更换。

（5）偏心轮组件回装时必须注意齿轮的方向，装配左右齿轮时，必须使左右旋齿轮有刻线的端面对齐，并且有相同数字的齿轮配对安装。

（6）检查齿轮啮合情况，要求齿面沿齿高方向不小于60%，沿齿宽方向不小于70%，齿顶间隙为2.00～2.50mm，齿侧间隙0.35～0.50mm，齿面磨损深度不超过原厚度的10%。

（7）调整十字头与导板的间隙在0.2～0.4mm之间，接触点每平方厘米不少于2点，且分布均匀，接触面积大于80%，导板滑道的圆度小于0.05mm，圆柱度小于0.50mm。

（8）回装轴承时，各个轴承内应加满润滑脂。

（9）将所有的连接螺栓、瓦架螺栓、紧固螺栓紧固。

7. 柱塞泵系统空气缓冲罐的验收检查

（1）各个法兰结合面良好，无损伤。

（2）压力表接头应清理干净。

（3）空气罐防爆片应做爆破实验，罐体应作水压实验。

8. 柱塞泵整体试运行的基本要求

（1）密封面无泄漏。

（2）运行平稳，无异常声音。

（3）柱塞与柱塞套处无渗漏。

（4）泵体振动小于0.08mm，轴承温度小于80℃。

（5）出口压力达到正常值后，压力的波动应小于0.1MPa。

（6）高压柱塞清水泵工作压力在要求范围以内，调整安全阀动作压力在要求范围内。

9. 柱塞泵系统配套的高压清洗泵的检修维护项目及标准

（1）定期检查清洗泵的各个转动机械润滑部分的工作情况和温度变化，若发现温度不正常时应及时检查处理（清洗泵轴承温度不超过75℃）。

（2）查泵体振动情况，要求振动值不超过1.0mm，轴串动为2.0～4.0mm。

（3）定期检查减速箱内油位变化，定期加油，保持油位。

（4）定期用长把毛刷向柱塞表面涂刷二硫化钼润滑脂，使柱塞表面得到润滑。

（5）定期检查减速箱、柱塞组合、出入水腔的声音应正常，若有杂音及撞击声，应及时查明原因，并进行处理。

（6）运行中随时注意监视各个表计，指示灯等的变化，发现异常时应及时停机处理。

（7）定期检查各管道的振动情况和各法兰、阀门的密封情况。

（8）运行中应注意调整清洗泵的出力，要求泵的出口压力不得超过铭牌压力的0.5MPa。

（9）运行中，清洗泵的压力不得低于柱塞泵工作压力值＋0.5MPa之和，如低于此值，应查明原因，方可运行。

10. 柱塞泵系统的高压清洗泵检修质量标准

（1）十字头与滑道配合间隙为0.15～0.25mm。

（2）十字头表面应光滑，无裂纹、脱皮、凹沟等缺陷。

（3）连杆半径接触角为70°～90°，接触点每平方厘米不少于2点，与曲轴的配合间隙为0.10～0.15mm，曲轴与连杆瓦的结合处无毛刺、麻点、变色、裂纹，曲轴结合处的圆度、圆柱度小于0.02mm。

（4）拆卸防护罩、传动皮带，放尽润滑油。

（5）拆卸各轴承、轴瓦，并进行检查。

（6）检查十字头与滑道的间隙，盘动皮带轮使十字头处于前、中、后 3 个位置进行测量。

（7）检查连杆瓦的工作表面，用着色法检查连杆瓦的接触角和接触点。

七、柱塞泵系统的常见故障分析与处理

柱塞泵系统的常见故障分析与处理见表 5-12、表 5-13。

表 5-12　　　　　　　　　　　　柱塞泵系统的常见故障分析与处理

序号	故障现象	故 障 原 因	处 理 办 法
1	压力降低，电流减小，出入口压力表摆动，阀箱、管道振动大，噪声异常	（1）管道吸入空气或吸入阻力过大（管道堵塞、结垢或阀门关闭）。 （2）出入口阀被异物卡住或阀簧断裂。 （3）皮带打滑	（1）检查各个连接处是否严密。 （2）检查取出异物或更换新配件。 （3）调整张紧皮带
2	压力表指示摆动大或不动，噪声振动变大	（1）入口空气室连接密封漏气，损坏。 （2）出口空气室充气压力不足。 （3）压力表损坏或表管堵塞	（1）检查处理空气室连接法兰漏气。 （2）向出口空气室补气。 （3）检查更换压力表，疏通管路
3	传动箱声音异常	（1）润滑油位低或润滑不良。 （2）十字头销轴松动、配合间隙过大或轴承损坏。 （3）偏心轮轴承压板螺栓松动。 （4）齿轮啮合不好或损坏。 （5）偏心轮两端轴承压盖螺栓松动	（1）添加或更换润滑油。 （2）检查处理松动部位，紧固螺栓。 （3）必要时更换损坏部件
4	阀箱内有异响	（1）入口吸入空气。 （2）阀组件、阀座损坏。 （3）阀簧损坏或弹力不足。 （4）阀箱内有异物卡住	（1）检查处理泄漏。 （2）更换损坏的配件。 （3）更换阀簧。 （4）检查取出异物
5	柱塞密封漏灰浆	（1）柱塞或密封磨损。 （2）A 型单向阀磨损或卡死	（1）更换柱塞或密封。 （2）更换 A 型单向阀
6	盘车困难	（1）柱塞密封填料太紧。 （2）连杆轴承间隙调整不合适。 （3）柱塞、挺杆、十字头有偏斜	（1）放松柱塞压紧环。 （2）调整轴承间隙。 （3）调整柱塞、挺杆、十字头的安装偏差

表 5-13　　　　　　　　　　　　高压清洗泵的故障分析与处理

序号	故障现象	故 障 原 因	处 理 办 法
1	泵不能启动	（1）电源缺相。 （2）排出阀未打开或排出管路堵塞	（1）检查电源供电情况。 （2）检查打开阀门，疏通管路
2	排出量不足及排出不稳定	（1）吸入管管径不合适或管道堵塞。 （2）吸入高度过高。 （3）吸入管漏气或漏液。 （4）填料漏气、漏液。 （5）安全阀密封不严。 （6）电动机转速不合适。 （7）锥阀密封不严或损坏。 （8）阀簧断裂	（1）选配合适的吸入管，清除堵塞物。 （2）提高吸入液位或降低泵的高度。 （3）排除泄漏。 （4）上紧压紧螺母或更换填料。 （5）检修或更换安全阀。 （6）检查处理电气回路。 （7）更换锥阀、阀座、密封圈。 （8）检查更换阀簧

序号	故障现象	故 障 原 因	处 理 办 法
3	压力达不到要求	(1) 锥阀、阀簧损坏。 (2) 安全阀密封不严。 (3) 填料或安全阀严重泄漏。 (4) 来水量不足	(1) 检查更换锥阀、阀座、密封圈或阀簧。 (2) 检修或更换安全阀。 (3) 上紧压紧螺母或更换填料。 (4) 检查入口阀门，排除管道堵塞
4	锥阀有剧烈的撞击声	(1) 阀簧疲劳弹力减小或断裂。 (2) 有异物卡涩锥阀	(1) 更换新弹簧。 (2) 检查出入水腔，清除异物
5	柱塞过度发热	(1) 填料压得太紧。 (2) 填料摩擦或磨损	(1) 适当调整填料压紧螺母。 (2) 更换填料
6	传动部件发热或产生摩擦	(1) 润滑油不足或变质。 (2) 连杆瓦、连杆小头衬套、十字头销轴、十字头小套、十字头衬套磨损或间隙过大。 (3) 轴承压盖间隙调整不当。 (4) 轴承损坏或精度太低	(1) 添加润滑油或更换。 (2) 检查连杆瓦、连杆小头衬套、十字头销轴、十字头小套、十字头衬套磨损情况，必要时更换 (3) 调整轴承压盖间隙。 (4) 更换合格的轴承

八、柱塞泵系统的常用易损配件

柱塞泵系统的常用易损配件见表 5-14、表 5-15。

表 5-14　　　　　　　　**PZNB-145/8 型柱塞泵常用易损件列表**

序　号	常用易损配件名称	规格型号	数　量	备　注
1	柱塞	PZNB	3	
2	喷水环	PZNB	3	
3	压环	PZNB	3	
4	支撑环	PZNB	3	
5	隔环	PZNB	3	
6	压紧环	PZNB	3	
7	填料密封盒	PZNB	3	
8	柱塞套	PZNB	3	
9	阀压盖	PZNB	6	
10	上紧法兰	PZNB	6	
11	压紧螺母	PZNB	6	
12	阀箱	PZNB	3	
13	吸入阀簧	PZNB	3	
14	排出阀簧	PZNB	3	
15	销轴	PZNB	3	
16	阀组件	PZNB	6	
17	阀座	PZNB	6	

序　号	常用易损配件名称	规格型号	数　量	备　注
18	A 型单向阀	PZNB	6	
19	挺杆	PZNB	3	
20	轴用 YX 密封圈	PZNB	6	
21	YX 密封圈	PZNB	3	
22	V 形密封圈	PZNB	15	
23	销轴轴承	42618		
24	骨架油封	PG200×240×18	2	
25	防爆片	ϕ50 8.0MPa	1	沈阳新光动力机械公司
26	窄 V 带	5L8V10160	2	
27	O 形密封圈	ϕ205×5.7	6	
28	O 形密封圈	ϕ230×5.7	3	
29	O 形密封圈	ϕ260×5.7	3	
30	O 形密封圈	ϕ240×8.6	12	

表 5-15　　　　　　　　　　3DS3-10/10 型高压清洗泵常用易损件列表

序号	常用易损配件名称	规格型号	数　量	备　注
1	柱塞	3DS3	3	
2	中体	3DS3	1	
3	入水腔	3DS3	1	
4	挺杆	3DS3	3	
5	锥阀	3DS3	6	
6	阀座	3DS3	6	
7	填料箱	3DS3	3	
8	填料压紧螺母	3DS3	3	
9	卡环	3DS3	3	
10	挡环	3DS3	3	
11	上阀罩	3DS3	3	
12	下阀罩	3DS3	3	
13	导向套甲	3DS3	3	
14	导向套乙	3DS3	3	
15	阀簧甲	3DS3	3	
16	阀簧乙	3DS3	3	
17	曲轴	3DS3	1	
18	连杆瓦	3DS3	3	
19	衬套	3DS3	3	
20	V 形密封圈甲	3DS3	15	

序号	常用易损配件名称	规格型号	数量	备 注
21	V形密封圈乙	3DS3	6	
22	V形压环	3DS3	3	
23	安全阀组件	3DS3	1	
24	轴承	42517	2	
25	骨架油封	PG50×70×12	3	
26	骨架油封	PG85×110×12	1	
27	O形密封圈	$\phi 80 \times 3.1$	6	
28	O形密封圈	$\phi 50 \times 5.7$	3	
29	O形密封圈	$\phi 130 \times 3.1$	3	

第五节　冲渣泵与冲灰泵

水力除灰系统的冲渣泵电厂多选用石家庄水泵厂的产品，该系列设备是石家庄水泵厂专门针对除灰除渣工况的特点，在多年渣浆泵设计制造经验基础上，广泛吸取国内外先进技术和研制成果，自行开发设计的，该产品为卧式、单级、悬臂离心式结构，该类型设备适用于输送含有一定杂质的浓缩机澄清水，并且由于采用机油润滑，配置机油冷却系统，选配重型托架，所以可以在1500r/min下长期稳定运行，且适于输送压力要求比较高的冲渣水。冲灰泵一般在便于系统整体维护的前提下，选用与灰浆泵同型号的泵只是为了满足系统冲灰压力和流量的要求，将功率转数作相应调整，因在"渣浆泵和灰浆泵"这个章节里作过具体介绍，所以冲灰泵的具体结构和工艺要求在本章节不做重典描述。冲渣泵和冲灰泵是将浓缩机的溢流澄清水分别加压输送到锅炉渣沟和电除尘器水封箱和冲灰地沟，并将灰渣冲到渣池和浆池。

一、冲渣泵的结构组成

渣浆泵可分为泵头、轴封、传动三部分。

1. 泵头部分

6/4X-SH型冲渣泵泵头部分为单泵壳一体式结构，即由泵体、泵盖直接组成水泵的过流腔，其结构简单，维修方便。该泵为垂直中开式，用螺栓连接紧固，泵体有止口与托架用螺栓连接，吐出口方向可按45°间隔八个角度旋转安装，叶轮采用封闭式设计。该泵进口为水平方向，从传动端看泵为顺时针方向旋转，启动或运转时，严禁电动机反向旋转，否则，将使泵的叶轮脱落而造成事故。

2. 轴封部分

冲渣泵采用填料式轴封，由填料箱、水封环、轴套和填料组成，其结构简单，维修方便但必须使用轴封水，该密封装置要求轴封水压力一般不低于0.2MPa，设备使用中应定期检测填料轴封密封水的水压和水量，调整填料压盖，检查填料并定期更换。轴套、定位套等过流部件均采用耐磨、耐腐蚀材料制造，使用寿命长，维护量少。

3. 传动部分

6/4X-SH 型冲渣泵传动部分采用托架式，泵轴直径大，刚性好，悬臂短，其在恶劣的工况下，不会弯曲和振动。该托架采用稀油润滑轴承直接安装于水平中开的托架内，其拆检、调整方便，并设有冷却水系统，改善了轴承的工作条件，使轴承运行在较低的温度下，从而大大提高了轴承使用寿命。该泵一般采用 20、30 号或 40 号机械润滑油，在首次运转 300h 后换油，正常运行后，一般情况下，轴承温度小于 50℃时，每 3000h 换一次油；轴承温度大于 50℃时，每 2000h 换一次油。备用泵应每周将轴转动 1/4 圈，以使轴承均匀地承受静载荷和外部的振动。

二、冲渣泵与冲灰泵的主要技术参数

冲渣泵与冲灰泵的主要技术参数见表 5-16。

表 5-16　　　　　　　　　　冲渣泵与冲灰泵的主要技术参数

项　　目	单　　位	冲　灰　泵	冲　渣　泵
型　号		12/10ST-AH	6/4X-SH
流　量	m³/h	1000	288
扬　程	m	52	122
转　速	r/min	730	1480
生产厂家		石家庄水泵厂	石家庄水泵厂
电动机型号		JS137-4	Y315M2-4
电动机功率	kW	260	160
电动机转速	r/min	1486	1485
额定电流	A	29.6	287
额定电压	V	6000	380
生产厂家		兰州电机厂	广州电机厂

三、冲渣泵与冲灰泵的运行与维护

1. 冲渣泵与冲灰泵启动前的检查

（1）落实设备工作票已结束，现场整洁干净，照明良好，确认无遗留缺陷，检查有无妨碍设备运行或操作的障碍物。

（2）检查废水回收池水位，如水位较低，应联系补水。

（3）对准备启动的泵盘车，检查有无动静摩擦和卡涩现象。

（4）检查泵的轴承油位、油质，打开轴承冷却水门。

（5）检查泵和电动机的地脚螺栓是否牢固齐全，皮带轮、皮带、防护罩是否齐全合适。

（6）检查泵的压兰，转子部分是否合适，无影响转动的接触，检查电动机接线，接线盒、接地线完好。

（7）检查泵的出入口阀门和轴封水门完好，开关位置正常，转动灵活无卡涩，开启准备启动泵的入口门和轴封水门。

2. 冲渣泵与冲灰泵的启动

（1）通知提升泵房值班员作好启动灰浆泵、渣浆泵的准备。

（2）启动轴封泵，检查轴封水压力应合适。

（3）启动冲灰泵或冲渣泵，当电流由最大迅速降至空载后，缓慢开启出口门，使各泵电流达到正常值后，投压力表。

（4）启动过程中，电流值在最大值 5s 不返回时，应立即停止启动，检查并进行处理。

（5）在启动过程中，电动机和泵旁应有人监视启动全过程，直到运转正常。

3. 冲渣泵与冲灰泵运行中的检查和维护

（1）泵的电流值应在规定范围内，电流不得超过红线，或大幅度摆动。

（2）检查检测调整废水回收池的水位，确保水位保持在泵的入口管以上，防止水位过高溢流，水位过低时泵拉空。

（3）检查泵的轴承运转正常，油质良好，冷却水畅通，及时补充添加润滑油，保持正常油位。

（4）定时检查泵和电动机是否异常，包括轴承，填料箱，压兰，泵本体，各个阀门，特别注意声音、温度、振动的变化，不得有摩擦和撞击声，其中泵轴承温度不超过70℃，电动机不超过100℃。

（5）定时检查泵的出口压力是否正常，轴封泵压力应高于主泵出口压力0.1～0.2MPa。

（6）检查泵和电动机地脚螺栓，不得松动，牢固可靠，皮带轮与防护罩无摩擦，三角带紧力适中，各阀门及管道无泄漏。

（7）每小时记录各设备运行参数，及就地检查灰浆池，渣浆池的水位，并认真准确填写巡检卡。

4. 冲渣泵与冲灰泵的停运

（1）停泵前先通知提升泵房值班员作好停灰浆泵、渣浆泵的准备工作。

（2）关闭冲渣泵、冲灰泵、轴封泵的出口门，停泵。

（3）关闭各泵的入口门及轴封水门。

（4）在冬季如停泵时间在2h以上时，应打开放水门，作好防冻堵的措施。

四、冲渣泵与冲灰泵的安装与检修质量标准

1. 检修工艺标准

（1）安全措施落实后方可开工，出入口短节拆除时应做好记号，法兰面要清理干净。

（2）活节、压兰螺栓完好，丝扣无损坏。

（3）泵盖不得有裂纹、气孔、砂眼，各结合面不得有缺损，磨损不得超过原厚度的1/3，密封圈无损坏和老化。

（4）叶轮不得有裂纹、夹渣、局部穿孔及严重气孔等缺陷，流道光滑，磨损量不得超过原厚度的1/2，丝扣完好。

（5）水封环完好无变形，泵壳不得有裂纹、夹渣、局部穿孔及严重气孔等缺陷，流道光滑。

（6）护板、护套、副叶轮不得有裂纹、气孔、砂眼、毛刺，各结合面不得有缺损，磨损不得超过原厚度的2/3，胶垫无损坏和老化。

（7）轴套、定位套、挡水盘无裂纹、变形，磨损量不超过2.0mm，对轮完好，键槽无损伤，与轴配合处光整，无变形。

（8）轴承压盖、轴承箱不得有裂纹、砂眼，结合面无毛刺、麻点、凹坑、残损。

（9）泵轴无沟痕、碰痕、扭曲、扭伤、磨损，键槽完好，轴颈处的椭圆度和圆锥度不超过0.05°，弯曲度全长不超过0.10mm，轴头与叶轮配合处及紧丝处丝扣完好，无损伤。

（10）轴承不得有脱皮、重皮、剥落、锈蚀、裂纹、严重磨损、过热变色，保持架完好，用手拨动，旋转无振动，无倒转现象，轴承颈向游隙为0.10～0.30mm，轴向间隙为0.2～

0.5mm，紧力为 0.02~0.05mm，与轴承箱配合间隙为 0.01~0.04mm，盘车轻快均匀，无卡涩、摩擦感。甩油环支撑挡套连接牢固，甩油环位置合适。

（11）各部件装配到位，水封环对准轴封来水孔，拆卸环螺栓孔应填满黄油，螺栓紧固均匀，各结合面无张口。

（12）叶轮与泵盖间隙在 0.5~1.0mm 之间，间隙调整后盘车轻快、均匀，泵体内无卡涩、摩擦感。

（13）对轮找正偏差不得超过 0.10mm，对轮间隙为 6~8mm。泵和电动机地脚螺栓紧固，无松动，螺栓无断裂、坏丝。

（14）润滑油为透平油，出入口短节法兰螺栓应紧固均匀，无张口。

（15）压兰螺栓紧力适中。

（16）注水静态检查，泵体、法兰、管路、阀门无渗漏现象。

（17）泵内无摩擦、撞击声，无异常振动，振动值不超过 0.10mm，轴承声音无异常，温度不得超过 65℃，各密封、结合面无渗漏现象，各紧固处不得松动，压兰无温度，出力电流应稳定。

2. 冲渣泵轴承的润滑

冲渣泵建议使用 20、30 号或 40 号机械油，油位适当，应在油镜 1/2 左右，油位过高或过低都有危害，油位过高，会使油环运动阻力增大而打滑或停脱，油分子的相互摩擦会使轴承温度升高，还会增大间隙处的漏油量和油的摩擦功率损失；油位过低时，会使轴承滚珠或油环带不起油来，造成轴承得不到润滑而温度升高，把轴承烧坏。

3. 冲渣泵叶轮间隙的调整

调整冲渣泵叶轮间隙时，打开调整孔盖，先松开驱动端调整螺母，再拧紧泵端调整螺母，叶轮向入口方向移动，当间隙达到预定值后，拧紧两个调整螺母；如反向调整时，先松开泵端调整螺母，再拧紧驱动端调整螺母，使叶轮向驱动端移动。

4. 冲渣泵的主要易损零配件

冲渣泵的常用易损件见表 5-17。

表 5-17　　　　　　　　6/4X-SH 型冲渣泵常用易损件列表

序　号	常用易损配件名称	型　号	数　量	备　注
1	轴套	6/4X-SH	1	3Cr13
2	叶轮	6/4X-SH	1	QT500-7
3	定位套	6/4X-SH	1	4Cr13
4	泵体	6/4X-SH	1	QT500-7
5	泵盖	6/4X-SH	1	QT500-7
6	泵盖密封圈	6/4X-SH	1	丁腈橡胶
7	水封环	6/4X-SH	1	1Cr18Ni9Ti
8	轴	6/4X-SH	1	45
9	甩油盘	6/4X-SH	1	HT150
10	压兰盖	6/4X-SH	1	HT200
11	轴承	176224	1	
12	轴承	32224	1	
13	轴承	3620	1	

五、冲渣泵系统常见故障及处理

冲渣泵系统常见故障及处理见表5-18。

表 5-18   6/4X-SH 型冲渣泵常见故障原因及处理

序号	常见故障	可能发生原因	解决办法
1	泵不能上水，上水慢，电流低	(1) 吸入管或填料处泄漏进气。 (2) 转向不对。 (3) 叶轮损坏。 (4) 泵安装距离吸入液面过高。 (5) 吸入管堵塞。 (6) 排出管堵塞	(1) 排除泄漏故障。 (2) 改变转向。 (3) 更换叶轮。 (4) 提高液面至满足吸上要求。 (5) 检查入口门，吸入管，清理堵塞。 (6) 检查出口门，出口管，清理堵塞
2	轴功率过大，电流高	(1) 填料压得太紧。 (2) 泵内产生摩擦。 (3) 轴承损坏。 (4) 流量偏大。 (5) 介质比重超过正常情况。 (6) 电动机轴与泵轴不对中	(1) 调整填料压盖螺栓。 (2) 调整叶轮间隙。 (3) 检查更换轴承，调整轴承间隙。 (4) 调节泵的运行工况。 (5) 调整介质的比重。 (6) 重新找正，调整电动机轴与泵轴的同心度
3	轴承温度高	(1) 轴承润滑油过多或过少。 (2) 润滑油回路堵塞。 (3) 轴承内进入杂物。 (4) 润滑油变质或进入杂物。 (5) 轴承损坏。 (6) 轴承间隙调整不当。 (7) 甩油环机构不能正常工作	(1) 按要求数量填加润滑油。 (2) 疏通清理润滑回路。 (3) 清洗检查轴承。 (4) 更换润滑油。 (5) 更换轴承。 (6) 重新按要求调整轴承间隙。 (7) 检修甩油环机构
4	轴承振动大，使用寿命短	(1) 电动机轴与泵轴不对中。 (2) 泵轴弯曲变形。 (3) 泵内有摩擦。 (4) 叶轮失去平衡。 (5) 轴承内进入异物。 (6) 轴承装配不合理，间隙调整不当。 (7) 轴承本身存在质量问题	(1) 重新找正，调整电动机轴与泵轴中心。 (2) 检修或更换泵轴。 (3) 消除摩擦。 (4) 重新找平衡或更换叶轮。 (5) 清洗轴承更换润滑油。 (6) 重新按要求调整轴承间隙。 (7) 检查更换合格的轴承
5	振动噪声大	(1) 轴承损坏。 (2) 叶轮失去平衡。 (3) 流量不均匀或有抽空现象。 (4) 吸入管进气或堵塞。 (5) 基础地脚螺栓固定不良或松动。 (6) 管路布置不合理。 (7) 产生汽蚀。 (8) 电动机轴与泵轴不对中	(1) 更换轴承。 (2) 叶轮重新找平衡。 (3) 改善泵的进料条件。 (4) 排除进气或清理堵塞。 (5) 加强基础固定，紧固地脚螺栓。 (6) 改进管路布置。 (7) 消除汽蚀。 (8) 重新找正，调整电动机轴与泵轴中心

第六节　水力除灰系统运行

一、启动前的检查与准备

（1）设备检修工作已结束，工作票加盖"已执行"章，楼梯、栏杆过道完好无损，现场整洁干净，照明良好，无妨碍设备运行或操作的障碍物。

（2）联系值长，投入提升泵房轴封水源（工业水）和污水站的除灰供水系统，同时开启清水池、清水箱的供水门。

（3）检查灰浆池、渣浆池、清水池、清水箱内应无杂物，金属分离器应完整无损，箅子应完好无堵塞，周围应无杂物。

（4）检查废水回收池水位，若水位较低汇报班长向废水回收池补水。补水方法有两种：①联系污水站启动污水泵直接向废水回收池补水；②联系六期水力除灰泵房后，开启石岔沟退水门补水。

（5）对准备启动的各泵逐个盘车检查，观察有无动静摩擦和卡涩、偏磨现象。

（6）泵和电动机的地脚螺栓齐全牢固，皮带轮和靠背轮完好，皮带松紧适当，安全罩牢固，轴封泵、平衡管完整无损。

（7）检查各泵压兰紧固情况，四周间隙应均匀，任何一侧不得与轴接触。

（8）检查各设备轴承应润滑良好。

（9）电动机接线良好，接线盒完整，接地线牢固可靠。

（10）各设备表计（电流表、压力表）完好齐全，零位正确。

（11）操作盘各开关和指示灯齐全，指示正确，事故音响完好。

（12）检查各泵出、入口手动门完好无损，开关位置正确，灵活无卡涩，开启准备启动泵的入口门和轴封水门。

（13）清洗泵，柱塞泵阀箱，阀盖螺栓齐全牢固，柱塞密封套，连接器完好无损，出、入口门的开关灵活、正确、无渗漏。

（14）检查出入口空气罐完好无损，地脚螺栓紧固齐全，防爆片齐全完好。

（15）开启清洗泵出、入口门，柱塞泵外管线切换门。

（16）打开喂料切换室内冲洗水门及喂料出、入口门。

（17）通知灰场值班员做好启动前的检查。

（18）检查各放水门应完好，且处于关闭位置。

（19）振动筛筛柜完整，筛子四周无卡涩。

（20）紧固螺栓无松动，进料端和排料端的支撑弹簧紧度相同。

（21）驱动部分良好，皮带松紧适当，传动轮完好无损，电动机接地线牢固接地。

（22）压筛方木及楔子无松动，筛面无杂物堵塞，筛面无磨烂孔洞，出、入口无灰渣堵塞。

（23）来渣浆母管和排浆母管完好无泄漏，内部无灰渣堵塞。

（24）出、入口插板门的开关灵活，并且打开即将启动振动筛的出、入口插板门。

（25）分流槽箅子无杂物堵塞，无磨烂孔洞，开启准备投运浓缩池的闸板门。

（26）浓缩池内和溢流槽中无杂物，溢流挡板无破损。

（27）耙架、槽架、耙齿及转动机构牢固，耙架底部与池底保持一定间隙且四周间隙均匀。

（28）浓缩池四周的轨道及齿条上无杂物堆积，地脚螺栓固定牢固。

（29）检查中心支柱导水簸箕应无杂物堵塞。

（30）浓缩机传动滑线架完好，无卡涩，碳刷架及碳刷位置正确完好，并与滑线接触良好。

（31）浓缩池已注满水，如水位不够时，可通过以下三种方法之一进行注水：

1）启动回水泵打开喂料切换室内冲洗水门，通过工作浓缩池下浆门及下浆总门注水。

2）联系值长启动污水站排泥泵，向浓缩池直接补水。

3）联系六期班长加大向分流槽的排水量。

（32）检查浓缩池下浆门应处于关闭状态。

二、水力除灰系统的启动操作步骤

（1）接到启动命令，对系统设备进行全面检查，确认无误后进行下列操作，同时作好启动灰浆泵和渣浆泵的准备。

（2）按下振动筛及浓缩机"启动"按钮，投入运行。

（3）合轴封泵操作开关至"启动"位置，红灯亮，绿灯灭，缓慢开启出口门，然后投入压力表。

（4）合冲灰泵、冲渣泵操作开关至"启动"位置，红灯亮，绿灯灭，当电流由最大值迅速降至空载值后，缓慢开启各泵出口门，使各泵电流达到正常值。最后投入各泵压力表。

（5）在灰浆池和渣浆池进水后且达到一定水位，启动灰浆泵、渣浆泵运行。

（6）待水循环系统运行正常后（不少于1h），具备带料运行条件。

（7）通知灰场值班员做好准备，开启喂料冲洗门，启动清洗泵、柱塞泵运行。

（8）待柱塞压力升至工作压力且运行稳定后，开启浓缩池下浆门，关闭喂料冲洗门，切换为灰浆运行。

三、运行中的检查与维护

（1）各设备电流、压力、温度及振动值应在规定范围内。

（2）要求灰浆池、渣浆池的水位必须保持在入水口上沿以下，以防止水位过高影响锅炉冲渣和电除尘器冲灰，同时也防止水位过低拉空运行。清水池、清水箱、废水回收池水位不得溢流，不得拉空。

（3）对于渣浆池、灰浆池的金属分离器，若发现杂物应及时清理，对各池表面漂浮杂物应及时捞出，应定期清理清水箱滤网。

（4）各转动机械无异音，声音正常，注意是否有摩擦和碰撞声。

（5）各泵填料压兰处的泄漏情况，以一滴一滴泄出为宜。

（6）各设备地脚螺栓无松动，牢固可靠，泵的对轮和皮带与安全罩无摩擦，电动机接地线良好，出、入口阀门及管道无泄漏。

（7）各设备润滑油质良好，油位正常，轴承冷却水通畅。

（8）监视浓缩机传动架转动一圈时间应在21.3min左右，三相电流平衡，无异常波动。

（9）浓缩机各转动部分有无卡涩现象，齿轮与齿条呐合良好，减速机润滑油路畅通，电动机及减速机声音无异常。

（10）柱塞泵，清洗泵压力稳定正常（柱塞泵压力不能低于正常工作压力 0.5MPa），且清洗泵压力要高于柱塞泵压力 1.0～1.5MPa。

（11）定期用长把毛刷向柱塞表面涂刷二硫化钼，使柱塞表面得到润滑。

（12）用听针检查进、排浆单向阀动作情况及减速箱柱塞组件的运行情况，若发现有异常，应及时查明原因并进行处理。

（13）清洗泵，柱塞泵缓冲节完好无损。

四、水力除灰系统的停止操作步骤

（1）关闭冲灰泵，冲渣泵的出口门，然后把其操作开关打至"停止"位置，并停止轴封泵运行。

（2）关闭冲灰泵，冲渣泵的入口门及轴封水门。

（3）在冬季，长时间停运时（超过两小时），应将泵及管道内积水放净以防冻结。

（4）观察灰浆池和渣浆池的来水情况。当灰浆池、渣浆池停止进水后，且水位下降到一定程度时，应关闭停运泵的出口门，然后把其操作开关打到"停止"位置。

（5）关闭停运泵的入口及轴封水门。

（6）当在单台柱塞泵出口压力降至 2.4MPa 以下时（排清水压力），就可以停止浓缩机运行（当浓缩机大修或长时间停运时，应将浓缩池水排尽，并保证来浆管严密不漏水，同时应打开浓缩池的底部放水门）。

（7）打开喂料冲洗门进行柱塞泵系统的冲洗。当系统冲洗干净后，关闭喂料入口门及冲洗门，同时停止柱塞泵、清洗泵运行。

（8）关闭柱塞泵外管线切换门，停止给清水池、清水箱补水。

五、注意事项

（1）泵停运时应关闭各泵出口门，把其负荷减至最小时，方可停止其运行。

（2）泵在倒转时，不得启动；若泵启动后，发现其倒转，应立即停止其运行。

（3）设备启动后，电流指示在最大值 5s 钟而不返回时，应立即停运检查。

（4）电源中断后，各泵停止运行，应立即将其操作开关打至"停止"位置，同时关闭各泵出口门，以防突然来电，电动机满负荷启动，从而损坏电动机。

（5）备用泵及备用管路的阀门一定要关严，防止灰浆、灰渣串入沉积堵塞。

（6）冬季停泵后，应将管路内的积水放净。

（7）振动筛必须启动正常后，方可允许进渣浆，严禁带料启动。

（8）浓缩机运转正常后，才允许向浓缩池注灰。

（9）禁止在浓缩池内的灰浆未排尽时或灰量较大的情况下，停止浓缩机运行。

（10）浓缩机冬季原则上不停运，若故障停运时必须作好防冻措施，并应确保再启动时的安全。

（11）柱塞泵故障停运，若短时间恢复不了时（春夏季超过两小时，秋冬季超过一小时），启动前应对系统及外管线进行冲洗。

（12）冬季外管线停运超过两小时，应在冲洗后打开放水门，将管内积水放尽。

六、新安装或大修后柱塞泵的联动试验

（1）新安装或大修后的柱塞泵运行人员要按规程对设备进行全面检查。

（2）检查完毕无异常后，在检修人员的配合下做联动试验。

（3）在清洗泵未启动的情况下，合上柱塞泵"启动"开关，柱塞泵启动不起来，事故喇叭鸣叫方为合格。将柱塞泵开关打至"停止"位置。

（4）启动清洗泵，按下清洗泵事故按钮，清洗泵跳闸，事故喇叭鸣叫方为合格。将清洗泵开关打至"停止"位置。

（5）合上清洗泵"启动"开关，合上柱塞泵"启动"开关。按下清洗泵事故按钮，清洗泵，柱塞泵相继跳闸，事故喇叭鸣叫方为合格。

（6）将清洗泵，柱塞泵开关打至"停止"位置。

（7）联动试验后，作好记录。

七、水除灰系统的故障处理

水除灰系统可能发生的常见故障及其可能的原因和故障处理方法，见表5-19。

表5-19　　　　　　　　　　水除灰系统的故障、原因及处理方法

故　障	现　象	原　因	处　理
泵跳闸	电流指示回零，红灯灭，绿灯亮，事故喇叭响。 泵停止转动	电源故障或电源中断。 运行人员或其他人员误操作。 转动机械卡死或轴承烧坏抱死，使电动机过负荷造成保护动作	将跳闸泵操作开关打至"停止"位置，查明原因，若是人员误操作，重新启动一次。 立即切换备用设备
泵不上水	电流小或摆动大。 泵的声音不正常，压力表不起或摆动。 各池水位上涨很快	进口或出口阀门门芯脱落或卡死。 叶轮磨损严重或脱落。 入口管堵塞或水源不足，泵拉空漏入空气。电源接反，使泵在启动时反转。 驱动皮带过松或断裂	利用入口冲洗门冲通入口管。 开启入口冲洗门补充水源，然后调整灰浆泵或渣浆泵出口门直至水位正常。 更换皮带。 检查处理出入口门。 检查更换叶轮。 切换备用设备
电流过大	电流表指示值大于正常值或超红线。 电动机发热	检修后填料压盖太紧。 电动机故障或轴承损坏。 皮带过紧或不平行。 机械部分叶轮与衬套有摩擦或卡涩现象。 三相电源有一相断线。 泵的流量大或灰浆浓度大	填料压盖螺栓放松。 关小泵的出口门，减小泵的流量。 调整皮带。 检查消除电动机故障或更换轴承。 消除机械摩擦或卡涩现象。 查明断线点和恢复。 切换备用设备
轴承温度高及损坏	轴承温度高。 声音异常，振动大，严重时轴承损坏冒烟，冒火星。 电流增大	轴承缺油或润滑油变质。 润滑油加得过量。轴承质量不高或安装不正确。 振动过大造成机械运转不平衡或轴弯曲	加油至合格油位，更换润滑油。 放油至合格油位。 检查重新安装轴承。 消除振动，检查更换轴。 切换备用设备

故　障	现　象	原　因	处　理
泵振动大	振动值明显大于规定值。振动严重时可看到设备在摆动或跳动，泵发出较大的噪声	地脚螺栓松动或断裂。 轴承严重损坏。 泵体和电动机中心不对正。 叶轮磨损，运转不平衡或卡有杂物。拉空泵运行。 机械部分摩擦或卡涩。 管道固定不牢	检查水位，补充水源，防止拉空泵运行。 更换轴承。 重新找正。 检查或更换叶轮。 消除机械摩擦或卡涩现象。 重新固定管道。 切换备用设备
填料处泄漏严重	填料处向外大量漏清水或漏灰水	填料时间过长失效或磨损严重。 填料压盖螺栓过松。 轴封水压力低于泵出口压力，起不到轴封作用，使轴和轴套磨损严重。轴封水不清洁	调整填料压盖螺栓，使其松紧适当，提高轴封水压力至规定值。 接合格水源。 更换填料。 切换备用设备
振动筛跳闸	红灯灭，绿灯亮，事故喇叭响。 振动筛停运	电气故障或厂用电中断。 误操作。 振动筛过负荷或轴承烧坏抱死	将操作开关打至"停止"位置，解除事故音响。 检查电动机和机械方面，无问题后可以重新启动一次，若仍跳闸不允许再启动，则 调整负荷。 更换轴承。 切换备用振动筛
振动筛运行时发生横振	筛箱发生横向振动	阻尼器未调整好，使两侧阻尼相差过大	停止振动筛运行切换至备用振动筛。 重新调整阻尼器
振动筛轴承温度过高	振动筛轴承温度高于60℃	润滑脂加入过量或过少。 滚动轴承装配不当。 滚动轴承径向间隙过小	加入或减少润滑脂量。 重新装配调整轴承。 切换至备用振动筛
振动筛板破裂	分流槽算子堵塞，严重时向外翻灰浆。 柱塞泵单向阀卡渣损坏频繁	筛板磨损破裂。 筛板固定不牢固	立即停止振动筛，切换至备用振动筛。 更换筛板
浓缩机超负荷	电流增大，严重时超红线 电动机声音沉重且温度上升，轴承温度超过规定值	厂用电母线电压异常 浓缩池进浆量增大。 耙架损坏变形与池底硬物发生摩擦。 柱塞泵发生故障，长时间未排浆或排浆量减少。 浓缩池下浆管路堵塞	检查厂用母线电压，联系值长调整 增开柱塞泵加大排浆量。 打开喂料母管放水门或浓缩池下浆管放水门，检查出堵塞处，利用喂料冲洗门或缩浓池冲洗门进行冲洗。 立即停止向故障浓缩池进浆，停止浓缩机运行，并将池内灰浆排尽

故　障	现　象	原　因	处　理
浓缩机跳闸停运	浓缩机报警装置叫响，电流指示为零，浓缩机停运	浓缩池内灰浆浓度太大，造成浓缩机过负荷保护动作。 机械转动部分故障。 碳刷有一相脱落使三相电流不平衡跳闸。 厂用电中断	解除事故音响，立即汇报。 再启动一台柱塞泵加速排浆。如短时间不能处理好，应立即停止向该浓缩池进浆。 检查消除机械故障。 更换碳刷。 要求尽快恢复电源
柱塞泵入口堵塞	柱塞泵电流减小且波动较大。 柱塞泵出口压力减小且摆动大。 柱塞泵入口压力减小或回零。 泵体及管道振动增大，响声异常，皮带跳动	柱塞泵入口管道有杂物堵塞。 灰浆浓度过高堵塞	打开喂料管冲洗水进行冲洗。 稍开喂料泵冲洗水进行灰浆稀释。 停泵清理管道杂物
出、入口单向阀坏	出、入口压力波动较大。 电流表异常波动。 阀箱内有异常声音。 山沟灰场排浆压力不稳定	系统内进入杂物或大的渣粒。 橡胶圈磨损。 单向阀散架	检查处理振动筛筛板。 更换橡胶圈。 更换单向阀。 切换备用设备运行
传动箱内有异常响声	传动箱内有明显的异常响声	润滑油位低或润滑不良。 十字头销松动或配合间隙过大。 偏心轮轴承压板螺栓松动齿轮啮合不好或损坏偏心轮两端轴承压盖螺母松动。 导板磨损	加入润滑油至合格油位或更换油脂。 停泵检查调整机械部分间隙，对松动部分进行紧固。 更换导板。 切换备用设备运行
柱塞密封损坏	柱塞密封处漏水或漏灰水。 清洗泵压力降低。 清洗管路单向阀损坏	柱塞密封磨损或填料时间长失效。 清洗泵压力低，起不到密封、清洗作用，使柱塞或密封套磨损严重。 清水箱来水不清洁	调整清洗泵压力至规定值（高于柱塞泵出口压力 1.0～1.5MPa）。 改善清水箱来水水源。 更换柱塞或密封套。 检查更换清洗管路单向阀
运行中柱塞泵突然跳闸	电流指示回零，事故喇叭叫，红灯灭，绿灯闪亮，泵停止转动	电气故障或电源中断。 机械部分损坏，卡涩，使电动机保护动作。 操作人员误操作。 清洗泵故障停运	将跳闸泵操作开关打至"停止"位置。 查明原因，恢复电源。 如属人员误操作，重新启动一次。 查明并处理清洗泵故障。 切换备用系统运行

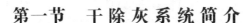

气力除灰系统设备

第六章

第一节　干除灰系统简介

目前，由于低正压气力除灰系统在技术上比较先进、运行可靠，而且该系统较简单，故障率低，维护工作量较小等优点而受到了广泛采用。下面重点介绍两种电厂使用的低正压气力除灰系统。

一、英国 CLYDE 气力除灰系统简介

该系统是英国 CLYDE 公司的"MACAWBER"系统为浓相低正压气力除灰系统。

（一）系统设备的组成与输送过程

按灰的工艺流程，该系统由下列设备组成：料位计、手动插板门、进料圆顶阀、仓泵、出料圆顶阀、输送管道、灰库及控制设备，其另配套有空气压缩机、灰库气化和除尘设备等。

由电除尘器捕捉的飞灰或省煤器上的飞灰集中在灰斗中，仓泵设在灰斗下方。当灰斗飞灰达到适当高度时（灰斗低料位触发），仓泵进料圆顶阀打开，出料圆顶阀关闭，飞灰靠重力落入仓泵中，当仓泵的飞灰达到一定灰量时，仓泵进料圆顶阀关闭，出料圆顶阀打开，由输送空气通过输送管道将灰送到灰库。

（二）系统的特点

（1）运行可靠，系统简单。系统运行可靠的关键部件是 CLYDE 公司的专利产品圆顶阀，此阀门采用可膨胀式压力橡胶圈充气密封，在开闭循环中收缩膨胀，避免了阀芯的冲击和振动，运行平稳，动作频率高，磨损小，使用寿命长，能以每小时 30 个循环的速度连续运行，使用寿命可达 50～100 万次。

（2）流速低，磨损小。一般，低正压气力输灰系统输送速度为 10～30m/s，管道、设备磨损非常严重，而该系统输送速度为 2～7m/s，大大减小了设备磨损。

（3）高浓度，大出力。该系统理论浓度可达 1：100（气灰质量比）。随着输送介质与输送距离的不同，浓度也不同。

（4）虽然浓度高，流速低，但不易堵灰，它的机理是：灰在管道内呈柱塞状（理论上为一段灰一段空气），输送空气像柱塞似地往前推动灰柱，直至将灰送到灰库。

（三）主要设计参数

（1）两台 1025t/h 锅炉的粗灰量为 53.808t/h，细灰量为 12.78t/h。

（2）设计输送量：电除尘器飞灰量为 47.95t/h；省煤器飞灰量为 2.55t/h。

（3）正常输送量：电除尘器飞灰量为 31.93t/h；省煤器飞灰量为 1.70t/h。

（4）系统最大出力为正常输送量的 150%。

（5）系统输送距离为 334m。

（6）垂直提升高度为 34m。

（7）一、二电场及省煤器仓泵的进料圆顶阀规格：$\phi300$。

（8）三、四电场仓泵的进料圆顶阀规格：$\phi200$。

（9）一、二电场仓泵的出料圆顶阀规格：$\phi200$。

（10）三、四电场仓泵的出料圆顶阀及切换阀规格：$\phi80$。

（11）省煤器仓泵出料圆顶阀规格：$\phi125$。

（12）一、二电场输灰管道规格：$\phi150$。

（13）三、四电场输灰管道规格：$\phi80$。

（14）省煤器输灰管道规格：$\phi125$。

（四）工艺流程

在锅炉正常运行工况下，一部分飞灰积聚在省煤器下部的冷灰斗中，大部分飞灰通过静电除尘器的作用积聚在灰斗中。省煤器和电除尘器的每一个灰斗下部均装有一台仓泵。仓泵的出口用公用管道连接至灰库。省煤器和电除尘器的每个灰斗上均装有一个低位料位计，当发出料位信号时，料位计自动启动输送程序，仓泵的进料圆顶阀打开，飞灰靠重力落入仓泵。

在落灰时，出料圆顶阀关闭，管线被密封，防止空气通过灰斗的真空从输送管线中抽出来。延时一段时间后，进料圆顶阀关闭，出料圆顶阀打开，当所有的进料圆顶阀全部关闭并密封后，再延时一段时间，使出料圆顶阀在输送空气进入仓泵之前完全打开，这时，输送空气才被引入仓泵，将仓泵内所有的飞灰通过管道输送到灰库。当发出输送压力下降信号时，空气输送阀关闭，输灰循环结束。

进入灰库内的输送空气通过反脉冲布袋除尘器过滤后被排入大气。

（五）系统布置

每台锅炉电除尘器共装有 32 台仓泵，其中一、二电场仓泵型号为 8.0/12 的共 16 台，三、四电场仓泵型号为 1.5/8 的共 16 台，省煤器仓泵型号为 5.0/12 的 1 台。

一、二电场每 4 个仓泵为一组，分别由 4 条 $\phi150$ 的管道连接至灰库；三、四电场每 8 个仓泵为一组，分别由 2 条 $\phi80$ 的管道连接至灰库；省煤器单独为一组由 1 条 $\phi125$ 的管道连接至灰库。

在每个仓泵的入口装有进料圆顶阀，一、二电场共 16 台，$\phi300$；三、四电场共 16 台，$\phi200$；省煤器 1 台，$\phi300$。在每组最后一个仓泵出口装有出料圆顶阀。一、二电场仓泵出料圆顶阀 $\phi200$，共装有 4 个；三、四电场仓泵料圆顶阀 $\phi80$，共装有 4 个；同时装有两个圆顶切换阀。省煤器仓泵出料圆顶阀 $\phi125$mm，共 1 个。

在每个灰斗上装有料位计，共 33 个，料位计探头下存灰容积为仓泵容积的 1.5 倍，且料位计探头向下倾斜 $15°$。

（六）程序控制系统设备简述

通过计算机操作发出指令，经接口卡 1748-KT、DH＋网络（或造作、监视电气模拟盘）传给可编程控制器 PLC-5/30，可编程控制器 PLC-5/30 作为整个程序控制系统的中枢，一方面它执行预置程序发送的指令，驱动现场电磁阀动作；同时接收现场设备状态的变化或工艺参数的变化值。另一方面与台式计算机实时传送或接收现场信号及操作指令。具有触屏显示功能的 CRT 用于监视控制系统设备运行状态，可以通过 CRT 画面监视设备当前状态，并进行不同操作。

（七）除灰系统功能说明

1. 仓泵运行条件

在输灰循环程序开始时，控制系统将检查下列启动连锁条件是否满足：

（1）主启动、停止开关就位。

（2）主电气控制模拟盘上的启动/停止开关打至"START"位置。

（3）输送压力小于0.3bar（PS01）。

（4）所有仓泵进料圆顶阀关闭并密封（PS01）。

（5）路径已确认并畅通。

（6）最短周期计时器不运行。

（7）灰库高位开关没有被淹没（LSH82）。

（8）灰斗中一个或一个以上的低位开关被淹没（LA01）或按下手动越限按钮（HS01）。

满足了上述条件，除灰程序开始运行。

2. 仓泵运行程序

（1）通过激励电磁阀（EV01）打开主仓泵进料圆顶阀，主仓泵进料圆顶阀打开延时计时器（15s），主、辅1号仓泵进料圆顶阀打开延时计时器（1s），程序监视计时器（90s）及最短周期计时器（535s）开始运行，灰靠重力进入主仓泵。

（2）当主、辅1号仓泵进料圆顶阀打开延时计时器到时，通过激励电磁阀打开辅1号仓泵进料圆顶阀，辅1号仓泵进料圆顶阀打开计时器（15s）及辅1、2号进料圆顶阀打开延时计时器（1s）开始运行，灰靠重力进入辅1号仓泵。

（3）当辅1、2号仓泵进料圆顶阀打开延时计时器到时，辅2号仓泵进料圆顶阀通过激励电磁阀（EV01）被打开，辅2号仓泵进料圆顶阀打开计时器（15s）及辅2、3号进料圆顶阀打开延时计时器（1s）开始运行，灰靠重力进入辅2号仓泵。

（4）当辅2、3号仓泵进料圆顶阀打开延时计时器到时，通过激励电磁阀（EV01）打开辅3号仓泵进料圆顶阀，辅3号仓泵进料圆顶阀打开计时器（15s）和出料圆顶阀关闭延时计时器（1s）开始运行，灰靠重力进入辅3号仓泵。

（5）当出料圆顶阀关闭延时计时器到时，通过激励电磁阀（EV03）关闭出料圆顶阀。

（6）当进料圆顶阀打开延时计时器到时，相应的进料圆顶阀通过电磁阀（EV01）失电关闭。

（7）当辅3号仓泵进料圆顶阀打开延时计时器到时，辅3号仓泵进料圆顶阀通过电磁阀（EV01）失电关闭，出料圆顶阀通过电磁阀（EV03）失电打开。

（8）当所有进料圆顶阀（PS01）关闭并密封和出料圆顶阀（PS03）打开后，空气输送阀打开延时计时器（2s）开始运行。

（9）当空气输送阀打开延时计时器到时，主空气输送阀（PV02）和二次空气输送阀通过激励电磁阀（EV02）打开，程序安全计时器（20s）开始运行，空气进入主仓泵，灰被送到输灰管。

（10）灰通过管道分别送至粗灰库或细灰库，当程序安全计时器到时，输灰管中的压力降低到小于0.3bar时，即发出输送完成信号，这时，主空气输送阀（PV02）和二次空气输送阀（PV10）通过电磁阀（EV02）失电关闭，程序复位计时器（3s）开始运行。

（11）当程序复位计时器到时，输灰程序结束。

在程序进行过程中，如任何一个启动连锁条件消除，应能使程序继续运行至结束，然后程序停运，直至启动连锁条件再次出现，同样地，必须使程序向下一步进行，然后将停止程序进行直至连锁条件出现为止，在仓泵进灰时，阀门在进料圆顶阀打开计时器工作时一直是打开的，进料圆顶阀的开度要交错进行，以使仓泵进料均匀，开度由进料圆顶阀打开延时计时器进行调整，当最后一个辅助仓泵进料圆顶阀打开后，出料圆顶阀关闭，这样可释放仓泵中的空气并使飞灰在管道密封之前稳定下来。

（八）系统停运

当系统停运时，阀门状态见表6-1。

表6-1　　　　　　　　　　　　　　　输灰系统停运时的阀门状态

阀门名称	控制空气	关	控制空气	开	控制空气	开
	电源	关	电源	关	电源	开
	PLC状态	停运	PLC状态	停运	PLC状态	运行
主仓泵进料圆顶阀	最终位置		关闭		关闭	
辅助仓泵进料圆顶阀	最终位置		关闭		关闭	
出料圆顶阀	最终位置		打开		打开	
主空气输送阀	关闭		关闭		关闭	
二次空气输送阀	关闭		关闭		关闭	

注 仓泵应该是空的，压力为零。圆顶阀包括一个充气密封装置，在失去控制压力时，阀门没有被密封。

（九）除灰路径控制

1. 概述

从仓泵出来的灰通过开关阀/切换阀输送到粗灰库或细灰库，要改变输灰路径，仓泵运行程序必须结束，系统处于停运状态。省煤器和一电场的灰可以到粗灰库，切换时可通过两位开关选择电场路径，开关标有"OFF"和"AUTO"标记，当开关处于"AUTO"位置时，就一直向灰库输灰直到灰库高位开关被淹没为止，灰库高位开关被淹没时或当"OFF"/"AUTO"开关到"OFF"位置时，当前仓泵运行程序可以运行到结束，然后控制系统将路径改变到其开关至"AUTO"位置；高位开关没有被淹没的灰库，如果没有可以利用的灰库，控制系统将停止输灰运行，在输灰运行程序开始前，控制系统将检查选择路径阀的位置，以确保路径选择正确，当路径阀发生故障时，控制系统将停止输灰运行，直至故障排除为止。在输灰运行程序开始前，控制系统将检查目标灰库高位开关状态，确保灰库有足够存灰库容，如当前目标灰库高位开关被淹没时，控制系统将路径改变到另一座灰库，或停止输灰程序运行。

2. 切换阀

切换阀位于2号粗灰库的顶部，它包括可移动管和偏转板，当阀门处于"DUMP"位置时，灰将进入下面的灰库（2号粗灰库），当阀门处于"THRO"位置时，灰将通过切换阀到输灰管的下一段，进入布置在1号粗灰库顶部的终端箱，然后从终端箱到下面的灰库（1号粗灰库）。

位置开关确认阀门的位置，压力开关给出充气装置压力信号，切换阀位置只有当

"DENSEVEYOR"程序结束后，系统停运时才可以改变。如改变切换阀位置从"DUMP"到"THRO"时，在输灰程序复位计时器开始运行时，启动改变路径延时计时器（3s），切换阀密封板将通过电磁阀（EV51）失电偏转，当密封压力开关（PS51）指示的密封压力小于5.5bar时，启动密封偏转计时器（3s），当密封偏转计时器到时，密封板通过激励电磁阀（EV51）偏转，当密封压力开关（PS51）确认了密封位置时，即可确认切换阀的位置是正确的。当电磁阀激励/失电超过5s，还没有确认阀门位置时，或密封电磁阀激励超过5s，密封压力小于5.5bar（PS51）时，运行目标灰库选择指示灯闪亮，提醒操作人员提防路径阀门故障（同时在报警盘上相应的粗灰库路径故障窗口闪亮）。

如改变切换阀位置从"THRO"到"DUMP"时，在输灰程序复位计时器开始运行时，启动改变路径延时计时器（3s），改变路径延时计时器到时，切换阀密封板将通过电磁阀（EV51）失电偏转，当密封压力开关（PS51）指示的密封压力小于5.5bar时，启动密封偏转计时器（3s），当密封偏转计时器到时，"THRO"电磁阀（EV50A）断开，"DUMP"电磁阀（EV50B）接通，通过气缸将阀门位置改变到"DUMP"位置，当切换阀确认在"DUMP"位置时（ZS50A），启动密封偏转计时器（3s），当密封偏转计时器到时，密封板通过激励电磁阀（EV51）偏转，当密封压力开关（PS51）确认了密封位置时，即可确认切换阀的位置是正确的。当电磁阀激励超过5s，还没有确认阀门位置时，或密封电磁阀激励超过5s，密封压力小于5.5bar（PS51）时，运行目标灰库选择指示灯闪亮，提醒操作人员提防路径阀门故障（同时在报警盘上相应的粗灰库路径故障窗口闪亮）。

切换阀故障报警：

切换阀"THRO"电磁阀（EV50B）激励超过5s，"THRO"位置开关（ZS50B）没有动作。

切换阀"DUMO"电磁阀（EV50A）激励超过5s，"DUMO"位置开关（ZS50A）没有动作。

切换阀"DUMO"密封电磁阀（EV51）激励超过5s，密封压力小于5.5bar（PS51）。

控制动作：图像和声音报警，停止输灰程序开始。

3. 圆顶开关阀

圆顶开关阀包括一个"Y"形接口，在三、四电场输灰管道的每个支管上装有一个圆顶阀，通过打开和关闭支管上的圆顶阀选择输灰路径。

位置开关给出圆顶阀完全打开的确认信号，与圆顶阀充气密封板相连的压力开关给出阀门关闭密封信号，只有当"DENSEVEYOR"程序结束后，系统停运时，才可以改变圆顶阀的位置，圆顶开关阀位置的改变在输灰程序复位计时器开始运行时，启动改变路径延时计时器（5s），改变路径延时计时器到时，圆顶阀打开和关闭电磁阀（EV50A/B和EV51A/B）接通，打开和关闭所选择路径的阀门，当密封压力开关（PS50和PS51）显示另一个阀门完全打开时，即可确认圆顶开关阀的位置是正确的。当电磁阀激励失电超过5s，还没有确认阀门位置时，或密封电磁阀激励超过5s，密封压力小于5.5bar（PS50和PS51）时，圆顶开关阀指示灯闪亮，提醒操作人员提防路径阀门故障（同时在报警盘上细灰库路径故障窗口闪亮）。

圆顶开关阀故障报警：

圆顶开关阀打开电磁阀（EV50A或EV51A）激励超过5s，打开位置开关（ZS50A或

ZS51A）没有动作。

圆顶开关阀关闭电磁阀（EV50B 或 EV51B）激励超过 5s，密封压力小于 5.5bar（PS50 或 PS51）。

控制动作：图像和声音报警，停止输灰程序开始。

二、杭州华源电力环境气力除灰系统简介

近年来，由于煤质原因，所产生的灰量已经大大超出了原来英国 CLYDE 输灰系统的最大输送能力，且灰的物理性质也发生了较大变化，其比重明显增加，所以电厂对一电场及省煤器输灰系统进行了改造，所选用系统为杭州华源电力环境气力输灰系统，下面就对此系统作详细介绍。

（一）系统组成

该系统由仓泵、料位计、透气阀、防堵阀、排堵阀、流量调节阀、进气阀、出料阀、连接管道及就地电磁阀箱、空气母管压力变送器、PLC 系统控制柜等构成。

此系统的仓泵属于下引式气力输送泵，其特点是输送浓度高，出力大，流动工况好，流速均匀，系统管路磨损小，可自动调节输送空气量，空气用气量小。

一电场分两个输送单元，每个输送单元由 4 台仓泵组成，省煤器只有 1 台仓泵。一电场每台仓泵有 1 台料位计；省煤器仓泵无料位计。每个输送单元有 1 台压力变送器，每条输灰管道有 1 个压力开关。

（1）阀门除进料圆顶阀外，其余（透气阀、防堵阀、排堵阀、出料阀）均采用双插板门，阀门通过电磁阀的通电/失电，由气力驱动，除用于进气的阀外，每一阀门都有检测其"开"、"闭"位置的行程开关，"开"、"闭"位置到后，输出 220V 交流电压信号，通过就地电磁阀箱转接，送至系统 PLC 柜，PLC 根据检测到的信号，控制电磁阀换向，阀门等执行部件按工况流程动作。

（2）料位计为固体音叉限位开关，对称的音叉按其固有频率振动，当音叉触及物料时，振幅受到阻尼的影响而改变，由电子插件进行处理送出一个电子开关或继电器触点信号。供电电源电压为交流 220V，输出信号电压为交流 220V，设定为高位报警，PLC 检测不到信号后关进料阀，关透气阀，准备输灰。料位计投入与切除，可在上位机进行设定。

（3）压力变送器检测仓泵压力高低，输出 4～20mA 直流信号。高低限压力可在 HMI 上设定。输灰时，仓泵进气，压力上升，压力达到上限（PRESSURE HIGH）后，开输送阀、出料阀，开始输送；仓泵压力逐渐下降，压力达到下限（PRESSURE LOW）后，输送结束，关进气阀、输送阀、出料阀，开透气阀、进料阀，准备进料。

（4）就地电磁阀箱主要用于故障处理、现场线路转接、调试和设备检测，其装有电磁阀、操作旋钮、进线端子。电磁阀用于驱动阀门气路换向，其供电电源电压为交流 220V。

（5）操作旋钮有三个位置："开"、"闭"、"远程"三个位置。正常运行，所有旋钮应处于"远程"位置；现场操作时，先把箱内电磁阀选择开关旋至"就地"位置，然后"开""闭"，即打开或关闭相对应的阀门。仓泵正常运行时，严禁操作旋钮。

（6）空气母管压力传感器为模拟量传感器，输出 4～20mA 电流信号，送至 PLC 模拟量模块，其压力范围：0～1000kPa。

（7）PLC 柜是控制系统的核心，仓泵控制、上位机操作和程序执行，都由 PLC 柜完成，其内装可编程序控制器（PLC）、直流电源和输出继电器等。可编程序控制器 PLC 为

AB PLC-5，供电电源为开关直流 24V 电源。CPU-PLC-5/30，输入模块为 16 点 220V 交流输入，输出模块为 16 点输出；模拟量输入模块为 16 通道 12 位精度光电隔离输出，供电电源为线性直流 24V 电源；模拟量输出模块为 4 通道 12 位精度光电隔离输出，供电电源为线性直流 24V 电源。

（二）运行条件及压力参数设定

1. 运行条件

为保证仓泵的正常运行，仓泵运行的必备条件是空气压缩机供气正常，输送管道畅通，输送管道沿程不得有泄漏现象。灰库顶部的布袋除尘器通风顺畅。

2. 系统压力参数的设定

系统主要的压力参数设定如下：

（1）输送空气母管压力下限为 240kPa。

（2）控制空气母管压力大于 600kPa。

（3）仓泵输送压力上限为 174kPa。

（4）仓泵输送压力下限为 60kPa。

（三）系统的运行流程

（1）进料过程：关闭进气阀及流量调节阀，关闭出料阀，打开透气阀（省煤器系统无透气阀）及进料阀。

（2）进料结束：料满（料位计指示灯亮），关闭进料阀，然后关闭透气阀（省煤器系统无透气阀）。

（3）充压过程：打开流量调节阀、进气阀进行系统充压，同时使灰流态化，当充压到达设定压力后，开始输送。

（4）输送过程：打开出料阀，边使灰流态化边输送，系统能自动调节流量，满足各种工况物料的输送。

（5）输送结束：物料送完后，先关闭流量调节阀和进气阀，延时后关闭出料阀，然后开透气阀，延时后打开进料阀，进入进料程序。

（四）新安装或大修后的系统调试

调试前应对系统各设备的安装情况认真检查，确保其符合设计要求；打开仓泵人孔门清理泵体内的杂物。

1. 单机调试

（1）各线路检查、绝缘测试、接地检查。

（2）系统带电。带电前系统负载测试。

（3）空气压缩机启动，向系统提供正常工作压力的压缩空气，断开系统各就地电磁阀箱前的过滤调压阀和进气阀，对压缩空气管道进行吹扫，清除管道内杂物，吹扫时间不少于 10min。吹扫完毕后恢复连接，检查各连接法兰及阀门是否漏气，如有漏气现象需立即消除。

（4）阀门调试，包括进料阀、透气阀、防堵阀、排堵阀、出料阀等阀门的调试。输入反馈信号检查，阀门输入"开"、"关"信号与模块输入点一一对应；输出信号检查，输出信号与就地阀门一一对应且阀门开关是否灵活。

2. 联动调试

联动调试需结合电控调试进行，主要是检测模拟料位计信号的反馈和观察各设备所必须的连锁效果是否符合设计要求。由 PLC 控制系统自动运行，观察各设备所必须的连锁效果是否符合设计要求，如有缺陷则立即消除。

（1）停止（STOP）：操作模式从自动转向停止状态，系统先运行结束至当前循环，然后运行单元，除透气阀打开外，其他所有阀门均关闭。

（2）手动（HAND）：操作模式从停止转向手动，在上位机上用鼠标点击阀门进行阀门的手动开关，并手动运行输灰一次，如正常，可投入自动运行。

（3）自动（AUTO）：操作模式从停止转向自动状态，系统自动进入首次运行清扫，清扫结束后，自动进入进料过程；进料结束后，自动进入出料过程；如此不断循环。

（4）复位（RESET）：当阀门有故障使系统无法自动运行或有紧急情况发生时使用。运行单元立即停止（除透气阀门打开外其他所有阀门均关闭）。

（五）系统压力试验

系统投运前必须进行压力试验，以检查有无漏点，确保正式投运后系统正常运行。关闭进料阀、透气阀和出料阀，打开进气阀，向仓泵加压至 0.45MPa，关闭进气阀，停止加压，保持 100s，若仓泵压力表显示压力波动范围在 10% 以内，则系统密封性良好；若压力表显示压力波动范围大于 10%，需立即检查各阀门及法兰连接处，找出漏点，立即消除缺陷。系统空载运行，对泵体及输灰管道进行吹扫，清除系统内杂物；运行时间不少于 10min。

（六）载荷调试

（1）载荷调试必须在有灰条件下进行。

（2）载荷调试主要对各设备的实际能力和性能进行核实。对一些需进行调整的设备，在整个过程中应密切关注，尽可能将其调整到最佳状态。尤其对仓泵进料时间，出料压力进行调整，使仓泵达到最佳的输送效果。

（七）改造后输灰系统出力

$$W = 3600nV\rho/S \tag{6-1}$$

式中　W——电场每小时最大出力，t/h；

　　　V——电场仓泵容积，$1.5m^3$；

　　　ρ——灰比重，按 $0.7t/m^3$ 计；

　　　S——电场满料位输送出灰时间，s；

　　　n——仓泵数量，8 个。

一电场满料位输送出灰时间根据实际观察，进料时间为 40s，输送时间为 350s，故该时间为 390s。

$$W = 3600 \times 8 \times 1.5 \times 0.7/390$$
$$= 77.5(t/h)$$

考虑到实际运行过程中输送时间误差及系统运行等待时间，系统出力按该计算出力的 90% 计算，故系统出力为 69.75t/h。

（八）参数设置

（1）进料时间：进料时间与料位计同时控制仓泵进料过程，料位与时间对仓泵的控制具有相同的优先级别，进料时间到或料位计触发，仓泵将停止进料。进料时间设置值：0～9999s。

（2）出料时间：当输灰时间大于设置的出料时间时，报输送循环故障。出料时间设置值：0～999s。

（3）堵管压力及预堵管压力：堵管压力指排堵压力。仓泵输灰时，判断仓泵运行是否堵管，仓泵压力达到上限值，认为堵管。堵管压力设置值：0～999kPa。预堵管压力为系统开启防堵系统的压力。

（4）输送压力：输送压力指仓泵输灰时的压力；当压力到达冲压值上限后，开始输灰；开始输灰后，压力低于下限压力，仓泵输送结束。

（5）料位控制：料位控制打开，料位计与进料时间同时控制仓泵进料过程；料位控制关，料位计将不参与仓泵进料控制，仅靠进料时间控制仓泵进料。

（九）运行监视及选择

（1）运行状态监视仓泵运行，显示仓泵工况、阀门开关、系统参数、系统状态等。

阀门指示状态：所有气动阀门红色表示开；绿色表示关；闪烁表示故障；此外，流量调节阀有开度显示。

料位指示状态：红色表示高料位，绿色表示低料位。

落灰时间：显示仓泵本次进料过程的落灰时间。

料位：显示仓泵料位高、低。

压力：显示仓泵压力变送器采集的压力值。

输灰时间：显示仓泵本次出料过程输送时间。

（2）运行选择：可以操作仓泵自动、停止、手动、复位（紧停）开关。在输送单元画面内可以选择所需的运行方式；但有以下限制，选择"自动"或"手动"运行前，先前运行方式必须在"停止"位置，否则将无法转到"自动"或"手动"方式。当选中一个运行方式后，其背景颜色为红色，其他背景颜色为绿色。

三、干输灰系统的运行

（一）干输灰系统启动前的检查与准备

（1）检修工作票结束，所有安全措施全部拆除，现场清洁，照明良好。

（2）控制及输送空气管道的所有手动阀门动作灵活，无卡涩现象，并在开启位置。

（3）所有连接部件连接牢固可靠，仓泵地脚螺栓固定牢固，无松动，手动插板门动作灵活并在开启位置。

（4）控制空气过滤器清洁，无堵塞，润滑器油位在2/3以上，且油质良好，所有圆顶阀轴承已加注润滑油。

（5）就地控制箱内接线良好，连接正确，压力表、压力开关、电磁阀齐全完好，指示正确。

（6）启动控制、输送空气的空气压缩机运行。

（7）检查控制及输送空气管道连接良好，各管道阀门无堵塞、漏气现象（初次启动应开启空气放气门，将管内杂物吹扫干净）。

（8）检查所有进料圆顶阀，圆顶阀开关的密封压力不小于5.5bar，气动阀门各部件动作灵活，无卡涩现象。

（9）所有热工仪表及报警系统已投入且正常可靠。

（10）打开PLC控制柜总启动/停止电源开关，按模拟盘灯测试键，所有指示灯正常，料位显示正确。

（11）按下模拟盘主启动/停止开关，将"就地/远方"开关打至"就地"位置，手动操作模拟盘上各开关、按钮，其指示正确。

（12）将"就地/远方"开关打至"远方"位置，检查微机投入正常，画面正确完整，与模拟盘显示一致。

（13）在锅炉启动前应对输灰系统吹扫不少于 2h，以确保输灰管路畅通。

（二）干输灰系统的启动操作步骤

1. 微机启动

（1）将电气模拟盘上"就地/远方"开关打至"远方"位置。

（2）调出省煤器及一电场输灰系统选择路径。

（3）调出各电场输灰系统，将"START/STOP"开关打至"START"位置，投入输灰系统。

2. 模拟盘启动

（1）将电气模拟盘上"就地/远方"开关打至"就地"位置。

（2）用两位开关选择输灰路径。

（3）在模拟盘上将各电场输灰系统"START/STOP"开关打至"START"位置，投入输灰系统。

（三）输灰系统运行中的检查与维护

（1）每小时应对输灰系统全面检查一次，检查仓泵、输灰管路、弯头、切换阀、终端阀以及空气管路等无泄漏。输送压力，圆顶阀密封压力正常，各气动阀门动作灵活无卡涩，输灰管路无堵塞。

（2）检查各仓泵地脚螺栓无松动，气缸工作正常无松动及漏气现象，气控盘固定牢固可靠。

（3）各灰斗下灰良好，无堵灰现象。

（4）润滑器工作正常，油位正常，油质良好，应定期加注润滑油，加注润滑油时，不能关断控制气源；粉尘过滤器清洁，无堵塞。

（5）在运行中，不得随意断开、短接信号手动开关阀门。

（6）在一个输送循环还未结束时，不能关断控制，输送空气。

（7）控制柜柜门关闭严密，应定期用干燥空气吹扫柜内灰尘，保持清洁。

（8）输灰程序运行正常，微机画面正常，显示正确，画面显示状态与现场一致，无画面丢失与短缺现象，料位显示正确。

（9）模拟盘显示正确，无异常，报警系统投入正常良好。

（四）输灰系统的停止操作步骤

1. 微机停机

（1）将电气模拟盘上"就地/远方"开关打至"远方"位置。

（2）调出各电场输灰系统画面，将"START/STOP"开关打至"STOP"位置，将路径选择开关打至"STOP"位置。

（3）按下电气模拟盘上主"启动/停止"开关。

（4）关闭输送空气总门及控制空气总门。

2. 模拟盘停止

（1）将电气模拟盘上"就地/远方"开关打至"就地"位置。

（2）将模拟盘上各电场"START/STOP"开关打至"STOP"位置，将路径选择开关打至"STOP"位置。

（3）按下模拟盘上主"启动/停止"开关。

（4）关闭输送空气总门及控制空气总门。

注：输灰系统停运前必须将灰斗内积灰全部排空方可停运，一般在除尘器振打装置停运后要手动对输灰系统进行吹扫不少于 1h。

（五）输灰系统的故障处理

干输灰系统可能发生的常见故障及其可能的原因和故障处理方法，见表 6-2。

表 6-2　　　　干输灰系统的故障、原因及处理方法

故　障	现　　象	原　　因	处　理
进料圆顶阀未开启报警	声光报警，故障圆顶阀无打开信号，指示灯闪亮，关闭时指示正确。 输灰程序可继续运行，不中断。 圆顶阀不动作，密封压力＞5.5bar。 圆顶阀已打开，密封压力为零	进料圆顶阀开启，电磁阀（EV01）故障。 压力开关故障。 电气接线松动、脱开。 气缸密封不严，串气	更换电磁阀。 更换压力开关。 检查接线。 更换气缸
进料圆顶阀未关闭和密封报警	声光报警，故障圆顶阀无关闭信号，指示灯闪亮。 输灰程序中断，圆顶阀不动作或动作不到位，密封压力为零。 圆顶阀已关闭，但密封压力＜5.5bar 或为零。 圆顶阀已关闭，密封压力＞5.5bar	进料圆顶阀开启，电磁阀（EV01）故障。 进料圆顶阀门柄有异物卡住。 密封圈破损。 控制空气门未开或控制空气压力低或泄漏。 压力开关损坏。 限位开关不到位。 电气接线松动或脱开	更换电磁阀。 手动打开入口圆顶阀，使卡物落入下部灰罐，然后关闭。 更换密封圈。 提高控制空气压力，检查控制空气门是否开启。 更换压力开关。 更换气缸或调整限位开关。 检查接线
圆顶开关阀未开启报警	声光报警，故障圆顶阀无开启信号，指示灯闪亮。 输灰程序中断，圆顶阀不动作，密封压力＞5.5bar。 圆顶阀已打开，密封压力回零	圆顶开关阀关闭，电磁阀（EV03）故障。 电气接线松动、脱落。 压力开关损坏	更换电磁阀。 检查接线。 更换压力开关
圆顶开关阀未关闭和密封报警	声光报警，故障圆顶阀无关闭信号，指示灯闪亮。 输灰程序可继续运行，不中断。 圆顶阀不动作，或动作不到位，密封压力为零。 圆顶阀已关闭，但密封压力小于 5.5bar 或为零	管线圆顶阀关闭，电磁阀（EV03）故障。 圆顶阀门柄有异物卡住。 密封圈破损。 控制空气门未开或控制空气压力低或泄漏。 压力开关损坏。 限位开关不到位。 电气接线松动或脱开	更换电磁阀。 手动吹扫管路，同时手动开关圆顶开关阀，看能否将异物吹走。 更换密封圈。 检查控制空气门是否开启，提高控制空气压力。 更换压力开关。 调整限位开关螺栓长度至合适位置，保证开关到位。 检查接线

故　障	现　象	原　因	处　理
圆顶切换阀未打开报警	声光报警，故障圆顶阀无打开信号，指示灯闪亮。输灰程序中断	圆顶开关阀关闭，电磁阀（EV50 或 EV51）故障。电气接线松动、脱落。压力开关损坏	更换电磁阀。检查接线。更换压力开关
圆顶切换阀未关闭和密封报警	声光报警，故障圆顶阀无关闭信号，指示灯闪亮。输灰程序中断	圆顶开关阀关闭，电磁阀（EV50 或 EV51）故障。圆顶阀门插有异物卡住。密封圈破损。控制空气门未开或控制空气压力低或泄漏。压力开关损坏。限位开关不到位。电气接线松动或脱开	更换电磁阀。手动吹扫管路，同时手动开关圆顶开关阀，看能否将异物吹走。更换密封圈。检查控制空气门是否开启，提高控制空气压力。更换压力开关。调整限位开关螺栓长度至合适位置，保证开关到位。检查接线
输送循环报警	声光报警，故障输灰系统输送空气门指示灯闪亮。输灰压力＞0.3bar，输送循环未停止	输送压力采样管堵塞。输灰管路堵塞。二次输送空气逆止门损坏	立即停止故障输灰系统运行。应关闭输送空气入口手动门，清理采样管。立即进行手动吹扫，必要时打开泄放阀放灰，直至处理通为止。更换二次输送空气逆止门
灰斗积灰未清除报警	声光报警，灰斗中的低位开关有一个或一个以上覆盖时间超过 30min，料位指示灯闪亮	灰斗下灰不畅，造成灰斗积灰。输灰系统故障，长时间未排灰。料位指示错误	对下灰不畅的灰斗进行反吹或用手锤敲击，使下灰顺畅。调整输灰循环周期，加快灰斗落灰。尽快恢复输灰系统运行。调整或更换料位计
灰库切换阀故障报警	声光报警，故障切换阀指示灯闪亮。输灰程序中断	切换阀，电磁阀（EV50A 或 EV50B）故障。位置开关（ZS50A 或 ZS50B）故障不动作。控制空气门未开或控制空气压力低，空气管路泄漏。压力开关损坏。电气接线松动或脱落	更换电磁阀。更换位置开关。检查控制空气门是否开启，提高控制空气压力。更换压力开关。检查接线
系统冲不起压力或冲压时间长	系统冲不起压力或冲压时间过长。气动阀门有未开启或关闭报警	进料阀未关闭或门柄磨损泄漏。进气阀未打开或堵塞。出、进料阀未关闭或门柄磨损泄漏。透气阀未关闭或门柄磨损泄漏	检查更换进料阀门柄。检查清理进气阀。检查更换出料阀门柄。检查更换透气阀门柄

故　障	现　象	原　因	处　理
透气阀未关闭报警	声光报警，故障透气阀未关闭，阀门指示闪亮。输灰程序终止	透气阀关闭，电磁阀损坏。位置开关位置不对或损坏，未发信号	更换电磁阀。调整位置开关位置，更换位置开关
透气阀未开启报警	声光报警，故障透气阀未开启，阀门指示闪亮。输灰程序不终止	透气阀开启电磁阀损坏。位置开关位置不对或损坏，未发信号	更换电磁阀。调整位置开关位置，更换位置开关
出料阀未开启报警	声光报警，故障出料阀未开启，阀门指示闪亮。输灰程序不终止	出料阀开启电磁阀损坏。位置开关位置不对或损坏，未发信号	更换电磁阀。调整位置开关位置，更换位置开关
出料阀未关闭报警	声光报警，故障出料阀未关闭，阀门指示闪亮。输灰程序终止	出料阀关闭，电磁阀损坏。位置开关位置不对或损坏，未发信号	更换电磁阀。调整位置开关位置，更换位置开关
流量调节阀开度不随压力变化而变化	开度显示不变。输灰时间长。输灰管路易堵塞	开度调节设定值不对。流量调节阀损坏	重新设定调节值。更换流量调节阀

第二节　空　气　压　缩　机

目前，气力干式除灰系统所用的空气压缩机一般都是喷油螺杆式压缩机，下面以北京复盛机械有限公司生产的 SA 系列水冷空气压缩机组作简要介绍。螺杆式空气压缩机可以说是当今空气压缩机发展的主流，其振动小、噪声低、效率高，无易损件，具有活塞式空气压缩机不可比拟的优点。

一、空气压缩机的结构组成

空气压缩机主要由压缩机机头，空气滤清器，进气阀，油细分离器，油气桶，压力维持阀，油过滤器，油停止阀，热控阀，冷却系统，温度开关，泄放电磁阀，安全阀，止回阀和电气系统等一系列部件组成。

1. 压缩机机头

电厂六期干除灰系统所选用的喷油螺杆式空气压缩机的机头是一种双轴容积式回转型压缩机，进气口开于机壳上端，排气口开于机壳下端，两只高精度的主、副转子水平而且平行装于机壳内部。主转子有五个形齿，而副转子有六个形齿；主转子直径较大，副转子直径较小，齿形成螺旋状，环绕于转子外缘，两者齿形相互啮合。主、副转子均由轴承支撑，进气端各有一只圆柱滚子轴承，排气端各有一只四点轴承及一只圆柱滚子轴承支撑。圆柱滚子轴承承受轴向力，四点轴承承受径向推力。机体传动方式为直接传动式，是依靠联轴器将电动机与主机结合在一起，再经过一组高精度增速齿轮将主转子转速提高。电动机经联轴器、增速齿轮带动主转子转动。冷却润滑油由空气压缩机机壳下部的喷嘴直接喷入转子间的齿轮啮合部分，并与空气混合，从而带走因压缩所产生的热量，同时形成油膜，一方面防止转子间金属与金属直接接触；另一方面，封闭转子间、转子与机壳之间的缝隙。喷入的润滑油亦可减少高速压缩所产生的噪声。由于排气压力的不同，喷油重量约为空气重量的 5～10 倍。因此，空气经过主、副转子的运动压缩，就形成了压缩空气。

2. 空气滤清器

空气滤清器滤芯是一种干式纸质过滤器，过滤纸孔度约为 $10\mu m$，其主要功能是过滤空气中的尘埃，通常每过滤 1000h 后应取下滤芯，用低压空气由内向外对其吹扫，清除其表面灰尘。空气滤清器内部装有一个压力检测器，如果其控制指示仪表盘上的指示灯亮，即表示空气滤清器滤芯堵塞，必须清洁或更换滤芯。

3. 进气阀

进气阀是螺杆式空气压缩机极为重要的控制部件，通过进气阀的开启和关闭来进行空气压缩机空重负荷的控制。

复盛空气压缩机的进气阀为导杆式进气阀，又称导杆式容量控制阀，此阀的制动器有左右两处，右方为进气制动器，左方为容量调整制动器。重负荷时，由空重车电磁阀来得压力进入右方气压缸，推动阀杆向左，此时进气阀打开，增加进气量，达到重负荷运转。

系统压力由一支管经容调阀接至左方压力控制阀入口，并进入容调控制室，当系统压力因使用量减少而升高，且升高达到容调阀设定压力时，压力即开始进入容调控制室。在容调控制室中有一个泄放孔，若空气进入量大于泄放量时，则容调控制室只能逐渐建立压力，膜片受压向右推经由推栓将阀杆推向右方，以限制进气量；若此时系统用气量增加时，系统压力略为下降，容调阀关闭或关小，此时容调控制室的压力来源减小或被切断，原有的压力由泄放孔泄放而减小或消失，膜片左方的推力变小，阀杆又可推向左方而增大进气量，此为进气阀容调调整过程；若系统的用气量减少过多，压力上升的速度超过容量调整的反应能力，则压力开关动作使空重车电磁阀失电及右方进气制动室中失压，阀杆由弹簧推回关闭位置，切断进气量，同时油气桶的空气由泄放电磁阀排至进气口，主机处于低负荷运转即空载运行，当系统压力降低至压力开关设定的下限值时，压力开关动作，同时泄放电磁阀得电，并恢复重负荷运转。

4. 油细分离器

油细分离器的滤芯是用多层细密的玻璃纤维制成的，压缩空气中含雾状油气经过油细分离器之后，几乎可完全滤去，并可将压缩空气中油颗粒的大小控制在 $0.1\mu m$ 以下，空气中含油量则可低于 5ppm。正常运转下，油细分离器可使用 4000h，但润滑油的品质，使用环境的污染程度对其寿命影响甚大，如环境污染尤为严重，可考虑加装前置空气过滤器。油细分离器的出口装有安全阀，压力维持阀，泄放阀，压缩空气由此引出，通至后冷却器。

一般来说，油细分离器是否损坏、堵塞，可由以下方法判断：

（1）压缩空气中的含油量是否增加。

（2）在油气桶和油细分离器之间装有一个油细分离器压差开关，其设定压差值为 0.15MPa，若油细分离器压差超过设定值，则压差指示灯亮，此时表示油细分离器已经堵塞，必须立即更换。

（3）检查油压是否偏高。

（4）电流是否升高。

5. 油气桶

油气桶侧装有观油镜，静态润滑油的油位应在油位计 H 略偏上，以确保机器正常运行时在 H 与 L 之间。油气桶下端装有泄油阀，每次启动前应略为打开，以排除油气桶内的凝结水，一旦油流出，应迅速关闭。油气桶上开有一个加油孔，用于加油，油气桶宽大的截面积，可使压缩空气流速减小，油滴分离，起到第一段除油的作用。

6. 压力维持阀

压力维持阀位于油气桶上方油细分离器出口处，开启压力设定为 0.4～0.45MPa。压力维持阀具有如下的功能：

(1) 起动时优先建立起润滑油所需的循环压力，以确保机体的润滑。

(2) 油气桶的气体压力上升至压力维持阀设定的压力值以后，维持阀方开启，因此可降低流过油细分离器的空气流速，不仅确保油细分离效果，而且还可以避免油细分离器因压力差太大而受损。

7. 油过滤器

油过滤器是一种纸质过滤器，其过滤精度在 10～15μm 之间，可除去油中杂质（如金属微粒，油劣化物杂质），以保护轴承及压缩机转子、齿轮的正常运行。判断油过滤器是否堵塞或更换可由其压差指示来判断，压差指示灯亮，表示油过滤器堵塞，必须更换。新机第一次运转 500h 后即需要更换，以后一句压差指示灯指示判断更换。油过滤器更换不及时时，将直接导致机头进油量不足，排气温度过高；同时也会因润滑油量不足影响轴承、转子的使用寿命。

8. 油停止阀

油停止阀是一种由两位两通动断电磁阀控制的膜片阀，启动时通电开启，停机时断电关闭，其功能是在停机时迅速切断油路，避免油气桶内的油继续喷入压缩机机体，使润滑油从进气口喷出。油停止阀是空气压缩机油控制回路的重要零件，若其动作失灵可能会使压缩机机头因失油而烧损。

9. 热控阀

油冷却器前装有一个热控阀，其功能是维持空气压缩机机头排气温度高于空气压力露点以上。刚开机时，润滑油温度很低，此时热控阀的支路开启，主回路关闭，润滑油不经过油冷却器而直接进入机体内，自动把回流的回路打开；当润滑油油温升到 67℃ 以上时，则慢慢关闭支路，升至 72℃ 时，主回路全部关闭，此时润滑油会全部经过油冷却器冷却后再进入机体内。

10. 冷却系统

冷却器分有后部冷却器和油冷却器，其结构相同，皆为管壳式，均依靠流过管内的冷却水冷却压缩空气或润滑油。冷却后，压缩空气的排气温度应在 40℃ 以下，同时要求冷却水入口温度最高不得超过 35℃，其压力维持在 0.15～0.25MPa，最高不得超过 0.5MPa。水冷式空气压缩机受环境温度的影响较小，其排气温度也比较容易控制。水冷式空气压缩机机箱内部装有一个冷却风扇，其作用是使机箱内部的空气与外界充分交换，以利于冷却电动机。

11. 温度开关

在失水、失油、冷却水量不足等情况下，均有可能使机头排气温度过高，当排气温度达到温度开关设定之温度值时，则温度开关动作而停机。温度开关的温度探头位于机头内，设定温度一般为 100℃，温度开关附有以温度表安装于仪表盘上，可直接读出机头排气温度。

12. 泄放电磁阀

泄放电磁阀是一两位两通常开的电磁阀，当停机或空车时，此阀即打开，排出桶内的压缩空气，以确保空气压缩机能在无负载情况下启动或低负荷运转。

二、空气压缩机的压缩工作原理

（此部分内容见第一章第三节中的 1. 螺杆式空气压缩机）

三、空气压缩机的主要参数

空气压缩机的主要参数，见表 6-3。

表 6-3　　　　　　　　　　　　　　　空气压缩机的主要参数

项　目	单　位	输送空气压缩机	控制空气压缩机
型　号		SA-5300W	SA-4100W
排气量	m³/min	36.0	10.9
额定排气压力	MPa	0.7	1.0
转速	r/min	1480	1480
吸气状态温度	℃	32～40	32～40
吸气状态压力	MPa	0.1	0.1
吸气状态相对湿度	%	80	80
安全阀设定压力	MPa	0.8	1.1
机体形式		SA-5G	SA-4G
传动方式		联轴器	联轴器
正常机体排气温度	℃	75～95	75～95
机体最高排气温度	℃	100	100
冷却形式		水冷	水冷
冷却水量	m³/h	23.2	8.6
冷却水压力	MPa	0.15～0.5	0.15～0.5
润滑油型号		复盛双螺杆式空气压缩机专用油	复盛双螺杆式空气压缩机专用油
润滑油量	L	160	90
电动机功率	kW	220	75
额定电流	A	406	139.7
电动机转速	r/min	1480	1480
制造厂家		北京复盛机械有限公司	

四、空气压缩机的系统流程

空气压缩机的系统流程相对比较复杂，其基本可分为空气流程、润滑油流程和系统控制流程。

1. 空气流程

空气由空气滤清器过滤尘埃之后，经进气阀进入压缩机被压缩，并与润滑油混合，与润滑油混合的压缩空气由排气止回阀排入油气桶，再经油细分离器、压力维持阀、后冷却器，进入使用系统中。

2. 润滑油流程

油气桶内的压力将润滑油压入油冷却器，并在冷却器中将润滑油加以冷却之后，经过油过滤器除去其杂质颗粒，然后将过滤后的油分成两路，一路由机体下端喷入压缩室，以冷却压缩空气，另一路通到机体的两端，用来润滑轴承组及传动齿轮，而后各部位的润滑油再聚集于压缩室低部，由排气口排出。与油混合的压缩空气经油气止回阀进入油气桶，分离一大部分的油，其余的含油雾空气再经过油细分离器，滤去剩余的油后，经压力维持阀进入后部冷却器，即可送至使用系统。

五、安全保护系统及报警装置

1. 电动机保护

每台空气压缩机安装有 2 台电动机，一台为驱动空气压缩机的主机，另一台为驱动冷却循环的风扇。电动机在正常的工作状态下，其运转电流均不会超过额定电流的 3%。当电动机运转电流连续超过热保护装置的上限时，热保护装置会在设定的时间内自动切断主电源，使空气压缩机停机，此时应主动追查电流过载的原因，及时排除故障。重新启动空气压缩机的方法是，手动将热保护装置的恢复按钮压下即可。一般情况下，电动机超载有以下原因：

(1) 人为失误，如系统调整不当，而使用过高的工作压力，出口阀门没有打开等。

(2) 机械故障，如电动机内部损耗，电动机缺相运转，安全阀不动作，压力开关设定失效，油细分离器堵塞等。

(3) 电源电压过低，造成电流过载。

2. 空气压缩机防逆转保护

该保护是为防止机械逆转损坏压缩机而设置的保护装置。当接入空气压缩机的三相电源线设置连接不一致时，出现电器故障，电动机不启动，此时仅需要交换两相电源线即可。尽管有防止逆转保护，每次开机时，仍必须注意电动机转向是否正确。

3. 排气高温保护

为防止压缩机高温烧损，系统设定最高机头排气温度为 100℃，如超过 100℃则系统自动切断电源。机头排气温度过高的原因有很多，但最常见的原因是油冷却器出现故障。排气温度开关保护动作以后，系统启动回路即被切断，此时无法再次启动系统，必须关闭紧急停止按钮，使排气温度开关复位，方可重新按顺序进行启动操作。

4. 报警装置

空气压缩机系统共有警示装置：空气滤清器阻塞报警，油过滤器阻塞报警，油细分离器阻塞报警，其指示灯均显示在仪表板上。当指示灯亮时，即表示某过滤器已阻塞，但不停机，此时必须在最短的时间内更换被阻塞的过滤器。

六、空气压缩机的系统控制

空气压缩机的系统控制相对比较复杂，其在启动、全压运转、重负荷、空负荷、停机、紧急停机、无负荷运转过久自动停机等不同工况下，均由气动回路和电磁控制元件控制，用不同的方式运转。

1. 空气压缩机的启动

在空气压缩机启动过程中，进气阀全闭，泄放阀全开，空重车电磁阀处于闭合状态，此时进气侧为高度真空，压缩室及轴承所需的润滑油压力，由压缩室的真空与油气桶内的大气压力差确定。

2. 空气压缩机的全压运转

控制切入全压运转后，空重车电磁阀通电开启，泄放电磁阀关闭，此时空气桶中的压力逐渐升高，进气阀渐开，因此油气桶内的压力迅速上升，以致进气阀全开，空气压缩机开始全负荷运转，当压力升至压力维持阀设定的压力值时，压力维持阀全开，压缩空气开始输出。

3. 空气压缩机的重负荷及空负荷

当排气压力达到压力开关设定的上限值时，压力开关接通电源，空重车电磁阀关闭，进气阀也关闭，同时泄放电磁阀全开，将油气桶内的空气排至大气中，此时空气压缩机在无负荷状态（即空载）下运转，其所需的润滑油压力由进气端的压力与油气桶内压力之差确定。待系统内的压力降至压力开关下限值时，压力开关动作，空重车电磁阀再次开启，进气阀也全开，同时泄放阀关闭，空气压缩机再全负荷（即重载）运转。

4. 空气压缩机的停机

按下停机 OFF 按钮后，空重车电磁阀断电关闭，同时泄放电磁阀全开，将油气桶内的空气排至大气中，待油气桶内的压缩空气基本排出时，电动机停转，此时再按下紧急停止按钮，控制箱内所有线路才断开。

5. 空气压缩机的紧急停机

当机头排气温度超过 100℃ 或电动机因超载致使热保护装置动作时，电源将被切断，电动机即刻停转，同时空重车电磁阀，进气阀亦关闭，泄放电磁阀则全开，油停止阀则全闭，阻止润滑油继续进入压缩机，只有当机组在运行过程中出现异常情况时，才允许按紧急停机钮，否则会造成系统失灵。

6. 空气压缩机的无负荷运转过久自动停机

当系统的用气量减少时，空气压缩机保持在无负荷情况下运转，若无负荷运转时间超过设定的时间，则空气压缩机自动停机，电动机停止运转；但当系统的用气量增加时，空气压缩机会自动启动，以补充空气量。无负荷运转过久停机的时间设定以电动机每小时启动次数不超过三次为原则。

七、空气压缩机系统的运行与维护

1. 空气压缩机系统启动前的检查和准备

（1）落实设备工作票已结束，现场整洁干净，照明良好，确认无遗留缺陷，检查有无妨碍设备运行或操作的障碍物。

（2）系统管道阀门连接完好，无泄漏现象，热工表计完好，指示正确，报警信号、程控正常可靠。

（3）电动机接线牢固，绝缘合格，地脚螺栓无松动。

（4）空气压缩机柜内及冷却风扇处无杂物，各个流道无堵塞。

（5）空气压缩机油气筒油位正常，油质良好，将油气筒下部泄油阀打开，在排放冷凝水后，将其关闭。

（6）检查空气压缩机冷却水系统投入应正常，压力在 0.35～0.45MPa。

（7）将系统中各级分离器，储气罐的积水放尽，空气压缩机冷却器冷凝水放尽。

（8）检查吸干机干燥剂应有效，无变质、变色。

（9）打开旋风分离器及各级过滤器的出入口门，同时关闭旁路门。

（10）打开冷干机、吸干机的出入口门，同时关闭旁路门。

（11）打开空气压缩机冷却水出入口门，投入冷却水系统，打开空气压缩机出口门。

（12）将各个自动泄水阀注满水，并打开自动泄水阀的上部分段门。

（13）第一次试转的，应从进气阀内加入 $0.5 \times 10^{-3} m^3$ 左右的润滑油，并用手盘车转动数圈，确定机体内部无任何机械干涉及防止启动压缩机因失油而烧损。

2. 空气压缩机系统的启动

（1）启动吸干机，冷干机，正常运行 3min 左右，到冷干机、吸干机参数稳定后，启动空气压缩机。

（2）当储气罐压力达到正常运行压力后，开启储气罐出口门。

3. 空气压缩机系统运行中的检查和维护

（1）运行中每小时对空气压缩机的排气压力、排气温度、冷干机冷媒高低压及吸干机 A、B 塔的工作压力等进行检查记录，各个参数应符合规定。

（2）检查调整压缩空气的排气温度为 75～95℃，在空气压缩机系统的排气温度之间。

（3）检查油气筒油位应正常，油质良好，无渗漏现象。

（4）检查旋风分离器，各级过滤器以及连接管道阀门运行应正常，无泄漏。

（5）检查压缩机、电动机的声音、温度、振动，不得有异常，特别注意其有无摩擦和撞击声。

（6）检查各个自动泄水阀排放正常，定期手动排放储气罐内的积水。

（7）监测油细分离器、空气滤清器、油过滤器的压差和报警信号。

（8）监测空气压缩机、冷干机的电流变化。

4. 空气压缩机系统的停机

（1）停止空气压缩机运行。

（2）停止吸干机、冷干机运行。

（3）关闭空气压缩机出口门，空气压缩机冷却水出、入口门。

（4）关闭冷干机吸干机出、入口门，并打开其旁路门。

八、空气压缩机系统的安装与检修质量标准

1. 螺杆式空气压缩机检修项目及质量标准

空气压缩机检修项目及质量标准要求见表 6-4。

表 6-4　　　　　　　　　　　　　空气压缩机检修项目及质量标准要求

检修项目	检 修 内 容	质量标准及要求
更换润滑油	（1）将空气压缩机运转稍许时间，使油温上升，以减小润滑油的黏度，以利排放。 （2）按下 OFF 按钮，停止空气压缩机运转。 （3）当油气桶存有 0.1～0.2MPa 压力时，打开泄油阀。 （4）泄油阀处排空后，打开冷却器油堵，排空积油后，上紧油堵。 （5）检查油位计，如有油垢、结焦等影响观测时，应拆下清洗。 （6）打开加油盖，注入新油。 （7）一般情况下，新空气压缩机第一次使用运转 500h 应更换新油，第二次运程 1000h 换油，以后正常每运转 2000h 更换一次。 （8）空气压缩机在使用两年后，最好用润滑油做一次油系统清洗工作，换上新润滑油，让空气压缩机运转 6～8h 后，立即再次更换润滑油，彻底清洗系统中各种残存的有机成分	（1）放油时，由于有压力，泄放速度很快，容易喷出，泄油阀应慢慢打开，以免润滑油四溅，润滑油的泄油阀应注意及时关闭。 （2）必须将系统内所有的润滑油排空，包括管路、冷却器、油气桶等内的润滑油。 （3）第一次试车时，应从进气阀向机体内加 $0.5 \times 10^{-3} m^3$ 左右的润滑油，并用手转动空气压缩机数转，确定机体内部无任何机械干涉及防止启动压缩机因失油而烧损。 （4）润滑油应添加至油位计 H 偏上位置，以确保正常运转时油位在 H 与 L 之间。 （5）应使用厂家指定牌号的润滑油，严禁混用普通牌号的润滑油。 （6）换油后运转空气压缩机，正常工况下，应油位计清晰，油位保持在 H 与 L 之间，各个油堵、阀门无渗漏现象

检 修 项 目	检 修 内 容	质 量 标 准 及 要 求
更换油细分离器	(1) 空气压缩机停机后，将空气出口门关闭，水阀打开，确认系统内部已无压力。 (2) 将油气桶上方之管路拆开，同时将压力维持阀出口之后至后冷却器间的管路拆下。 (3) 松开油气桶上盖固定螺栓，取下油气桶上盖。 (4) 取出油分离器，检查进气挡板、衬桶、油气桶密封圈。 (5) 检查清理油气桶、回油管。 (6) 更换新油分离器、密封垫。 (7) 按拆开的反顺序回装油气桶。 (8) 正常情况下，油细分离器应使用 4000h 更换一次	(1) 空气压缩机油细分离器是否损坏，一般从空气管路中含油量是否增加，油细分离器压差开关是否指示灯亮，油压是否偏高，电流是否增加来判断。 (2) 从油气桶取出油细分离器后，检查进气挡板、衬桶不得有变形、开裂，如有异常应及时修复。 (3) 油气桶内油垢、结焦应清理干净，清洗并充分疏通回油管。 (4) 油气桶密封圈不得有变形、断裂、老化，油细分离器垫适当，在确保油气桶密封的同时，应确保油细分离器上沿与油气桶结合紧密，无间隙。 (5) 运转设备，检查油气桶、各管路接头、法兰不得有渗漏现象，振动、声音、油压等参数无异常
清理冷却器	(1) 空气压缩机停机后，将空气出口关闭，冷却水出、入口门关闭。 (2) 确认系统无压力后，松开冷却器油堵，将冷却器内的油放尽。 (3) 松开冷却器出、入口堵板及冷却水出、入口管接头，拆下堵板和短管。 (4) 检查冷却器铜管内部冷却水堵塞情况及铜管外部润滑油结焦淤积情况。 (5) 冷却器铜管内部冷却水堵塞，可用机械方式，用长毛刷等进行清理捅刷，或用低于 0.5MPa 的清水冲洗。 (6) 铜管外部润滑油结焦淤积严重时，可将冷却器芯取出，用专用药水进行浸泡清洗。 (7) 检查冷却器堵板密封圈、密封垫，如有变形、断裂应及时更换。 (8) 按拆开的反顺序回装冷却器	(1) 冷却器铜管内部进行清理捅刷时应注意，不得损伤铜管，以免发生泄漏。 (2) 用高压清水冲洗冷却器时，应严格控制水压在 0.5MPa 以下，以防止铜管爆裂，泄漏。 (3) 冷却器密封圈、密封垫不得有变形、裂纹或损伤、老化。 (4) 运转设备，检查冷却器、各管路接头、法兰不得有渗漏现象，工况参数无异常。 (5) 检测进出水管温差，其应在 5～8℃ 左右。 (6) 正常情况下，冷却器应每年至少清理检查一次。 (7) 在任何情况下均不允许使用易挥发性、易燃性清洗剂或对人体有害的清洗剂清洗零件。清洗后，所有零部件均应漂洗、风干
清理进气阀	(1) 空气压缩机停机后，将空气出口门关闭，水阀打开，确认系统已无压力。 (2) 松开进气阀两侧的容调室端盖螺栓，并将其拆下。 (3) 拆下膜片、弹簧，清理检查，如有损坏，应及时更换。 (4) 清理进气阀导杆，重新添加润滑油脂。 (5) 按拆开的反顺序回装进气阀。 (6) 正常情况下，应每运转 1000h 检查一次，并加注润滑油脂	(1) 检查膜片不得有变形、破损、裂纹、老化现象，如有异常应及时更换。 (2) 检查弹簧不得有锈蚀、变形，弹性良好。 (3) 进气阀导杆动作灵活，各运动部分不得有变形、锈蚀及机械损伤。 (4) 在任何情况下均不允许使用易挥发性、易燃性的清洗剂或对人体有害的清洗剂清洗零件，清洗后，所有零部件均应漂洗、风干

检修项目	检 修 内 容	质量标准及要求
机体大修	（1）清理主、副转子，变速齿轮和机壳内部的结焦、油垢。 （2）检查主、副转子，变速齿轮的损坏情况，必要时应检修或更换。 （3）检查更换主、副转子轴承和变速齿轮轴承。 （4）更换主轴油封、密封圈、轴套等密封装置。 （5）调整主、副转子，转子与机壳以及变速齿轮的间隙。 （6）大修后用手转动空气压缩机主轴，应盘车轻快，无异常摩擦、卡涩。 （7）正常情况下机体每运转20000h，应进行一次解体大修	（1）由于厂家不提供相应的技术参数和技术支持，同时由于专用调试仪器、调试工具的限制，暂不进行机体解体大修，该工作暂时外委厂家返厂进行。 （2）机体大修后回装时务必注意，严禁任何异物掉入机体压缩室内部，以免损坏机头。 （3）机体安装后，第一次运转时，应从进气阀向机体内加 $0.5\times10^{-3}\,m^3$ 左右的润滑油，并用手转动空气压缩机数转，确定机体内部无任何机械干涉及防止启动时压缩机因失油而烧损。 （4）运转设备，检查机体管路接头、法兰不得有渗漏现象，振动、声音、温度、压力等参数无异常

2. 螺杆式空气压缩机的技术参数标准

（1）主、副转子长度差不大于0.10mm。

（2）齿轮表面无麻点、断裂等缺陷，键与键槽无滚键现象。

（3）轴封低于轴承座平面0.13mm。

（4）转子两端轴向间隙之和符合规定，总间隙为0.23mm，进气端间隙为0.15mm，排气端间隙为0.08mm。

（5）转子间隙分配：出口侧2/3总间隙，入口侧1/3总间隙。

（6）联轴器找中心要求径向、轴向偏差不超过0.10mm，联轴器之间距离为4～6mm，地角垫片不超过3片。

3. 空气压缩机系统压力的调整

（1）压力开关上有两个调整螺栓，一个为压力调整螺栓，将压力调整螺栓逆时针旋转可提高设定压力。另一个为压差调整螺栓，顺时针旋转压差调整螺栓即可提高设定压差。

（2）压力开关的压力在出厂前就已设定好了，请勿随意调整，而压差可以按照现场的实际使用情况可及时调整。

4. 空气压缩机容调系统的调节

（1）假如压缩空气使用系统的用气量较空气压缩机的供气量小，则气量调节系统即可以自动调节空气压缩机的供气量。

（2）设定容调阀的开启压力，使系统在压力未上升至压力开关设定的上限值前开始气量调整动作。设定容调阀的开启压力可以视现场的使用气量作最佳调整。

（3）顺时针旋转容调阀的调节螺栓，即可以增大其开启压力，如使用系统无需容调，可将调节螺栓顺时针拧死，并锁上螺母。

5. 压缩空气罐检修的要求及标准

（1）检修周期：3年。

（2）检修项目：压力表检查或更换；罐体检修；人孔门检查。

（3）检修工艺及标准，见表 6-5。

表 6-5 压缩空气罐检修工艺及标准

检修项目	检 修 工 艺	质 量 标 准
1. 准备工作	将容器内介质排净，隔断与其连接的设备和管路	罐内有压力时，不得松紧螺栓或进行修理工作
2. 罐体检查	检查罐体外表面有无裂纹、变形、漏点； 将容器的人孔门打开，清除容器内壁污物； 筒体、封头等内外表面有无腐蚀现象，对怀疑部位进行壁厚测量并进行强度核算	所有表面无裂纹、变形、断裂，无泄漏； 进入容器检查，应用电压不超过 24V 的低压防爆灯，且容器外必须有人监护； 安全附件齐全，安全阀压力定值合格； 紧固螺栓完好无损
3. 封闭人孔门	容器内检修工作结束，清理工器具及杂物； 封闭人孔门	容器内不许残留杂物； 人孔门密封面无泄漏点
4. 压力表检查	检查压力表； 检查表管及接头	表面干净； 表管及接头无泄漏点； 压力表校验合格

九、空气压缩机常见故障及处理

空气压缩机常见故障、发生原因及其排除方法，见表 6-6。

表 6-6 空气压缩机常见故障、发生原因及其排除方法

常见故障	可 能 发 生 原 因	排 除 方 法
空气压缩机运转电流高，自动停机	（1）电压太低。 （2）排气压力太高。 （3）润滑油变质或规格不正确。 （4）油细分离器堵塞，润滑油压力高。 （5）空气压缩机主机故障	（1）电气人员检修电源。 （2）查看排气压力表，如超过设定压力，请调整压力开关。 （3）检查润滑油质量、规格，更换合格的润滑油。 （4）更换油分离器。 （5）用手转动机体转子，如无法盘车，请检查主机
空气压缩机运转电流低于正常值	（1）压缩空气消耗量太大，压力在设定值以下运转。 （2）空气滤清器堵塞。 （3）进气阀动作不良，如卡住等。 （4）容调阀调整设定不当	（1）检查系统压缩空气消耗量，必要时增加空气压缩机运行。 （2）清理或更换空气滤清器。 （3）解体检查进气阀，并加注润滑脂。 （4）重新调整设定容调阀
空气压缩机机头排气温度低于正常值	（1）冷却水量太大。 （2）环境温度太低。 （3）无负荷时间太长。 （4）排气温度表有误差。 （5）热控阀故障	（1）调整冷却水量，如系风冷冷却器，可适当减少冷却器的散热面积。 （2）适当增加压缩空气的消耗量。 （3）检查更换排气温度表。 （4）检查更换热控阀

常见故障	可 能 发 生 原 因	排 除 方 法
空气压缩机机头排气温度高，自动停机	(1) 润滑油量不足。 (2) 冷却水量不足。 (3) 冷却水温度高。 (4) 环境温度高。 (5) 冷却器堵塞。 (6) 润滑油变质或规格不对。 (7) 热控阀故障。 (8) 空气滤清器堵塞。 (9) 油过滤器堵塞。 (10) 冷却风扇故障	(1) 检查润滑油位，及时添加到规定位置。 (2) 检查冷却水进、出水管温差。 (3) 检查进水温度。 (4) 增加泵房排风量，降低室内温度。 (5) 检查冷却水进、出水管温差，正常情况温差为5～8℃，如低于5℃，可能是油冷却器堵塞，请解体清理。 (6) 检查润滑油质量或规格，更换合格的润滑油。 (7) 检查润滑油是否经过油冷却器冷却，如无则检查更换热控阀。 (8) 清理或更换空气滤清器。 (9) 更换油过滤器。 (10) 检查更换冷却风扇
压缩空气中含油分高，润滑油添加周期短，无负荷时滤清器冒烟	(1) 添加润滑油量太多。 (2) 回油管限油孔堵塞。 (3) 排气压力低。 (4) 油细分离器破损。 (5) 压力维持阀弹簧疲劳	(1) 检查调整油位到规定位置。 (2) 拆卸清理回油管限油孔。 (3) 调整压力开关，提高排气压力。 (4) 检查更换油细分离器。 (5) 检查更换维持阀弹簧
空气压缩机无法全载运转	(1) 压力开关故障。 (2) 三向电磁阀故障。 (3) 泄放电磁阀故障。 (4) 进气阀动作不良。 (5) 压力维持阀动作不良。 (6) 控制油路泄漏。 (7) 容调阀调整不当	(1) 检查更换压力开关。 (2) 检查更换三向电磁阀。 (3) 检查更换泄放电磁阀。 (4) 拆卸检查清理压力维持阀，加注润滑脂。 (5) 拆卸后检查阀座及止回阀片是否磨损，如磨损则及时更换。 (6) 检查处理泄漏。 (7) 重新调整设定容调阀
空气压缩机无法空车，空车时表压力仍保持工作压力或继续上升至安全阀动作	(1) 压力开关失效。 (2) 进气阀动作不良。 (3) 泄放电磁阀失效。 (4) 气量调节膜片破损。 (5) 泄放限流量太小	(1) 检修更换压力开关。 (2) 拆卸检查清理进气阀，加注润滑脂。 (3) 检修更换泄放电磁阀。 (4) 检修更换气量调节膜片。 (5) 适量调整加大泄放限流量
空气压缩机排气量低	(1) 空气滤清器堵塞。 (2) 进气阀动作不良。 (3) 压力维持阀动作不良。 (4) 油细分离器堵塞。 (5) 泄放电磁阀泄漏	(1) 清理或更换空气滤清器。 (2) 拆卸检查清理进气阀，加注润滑脂。 (3) 拆卸检查压力维持阀阀座及止回阀片是否磨损，弹簧是否疲劳。 (4) 检查，必要时更换油细分离器。 (5) 检修，必要时更换泄放电磁阀

常见故障	可能发生原因	排除方法
空气压缩机空、重车频繁	(1) 管路泄漏。 (2) 压力开关压差太小。 (3) 空气消耗量不稳定	(1) 检修处理管路泄漏。 (2) 重新调整设定压力开关压差。 (3) 适当增加储气罐容量
空气压缩机停机时空气滤清器冒烟	(1) 油停止阀泄漏。 (2) 止回阀泄漏。 (3) 重车停机。 (4) 电气线路错误。 (5) 压力维持阀泄漏。 (6) 泄放阀不能泄放	(1) 检修，必要时更换油停止阀。 (2) 检查止回阀阀片及阀座是否磨损，如磨损则更换。 (3) 检查进气阀是否卡住，如卡住须拆卸检修清理，并加注润滑脂。 (4) 检查检修电气线路。 (5) 检修压力维持阀，必要时更换。 (6) 检查检修泄放阀，必要时更换

十、空气压缩机常用消耗、易损配件

空气压缩机常用消耗、易损配件，见表 6-7、表 6-8。

表 6-7　　　　　　　　　　　**SA-5300W 常用消耗、易损配件**

序　号	常用消耗配件名称	型　号	数　量	备　注
1	油细分离器	SA-5300W	1	
2	油过滤器	SA-5300W	2	
3	空气滤清器滤芯	SA-5300W	1	
4	进气阀膜片	SA-5300W	1	
5	进气阀弹簧	SA-5300W	1	
6	油停止阀	SA-5300W	1	
7	热控阀	SA-5300W	1	
8	容调阀膜片	SA-5300W	1	

表 6-8　　　　　　　　　　　**SA-4100W 常用消耗、易损配件**

序　号	常用消耗配件名称	型　号	数　量	备　注
1	油细分离器	SA-4100W	1	
2	油过滤器	SA-4100W	2	
3	空气滤清器滤芯	SA-4100W	1	
4	进气阀膜片	SA-4100W	1	
5	进气阀弹簧	SA-4100W	1	
6	油停止阀	SA-4100W	1	
7	热控阀	SA-4100W		

第三节　空气压缩机后处理系统

气力干式除灰系统输送压缩空气必须经过除油除水的处理，才能满足系统的使用要求。现在所使用的后处理装置主要有冷冻式压缩空气干燥机（以下简称冷干机）和无热再生吸附式空气干燥器（以下简称无热再生空气干燥器），以及各级过滤器和储气缓冲罐等。

一、冷干机

1. 冷冻式干燥机的结构

冷冻式干燥机是采用制冷原理降低压缩空气的露点温度，使压缩空气中的水蒸气凝结成液体，从而提高压缩空气的干燥度以达到干燥的目的。冷冻式干燥机的主要部件有：预冷器、蒸发器、制冷压缩机、膨胀阀、热气旁通阀、气水分离器、自动排水器、控制系统等。

（1）制冷压缩机。制冷压缩机是冷冻式干燥机的动力源。为达到产品的使用效果，不同规格的产品其主机——制冷压缩的选择厂家和型号有所不同，大多冷冻式干燥机为了长期稳定使用，均选用进口制冷压缩机。

（2）预冷器和蒸发器。预冷器和蒸发器是冷冻式干燥机的换热装置，现在采用了螺纹紫铜管和带扰流孔的铝翅片，可提高换热效率30%以上（与光管相比）。

（3）制冷部件。制冷部件包括膨胀阀、能量调节阀、冷凝器、干燥过滤器、水量调节阀和压力继电器等。为了保证设备的可靠性，RS型冷冻式干燥机皆采用了进口部件。

（4）露点控制方式。露点控制方式采用蒸发器末端插入式温度探头监控方式，以利真正掌握空气露点温度的变化并及时加以控制（有的厂家采用冷媒压缩机的冷媒回路压力感测手段，用冷媒低压值换算成蒸发温度近似值的方式，推算蒸发器末端的空气露点温度，其数值显示滞后性强，数值误差大）。

（5）气水分离手段。气水分离手段采用减速凝聚、导流加速的分离原理，使高效气水分离器的水分分离效果从一般旋风分离器的60%~70%提高到99%以上，真正确保了冷干机露点温度和出气品质。如采用一般的旋风分离器，其分离效果不够理想，难以保障出气露点的稳定、可靠。

2. 冷干机的工作原理

RS400S冷干机系采用制冷的原理，通过降低压缩空气温度，使其中的水蒸气和部分油、尘凝结成液体混合物，然后通过祛水器把液体混合物从压缩空气中分离排出，使压缩空气达到除灰系统的使用要求，其具体工作原理应分为压缩空气和制冷系统两个部分。

（1）压缩空气部分。

1）从空气压缩机系统输出的湿热压缩空气进入冷干机的预冷器，湿热空气受到干冷压缩空气的热交换冷却，使温度下降，其中部分水气和杂质凝结成液体混合物；同时可节省冷媒压缩机50%左右的能耗。如果压缩空气温度在进入冷干机时超过45℃，建议采用高温型冷干机。

2）被预冷后的压缩空气进入空气对冷媒的热交换器，习惯上称之为蒸发器，压缩空气受到低温冷媒的急剧冷冻，使其中的水蒸气、油雾结合尘粒凝结出来。在蒸发器中，压缩空气可被冷却到1.7倍左右的压力露点。

3）凝结液被祛水器分离出来，并通过自动排水器排往外界。

4）干冷洁净的压缩空气回到预冷器，其受到入口的热空气加热，温度回升，因此可以避免因压缩空气温度太低而在下游输送管路外表凝结成水滴。

（2）制冷系统。

1）制冷剂被压缩机压缩成高温高压的气态冷媒后输出，其经过冷凝器的冷却后，即变成常温高压的液态冷媒，同时放出热量。

2）液态冷媒经过膨胀阀节流膨胀后进入蒸发器，变成低温低压的气、液混合体，这些低温低压液态冷媒吸取进入蒸发器的压缩空气的热量后，汽化成气态冷媒。

3）气态冷媒再回到冷媒压缩机，进行再次压缩。

4）热气旁路阀控制蒸发器温度的恒定，使冷干机的制冷量与压缩空气的负荷变化相适应，以保证稳定的压缩空气品质。

3. 冷干机的主要参数

冷干机的基本参数见表 6-9。

表 6-9 冷干机的基本参数

项 目	单 位	冷 干 机	项 目	单 位	冷 干 机
型号		RS400S	冷却水压力	MPa	0.15～0.30
处理风量	m³/min	40	环境温度	℃	2～32
冷媒		R-22	功率	kW	7.46
进气温度	℃	≤45	冷媒高压	MPa	夏季：1.6～1.8 冬季：1.3～1.6
进气压力	MPa	0.6～1.0	冷媒低压	MPa	0.3～0.4
冷却水温度	℃	＜32	生产厂家		杭州日盛新技术有限公司

4. 冷干机的运行与维护

（1）冷干机的启动。

1）水冷型冷干机运行应先打开冷却水进、出口阀门。

2）启动冷干机无负载运行 5～10min，检查各个参数应合格，无异常。

3）缓慢打开冷干机压缩空气入口阀门，待冷干机进、出口压力稳定后，打开冷干机压缩空气出口阀门，同时关闭空气旁通阀门。

4）检查制冷剂高压和制冷剂低压范围应符合要求，其中，制冷剂高压的工作范围为：1.1～2.1MPa；制冷剂低压工作范围为：0.35～0.65MPa。

5）检查自动排水装置应排放正常。

6）检查制冷压缩机，其表面应有轻微结霜，无异响，无温度。

（2）冷干机运行中的检查与维护。

1）检查冷干机运行中冷媒高压和冷媒低压，如参数不正常，则及时调整。

2）检测冷干机电流，不得有异常。

3）检查自动卸水阀，排水不畅或堵塞时，应及时清理。

4）冷干机无负荷空载运行时间不得超过 30min。

（3）冷干机的停机。

1）停机前先打开压缩空气旁路阀门，再关闭冷干机压缩空气进、出口阀门。

2）停止冷干机运行。

3）关闭冷干机冷却水出、入口门。

4）如停机在 8h 以上，必须将冷干机内的压缩空气泄空，切断电源。

5）冷干机严禁频繁启动，如有特殊情况，再次启动也至少间隔 10～20min。

5. 冷干机系统的安装与检修质量标准

冷干机的一般检修项目及标准要求见表 6-10。

表 6-10　　　　　　　　　　　冷干机的一般检修项目及标准要求

检修项目	检 修 内 容	检修标准及要求
冷媒高、低压的调整	（1）当冷媒高压大于正常值时，应调节水量调节阀，沿顺时针方向转动若干圈，以稳定高压并使其回到正常值范围内。 （2）待冷媒高压稳定后，再调整冷媒低压。冷媒低压过高或过低都会使冷干机不排水，这时需要调整热气旁通阀。调整时顺时针方向为冷媒低压上升，逆时针方向为冷媒低压降低。 （3）随着季节变化，热气旁通阀应有不同的开启度。 （4）定期检查冷媒是否漏失	（1）冷媒为 R22 时冬季冷媒高压为 1.3～1.6MPa，夏季冷媒高压为 1.6～1.8MPa。 （2）调整冷媒低压时，应以 1/4 圈逐次调节热气旁通阀，至冷媒低压为 0.3～0.4MPa。 （3）应根据实际使用经验及时调整冷媒高、低压。 （4）在其他阀门正常工作下，冷干机蒸发压力表读数低于 0.2MPa 时，表示冷媒缺损，应及时补充
冷却器的清理	（1）停止冷干机运行，松开冷却器两端的端盖螺栓，拆除端盖。 （2）检查冷却器铜管的堵塞情况，清理两侧端盖的结垢。 （3）冷却器铜管内部冷却水堵塞，可用机械方式，用长毛刷等进行清理捅刷，或用低于 0.5MPa 的清水冲洗，最后用压缩空气吹管。 （4）检查各个密封圈的老化、损坏情况，必要时及时更换。 （5）按照拆解的反顺序回装冷却器	（1）冷却器铜管内部进行清理捅刷时应注意，不得损伤铜管，以免发生泄漏。 （2）用高压清水冲洗冷却器时，应严格控制水压在 0.5MPa 以下，防止铜管爆裂，泄漏。 （3）运转设备，检查冷却器、各管路接头、法兰不得有渗漏现象，工况参数无异常。 （4）正常情况下，冷却器应每年至少清理检查一次。 （5）在任何情况下均不允许使用易挥发性、易燃性的清洗剂或对人体有害的清洗剂清洗零件。清洗后，所有零部件均应漂洗、风干，不得有水或其他任何物品进入冷却器内部
冷凝器的清理	（1）先准备好耐酸腐蚀水泵、水箱，配好水管、接头等。 （2）将水冷式冷凝器出、入口管接头打开，分别与准备好的水泵、水箱连接。 （3）在水箱中加 5%～10% 的稀盐酸，并按 0.5%g/kg 溶液的比例加入乌洛托品之类的阻化剂）。 （4）开启水泵，让酸水循环 20～30h，排尽酸水，再用 10% 的烧碱水冲洗 15min，然后再用清水冲洗 1～2h。 （5）拆除酸洗设备，恢复冷凝器的管路配置	（1）酸洗水泵、水箱、配管、接头时，应选用耐酸腐蚀设计处理。 （2）应严格按照要求比例配制酸洗液，同时应按照要求控制酸洗时间及各个步骤。 （3）冷凝器恢复后，运行检查各个管路、接头无渗漏现象后，方可恢复保温。 （4）冷凝器应按照实际工作经验，定期酸洗清理

6. 冷干机系统的故障分析与处理

冷干机常见故障、原因及处理方法见表6-11。

表 6-11 冷干机常见故障、原因及处理方法

常见故障	故 障 原 因	处 理 方 法
冷干机不运转	(1) 电源开关未开或线路故障。 (2) 电源电压过低。 (3) 压缩机损坏。 (4) 高、低压保护开关未复位。 (5) 制冷剂泄漏。 (6) 制冷压缩机的启动电容损坏	(1) 检查电源开关及线路。 (2) 测量电压，其不可超过±10%。 (3) 更换压缩机。 (4) 高、低压保护开关复位。 (5) 检查维修制冷系统，添加冷媒。 (6) 更换启动电容
冷干机出口空气有水分	(1) 自动排水器堵塞或损坏。 (2) 空气管路旁路阀打开未关闭。 (3) 自动排水器倾斜。 (4) 冷干机未制冷。 (5) 制冷系统故障	(1) 清洗或更换自动排水器。 (2) 检查关闭旁路阀。 (3) 将自动排水器平置。 (4) 检修制冷系统。 (5) 检修制冷系统
冷干机压力露点高	(1) 冷凝器散热不良。 (2) 实际风量超过额定处理量。 (3) 入口空气温度过高。 (4) 环境温度或冷却水温度过高。 (5) 保温材料脱落。 (6) 热气旁路阀设定过高。 (7) 冷媒泄漏。 (8) 干燥过滤器堵塞。 (9) 冷媒不足。 (10) 热力旁通阀开启过大 (11) 热力膨胀阀开启过小	(1) 清洗冷凝器。 (2) 减少风量或更换大容量冷干机。 (3) 增加前置冷却器。 (4) 改善通风条件或降低冷却水温度。 (5) 重新粘贴保温材料。 (6) 重新调整设定热气旁路阀。 (7) 检查处理泄漏，并重新添加冷媒。 (8) 更换干燥过滤器。 (9) 添加冷媒。 (10) 调整热力旁通阀。 (11) 调整热力膨胀阀
自动排水器未排水	(1) 自动排水器堵塞。 (2) 压缩空气的压力值小于设计值。 (3) 冷干机倾斜	(1) 清理自动排水阀。 (2) 将空气压力调整至正常使用范围。 (3) 将冷干机平置
冷干机经常跳脱	(1) 冷干机散热不良。 (2) 冷干机负载过高。 (3) 电源缺相。 (4) 接触器不良。 (5) 电流设定值太低。 (6) 冷却水温度偏高或流量不足。 (7) 制冷系统管路堵塞。 (8) 制冷系统残留空气。 (9) 热力膨胀阀感温包损坏	(1) 检查清理冷凝器。 (2) 适当减少风量，降低空气温度。 (3) 检修电源。 (4) 更换接触器。 (5) 重新设定电流值。 (6) 降低冷却水温度或增加水量，调整水量调节阀。 (7) 检查干燥过滤器和热力膨胀阀。 (8) 重新抽真空后添加冷媒。 (9) 更换热力膨胀阀

常见故障	故 障 原 因	处 理 方 法
空气压力降太大	(1) 管路阀未全打开。 (2) 管径太小。 (3) 管路太长,弯头、接头太多。 (4) 管路中的过滤器阻塞。 (5) 管路连接处漏气太多。 (6) 超过空气压缩机的额定流量,压力自然降低。 (7) 温度开关或压力开关不良。 (8) 膨胀阀、热气旁路阀故障	(1) 将阀门全开。 (2) 加大管径。 (3) 重新设计、改造管路系统。 (4) 清洗或更换过滤器。 (5) 处理漏气。 (6) 更换容量较大的空气压缩机或减少空气流量。 (7) 检修、校正或更换开关。 (8) 检查、调整、校正或更换
制冷压缩机温度太高	(1) 冷凝器散热不良。 (2) 冷干机负荷过大。 (3) 冷却水温度偏高或流量不足。 (4) 环境温度过高。 (5) 冷媒量不足	(1) 清理冷凝器。 (2) 检查压缩空气的流量、温度和压力是否超标。 (3) 降低冷却水温度或增加水量,调整水量调节阀。 (4) 改善现场通风条件,降低环境温度。 (5) 添加冷媒
制冷压缩机表面结霜严重	冷干机负荷过小	检查空气压缩机,管路阀门

二、无热再生空气干燥器

（一）无热再生空气干燥器的结构组成

与 RS 型冷干机配套使用的吸干机选用杭州日盛公司生产的 GW2-12/10 型无热再生空气干燥器,该设备主要由 A 塔、B 塔、入口电磁气动控制阀、消声器、气量调节阀、单项阀、电气控制箱等组成,由电磁控制系统控制自动完成压缩空气 A、B 两塔的环吸附和再生,压缩空气处理后压力露点可达 −40℃。

（二）无热再生空气干燥器的工作原理

1. 吸附过程

（1）根据杭州日盛公司的经验,对吸附塔中吸附剂的装填量、装填方式、气流分布、接触时间进行了严格的控制,从而可以有效地抑制吸附剂的部分失效和残余水分的影响。

（2）国外研究表明:在相同的平衡水分下,进口气流温度越低,成品气的露点温度就越低。经除水、除油后才进入吸附塔的流程,降低了吸附温度,因而也相应的增加了吸附的深度。

2. 再生过程

（1）根据吸附放热和再生吸热平衡以及吸附塔中水分平衡的原理,再生气体温度的提高,可以为脱附过程提供足够的热量以确保再生完全。

（2）再生气的加热进一步降低了再生气的饱和度,增大了再生过程中吸附剂和吸附质的浓度差,从而有效地推动了再生的正向运行。

（3）由于再生时有足够的热差,再生气的饱和度进一步降低,从而可以保证成品气的质量。

（三）无热再生空气干燥器的系统组成

吸干机系统一般有冷干机、吸干机、入口空气水分离器、入口油过滤器、出口粉尘过滤器组成，用以压缩空气除油、除水，充分满足后系统对压缩空气的品质要求

（四）无热再生空气干燥器的主要参数

无热再生空气干燥器的基本参数，见表 6-12。

表 6-12　　　　　　　　　　　无热再生空气干燥器的基本参数

项　目	单　位	干　燥　器
型号		GW2-12/10
容积	m³	0.23
额定处理气量	m³/min	12
进口（工作）压力	MPa	1.0
初始压力降	MPa	≤0.02
进口温度	℃	0～40
成品气露点	℃	－40
再生气量	%	<12
干燥剂	mm	φ4～8 细孔球状活性氧化铝
再生方式		无热再生
工作方式		两吸附筒周期交替连续工作
操作方式		电控全自动
气动薄膜切换阀工作压力	MPa	0.2
电源功率	W	10
设备质量	kg	1020
生产厂家		杭州日盛

（五）无热再生空气干燥器的安装与检修质量标准

无热再生空气干燥器的大修项目及标准，见表 6-13。

表 6-13　　　　　　　　　无热再生吸附式空气干燥器的大修项目及标准

检修项目	检修内容步骤	检修标准及要求
1. 检修准备	关闭干燥器进气阀门、出气阀门、旁路阀门，使设备与系统断开，并切断电源。打开安全阀将设备内部空气排出，确认无压力	设备系统有压力或未断电时，禁止工作
2. 消声器的检修	松开消声器连接螺栓，拆下消声器，取出滤芯，清理消声器内外壁的锈垢、杂物。疏通排气孔；清洗滤芯上的油污，必要时更换	消声器内外的油污、锈蚀、结垢、粉末应完全清除，所有排气孔畅通，必要时可酸洗；滤芯不得有破损，油污、灰尘、粉末难以清理干净时，应及时更换
3. 进气阀、排气阀的检修	松开进气阀、排气阀法兰螺栓，拆下阀门。将阀门解体，检查弹簧、膜片、阀柄、阀座，如有损坏，应及时更换修复，并根据检修前的情况，检查阀杆的填料密封	进气阀、排气阀为气动薄膜切换阀，其阀柄、阀座应配合良好，封闭严密，不得有机械损伤；弹簧弹性适中，不得有锈蚀、变形、断裂；膜片完好，无破损、开裂、老化现象；阀杆填料密封严密，紧力适当

检修项目	检修内容步骤	检修标准及要求
4. 单向阀的检修	松开单向阀阀盖螺栓，取出阀座锥阀，清理检查阀座、锥阀、导向杆及密封垫的损坏情况，若有损坏应及时修复	锥阀、阀座、导向杆、密封垫完好，配合严密，动作灵活，无冲刷、磨损、破裂等机械损伤
5. 更换吸附剂	拆下 A、B 吸附筒的上下堵板，排掉失效的吸附剂，取出出、入口的滤网，拆下再生气调节球阀和节流孔板，进行清理检查，更换所有密封垫后，依次安装上下滤网和下堵板，将新吸附剂加满后安装上堵板	吸附剂为 $\phi4\sim8$ 细孔球状性活性氧化铝，应填满吸附筒，再生气调节球阀应开关灵活，上、下滤网应完好、通畅，不得有破损或堵塞
6. 回装、调试	更换密封垫，回装单向阀、进气阀、排气阀、消声器。启动干燥器，将进气阀、排气阀的工作压力设定为 0.2MPa，调整检查进气阀、排气阀动作程序，开关情况，运行周期及再生气调节球阀开度，检查各个连接、法兰有无渗漏，各个运行参数是否正常	干燥器启动后各个连接、法兰密封良好，无漏气现象，各个阀门动作灵活、正确，无泄漏卡涩；吸附筒在解吸再生工序时压力应 <0.05MPa，吸附筒在干燥工序时，排气压力比后系统气源压力不应 >0.05MPa，再生气调节球阀调整适当，再生气量 <12%

（六）无热再生空气干燥器的常用易损配件

无热再生空气干燥器的常用易损配件，见表6-14。

表6-14　　　　　　　　无热再生空气干燥器的常用易损备品、备件

序　号	常用备件名称	规格型号	数　量	备　注
1	活性氧化铝	$\phi5\sim8$	300kg	
2	气动薄膜切换阀	ZMAQ-50	2件	
3	气动薄膜切换阀	ZMBQ-50	2件	
4	过滤减压阀	GW2-12/10	1件	
5	消声器	GW2-12/10	1件	
6	膜片	ZMAQ-50	2件	
	减压阀	GW2-12/10	1件	

第四节　仓　泵

仓式气力输送泵（简称仓泵）是正压气力输送系统的主要设备，其主要作用是储存干灰并将其输送到灰库内。下面以杭州华源设计生产的 XCM 型下引式流态化仓泵作简单介绍。

一、仓式的结构

XCM 型下引式流态化仓泵由手动插板门、进料阀、出料阀、透气平衡阀、止回阀、吹堵阀、压力开关、压力变送器、流量调节阀及料位计组成，以此来控制泵的压力和进料输送量。出料阀后装有防堵阀，仓泵底部有流化板和进气阀，压缩空气由此进入。

仓泵进料直至料位计设定平面后，停止进料。压缩空气由底部通过流化板进入，并搅动粉煤灰，使煤灰流化、加压至设定压力。流化颗粒在压缩空气推动下排入输送管道并被送到灰库。输送完成，压力开关动作，开始下一个循环。

二、仓式系统的工作原理

（一）仓泵

正压密相气力除灰系统是由小仓泵采用间歇式并联多台小仓泵同时工作的输送方式，小仓泵每进、出一次物料为一个工作循环，其工作过程可分为进料、增压气化、输送和清扫4个阶段。

1. 进料阶段

排气平衡阀打开后，进料圆顶阀打开，物料自由落下，填充泵体，进气阀和出料圆顶阀保持关闭状态，此时无空气消耗。

2. 增压气化

当串联在同一组小仓泵中的物料达到小仓泵内料位计高度或达到设定的填充时间时，进料圆顶阀和排气平衡阀关闭，进料圆顶阀密封圈充气密封，进气阀组打开，压缩空气进入泵内，初步流化物料，直到压力升高至设定值。

3. 输送

当压力升至设定值时，出料圆顶阀密封圈泄压，打开出料圆顶阀，输送物料，压缩空气将灰从所有的小仓泵输送到灰库，在此过程中，气化室上的物料始终处于边流化边输送的状态。

4. 清扫

在进气管线上设有压力开关，当探测到管道内的压力下降到设定值时，表明输灰结束，吹扫几秒后，关闭压缩空气入口阀，系统复位等待下一次循环。

（二）圆顶阀的工作原理

圆顶阀关闭时，球形阀瓣转动90°至"关"位，气动装置凸轮压下到位开关触点，表明阀体已经到位，在接到到位信号后，密封圈内充入0.5MPa的压缩空气，当发生鼓胀时，使之与球形阀瓣紧密贴合，实现密封。阀门开启时，密封圈内压缩空气先泄压，延时1～2s后，依靠自身弹性回缩，然后气动装置转动90°至"开"位。此阀在启动过程中球形阀瓣与阀座（密封圈）不接触，启闭转矩小，很少磨损，从而提高了使用寿命，大大降低了维护费用和时间。

三、仓泵气力输灰系统的组成

仓泵气力输灰系统由仓泵、气源（空气压缩机及附件）、灰库（灰输送管路及附件）和控制系统四大部分组成。

四、仓泵的主要参数

仓泵的基本参数见表6-15。

表 6-15 　　　　　　　　　　　　　　　　　**仓泵的基本参数**

名　　称	单　位	参　　数	名　　称	单　位	参　　数
容器名称		仓泵泵体	介质		空气
类别		1类	容积	m³	1.875
材质		16MnR	质量	kg	680
设计温度	℃	−20～300	焊缝系数		0.85
设计压力	MPa	0.9	腐蚀余量	mm	2Q
最高工作压力	MPa	0.8			

五、系统运行与维护

六、仓泵气力输灰系统的安装与检修质量标准

1. 仓泵安装检修后的验收内容

（1）插板门关闭严密，调节阀能够迅速对参数变化进行调节，无延时。

（2）止回阀严密可靠，流化盘透气均匀。

（3）进料阀和出料阀开启灵活，无卡涩，间隙符合厂家要求（小于或等于 0.06mm）。

（4）水压试验压力为设计压力的 1.25 倍。

（5）按程序进行调试、运行，阀门动作正常，开关到位。

2. 仓泵对布置的要求

（1）集灰斗壁和下灰管道与水平面的夹角不宜小于 60°。

（2）仓泵宜在地上布置，仓泵的下边与地面净空宜为 300mm。

（3）在仓泵进料阀处应设检修维护平台。

3. 圆顶阀的检修维护内容

上、下阀杆应定期进行润滑，两侧油嘴应定期注入钼基 3 号润滑脂，随时检查压力表的压力变化，发现压力下降后应及时检查更换密封圈。

4. 圆顶阀密封圈的更换

由于密封圈的材质为橡胶，其在高温和磨损的状态下，易发生老化和损坏，所以在使用一段时间后应定期更换。更换密封圈时，松开主、副阀体之间的螺栓，取下副阀体，去除密封圈和衬环，更换新的密封圈，把密封圈和衬环重新装入副阀体中，装好 O 形圈，拧紧主、副阀体间的螺栓。

5. 圆顶阀的主、副阀体之间不密封的故障及其排除

故障原因及其排除方法如下：

（1）副阀体 O 形圈安装位置不正确；调整 O 形圈位置。

（2）主阀体与密封座之间调整垫安放位置不正确；调整垫片位置。

（3）主、副阀体之间螺栓松动；拧紧主、副阀体之间的螺栓。

6. 圆顶阀关闭不严的故障及其排除

故障原因及其排除方法如下：

（1）球体位置不对中；调整气动装置，使球体位置处于正中时，气动装置处于"关"位。

（2）密封圈破损；更换损坏的密封圈。

（3）密封圈不冲气；检查气路，检查电磁换向阀是否损坏。

7. 圆顶阀的结构组成和特点

圆顶阀是专用于输送干粉状、气粉混合体系统中普遍使用的一种阀门，它的执行机构主要由阀体、阀盖、球顶式阀芯、上阀杆、下阀杆、阀杆衬套、气囊及各类连接件、密封件组成，阀杆与阀体为偏心结构设计，启闭方式为气动回转式，阀芯设计为球顶型，球面止灰板两侧呈锐角铲弧状，当阀门启闭时，有自行铲除积灰、积垢的功能，截止气囊密封系统采用氟橡胶耐磨损，密封性能好，使用稳定、可靠。

第五节 灰　　库

灰库位于整个气力除灰系统的尾端，为两座粗灰库，一座细灰库，这三座灰库均为圆筒形钢筋水泥浇筑结构，主要是用来储存除灰系统输送来的干灰，并加湿处理后排入卸灰车外排或综合处理。整个系统包括灰库本体，加湿搅拌机，气化风机，库顶布袋除尘器，真空释放阀，干灰散装机，以及卸灰器和各管道阀门切换装置等。

一、灰库系统的结构组成及工作原理

此部分内容见第一章第三节四、灰库系统。

二、灰库系统组成

灰库系统主要由粗灰库，细灰库，加湿搅拌机，干灰散装机，布袋除尘过滤器，加湿泵，汽化风机，以及卸灰装置和管路切换装置组成。

三、灰库系统的主要参数

灰库系统的主要参数见表6-16～表6-21。

表6-16　　　　　　　　灰 库 的 主 要 参 数

名　称	单　位	参　数	名　称	单　位	参　数
灰库			容积	m³	2053
直径	mm	15000	设计温度	℃	
高度	mm	26000	设计压力	MPa	

表6-17　　　　　　　　汽化风机的主要参数

名　称	单　位	参　数	名　称	单　位	参　数
汽化风机		SNH-25	电动机型号		Y225M-4
理论流量	m³/min	29.15	电动机功率	kW	45
压力	kPa	68.5	电动机转速	r/min	
转速	r/min	1150	质量	kg	1600
轴功率	kW	35.3	生产厂家		江苏镇江汉思电站辅机制造有限公司

表6-18　　　　　　　　干灰散装机的主要参数

名　称	单　位	参　数
干灰散装机		GSJ/100
装卸能力	t/h	100
升降速度	m/min	7.4
锥阀伸缩行程	mm	800～1300
下料管直径	mm	310
生产厂家		江苏南通亚华电力辅机制造有限公司
电动机型号		Y112M-6
电动机转速	r/min	1450
电动机功率	kW	2.2
吸尘风机型号		4-68NO3.15
吸尘风机的电动机型号		Y801-4
吸尘风机的电动机功率	kW	0.55
电动给料机型号		DCS-100

名　称	单　位	参　数
电动给料机出力	t/h	100
生产厂家		
电动给料机的电动机型号		Y100L-4
电动给料机的电动机功率	kW	3.0
电动给料机的减速机型号		BWD3-3-43
电动给料机的转子转速	r/min	33.02

表 6-19　　　　　　　　　　加湿搅拌机的主要参数

名　称	单　位	参　数
加湿搅拌机		TSL-200
螺旋直径	mm	950
出力	t/h	200
传动方式		联轴器
主动转速	r/min	55
加湿水压力	MPa	0.4～0.6
设备总质量	kg	12500
加湿搅拌机生产厂家		江苏无锡太湖电力设备厂
搅拌机减速机型号		BWD37-46A-17.5
转速	r/min	55
速比		17.5
搅拌机减速机电机型号		Y250M-6
搅拌机减速机电机功率	kW	37
电动给料机型号		DCS-200
电动给料机出力	t/h	200
电动给料机生产厂家		江苏南通亚华电力辅机制造有限公司
电动给料机的电动机型号		Y132S-4
电动给料机的电动机功率	kW	5.5
电动给料机的减速机型号		BWD5-5.5-59
电动给料机的转子转速	r/min	25

表 6-20　　　　　　　　　　加湿泵的主要参数

名　称	单　位	参　数
加湿泵		ZMB100C-250A
流量	m^3	90
扬程	m	70
转速	r/min	2900
电动机型号		
功率	kW	30
生产厂家		河北保定英及特泵业有限公司

表 6-21　　　　　　　　　　布袋除尘器的主要参数

名　称	单　位	参　数	名　称	单　位	参　数
布袋除尘器		DLMV80/20	过滤后排气含尘量	mg/（N·m^3）	100
过滤面积	m^2	80	布袋规格	m	0.5×2
过滤效率		99.5	生产厂家		Dalamatic Insertable
处理气量	m^3	8000			

四、灰库系统设备的安装与检修质量标准

（一）气化系统检修

1. 气化风机的维护保养项目

（1）换油。应对油量进行日常检查和定期更换。第一次换油一般在 200h 后进行，以后每运转 2000h 后换油，或至少每三个月换油一次。每次换油前都应该清洗排油孔和加油孔的油塞，并更换油塞上的密封材料。定期擦净油标并检查油位。

（2）清洁滤清器。滤清器的清洗决定于被污染的程度，至少每星期清洗一次。若滤清指示器指出滤清器的压降达 500mmH$_2$O 时也必须清洗滤清器。对于纸质滤芯可用压缩空气吹去积尘，吹气的方式应与工作时气流流经滤芯的方向相反。对金属网滤芯，可以用加清洁剂的冷水或温水清洗。装水的容器要有足够的容积，能使整个滤芯浸没，滤芯洗净后再用清水漂洗，然后晾干。

（3）小修项目。检查传动皮带；检查润滑油；检查滚动轴承；叶轮间隙测量及清洗；齿轮检查；油封、密封环检查；空气滤清器清洗；弹性橡胶接头检查；冷却器检查；出口管道及阀门检查或更换。

2. 汽化风机大修项目

（1）更换传动皮带。

（2）更换润滑油，清理油箱、油位计。

（3）检查轴承，必要时更换。

（4）检修叶轮转子。

（5）检查齿轮，必要时更换。

（6）检查、清洗气室。

（7）检查更换油封。

（8）清洗消声器、空气过滤器。

（9）检修出口阀门。

3. 汽化风机解体步骤

（1）拆除联轴器防护罩，测量联轴器之间的径向偏差和中间距离，并作好记录。

（2）放净油箱内的润滑油，拆除机壳、齿轮箱结合面的固定螺栓，取下密封垫片，测量厚度并作好记录。

（3）在主动、从动齿轮上作好匹配记号，拆卸锁紧螺母，可用加热法拆卸轮毂、齿轮，加热温度应符合设备厂家的规定，一般不超过 150℃。

（4）轴承盖拆卸前应作好标记，测量并记录碘片厚度，拆卸轴承。

（5）吊出转子时，应使用专用工作台进行，转子吊起后，轴端螺栓应包扎保护，防止螺纹损伤。

4. 汽化风机的试转

（1）清除风机内外灰尘，以防进入气室与油池内。

（2）按旋转方向手动盘车，检查有无异常。

（3）接通电源，在无负荷状态下启动风机，核实旋转方向。

（4）运转期间，应检查润滑是否正常，有无异常振动及摩擦和发热等异常情况，如有应当停机，查明原因，消除故障后再重新启动。

（5）运转中检查轴承温度、润滑油温度、电流表的指示数。

（6）检查排气压力、排气温度。

5. 汽化风机的检修质量标准

（1）传动皮带不允许粘有皮带胶和其他润滑剂，保持皮带清洁；新旧皮带不能混装，皮带表面无脱皮、裂纹和断层。

（2）带轮表面无残缺，两带轮轮宽中心平面轴向位移误差小于1.0mm。

（3）油位计干净、光亮无破损、无漏油等缺陷。

（4）油封不变形、不损坏、密封唇不允许有裂纹、擦痕、缺口等缺陷，安装时外表面应涂有润滑脂。

（5）滚动轴承无损伤、无锈蚀，转动灵活，无异声。轴承间隙符合要求。

（6）齿轮啮合面不小于75%，齿牙磨损不超过弦齿厚的40%，两啮合间隙为0.26mm，无断裂齿，表面无裂纹；转动时无异声、无碰撞和卡死现象。

（7）软连接不老化，无损坏、无漏风。

（8）消声器内无损坏，无杂物。

（9）空气滤清器外罩清洁、无变形。

（10）出口管法兰及机体法兰无漏风点；皮带安装后，不打滑或过紧，张力适中。

（11）试转前加符合标准的润滑油；运转500h后应更换新鲜的润滑油一次。

（12）运转时，滚动轴承温度不高于95℃，润滑油温度不高于65℃，排气压力在允许范围内，振动值小于0.13mm。

（13）叶轮表面磨损不超过0.5mm，表面干净无污物或锈迹。汽缸内壁磨损量不超过0.5mm。

（二）灰库气化槽的技术要求

（1）气化槽中的多孔板应保正孔隙密布均匀，表面平整，无裂纹、损边现象。

（2）多孔气化板国内一般采用经模压高温烧结的碳化硅板材。

（3）多孔板在气化槽内安装时，其止口间加涂耐温硅橡胶，以确保密封可靠，硅橡胶耐温应达到250℃。

（4）气化槽金属箱体应采用3～5mm的16锰优质钢板模压。

（5）气化槽法兰表面平整，槽体间连接时采用石棉橡胶板加涂耐温硅橡胶。

（6）每条支路气化槽两端加封堵板，以保证气化风均匀地从气化板中通过。

（7）气化槽布置斜度一般为8°～12°。

（8）气化槽总面积应大于灰库总面积的15%。

（三）气化装置的布置要求

1. 灰库设计为锥形库底时，气化槽应满足的要求

（1）斜壁与水平面夹角应不小于60°。

（2）第一排的两块汽化板对称布置，并应靠近库底排出口处。

（3）第二排的四块汽化板应在四个侧面对称布置。

（4）每块汽化板的面积宜为50mm×300mm，其用气量可为0.17m³/min，在汽化板灰侧的压力可为50kPa。

2. 灰库设计为平底库时，气化槽应满足的要求

（1）灰库底部的气化槽应均匀分布在底板上，其最小面积不宜小于库底截面积的15%，并应尽量减少死区。

（2）气化槽的斜度宜为6°。

（3）当库底设有2个排灰孔，且其中心距大于等于1.8m时，应在两孔间用两段相互垂直的斜槽向两个灰孔供料。

（4）库底斜槽每平方米气化空气量可按$0.6N \cdot m^3/min$计算。

（5）气化板灰侧的空气压力与灰的堆积密度有关，一般不宜大于80kPa。

（6）各进气点的进风量应保持均匀稳定，各进气分支管上宜装设流量自动调节阀。

（7）靠近库底的侧墙应设有人孔。

（四）灰库检修安装气化槽的技术规范

（1）安装前，应逐条检查气化槽，观察气化板，如有无破损、裂纹，应进行拆卸更换，检查气化槽端面连接法兰有无变形，否则应进行调校。

（2）根据气化槽长度，进行分类堆放。

（3）在灰库库底画中心圆周角平分线，按平分线安装支架。

（4）将对应长度的气化槽逐条连接，气化槽两端面连接法兰间应加橡胶石棉垫，并均匀涂抹硅橡胶，以确保端面连接的密封。

（五）灰库本体的检修验收

（1）检查灰库内有无遗留工器具、材料等物品。

（2）气化板完整无破损，结合面密封严密。

（3）库底斜槽密封条完整，无老化，严密不漏。

（4）斜槽平直度偏差不大于2mm/m。

（5）启动汽化风机，检查气化板和库底斜槽，气化板应透气均匀，斜槽无漏气，各结合面无漏气现象。

（六）加湿搅拌机系统检修

1. 摆线针轮减速器检修

2. 大修项目及标准

（1）检查叶片磨损情况，当叶片磨损达到原厚度的1/3或长度磨损到1/2时，应更换叶片。

（2）检查喷嘴磨损情况，一般其直径不应大于原直径4mm，否则更换。

（3）检查轴承，滚动轴承无损伤、锈蚀，转动灵活，无异声。轴承间隙符合要求。

（4）检查齿轮磨损情况。齿轮啮合面不小于75%，齿牙磨损不超过弦齿厚的40%，两啮合间隙为0.26mm，无断裂齿，表面无裂纹；转动时无异声、碰撞和卡死现象。

第六节　灰库系统设备运行

一、灰库设备基本情况

1. 灰库卸灰设备

加湿搅拌机、干灰散装机、干灰装袋机及所有与除灰设备有关的就地控制，由CLYDE公司提供所有除灰设备马达的MCC，加湿搅拌机通过卸灰PLC盘程序控制，干灰散装机、干灰装袋机不提供程序控制。所有与除灰设备有关的马达都配置有自动、手动开关，均布置在 MCC 前面，灰库卸灰 MCC、PLC 盘中的无电压接点提供自动、手动、运行、故障接口信号。

2. 灰库卸灰 PLC 模拟盘

所有与卸灰设备有关的马达在模拟盘上都配置有指示灯，当灰库卸灰 PLC 盘接通电源时，灯处于"ON"位置，马达运行时灯亮，马达发生故障时灯闪。灰库每个料位探头在模拟盘上对应一个灯，当相关的料位探头被淹没时，相应的灯亮；当没有被淹没时，灯灭。另外，灰库卸灰 PLC 盘还装有报警器，通过窗口闪亮和音响报警提供灰库卸灰设备的故障信号。

3. 调灰器自动调节程序

在调节程序开始时，控制系统将检查下列启动连锁条件是否满足：

（1）MCC 盘上的旋转马达自动、手动开关置于"AUTO"位置。

（2）MCC 盘上的搅拌机马达自动、手动开关置于"AUTO"位置。

在上述条件得到满足的情况下，调节程序开始，其步骤如下：当按下搅拌机启动按钮时，旋转阀和搅拌机开始运行，同时，圆顶阀打开延时计时器（1s），当圆顶阀打开延时计时器到时，电磁阀（EV74）接通，打开圆顶阀。同时供水阀打开延时计时器（30s）开始运行，当供水阀打开延时计时器到时，电磁阀（EV71）接通，打开供水阀。当运灰车装满时，按下搅拌机停止按钮，电磁阀（EV74）失电关闭圆顶阀，同时，供水阀关闭延时计时器（60s）、旋转阀停止延时计时器（120s）和搅拌机停止延时计时器（120s）开始运行，当供水阀关闭延时计时器到时，电磁阀（EV71）断开，关闭供水阀。当旋转阀和搅拌机停止延时计时器到时，旋转阀和搅拌机停运，搅拌机内应完全是空的，运灰车开动。

二、灰库设备的运行

（一）干灰散装机

1. 启动前的检查与准备

（1）检修工作结束，工作票终结，现场清洁，照明良好。

（2）各部件连接牢固可靠，地脚螺栓固定牢固，安全罩固定良好，电动机接线良好。

（3）下料管、吸尘管无积灰、无堵塞。

（4）各传动机构润滑点已加注润滑油。

（5）钢丝绳完好无损，给料机链条完好，松紧适当。

（6）料位系统灵敏度调好后，旋钮要加铅封，禁止随意调整，限位开关无积灰、油污。

（7）各开关，指示灯完好无损，指示正确。

（8）手动插板门已开启，同时气动门气源已投入，且无漏灰、漏气现象。

2. 启动操作步骤

（1）合上 MCC 马达控制中心的干灰散装机电源开关，给料机电源开关。

（2）将就地控制盘内电源开关顺时针旋转 45°，电源指示灯亮。

（3）按"上升"、"下降"按钮及散装机切换开关，调整散装头的位置对准汽车罐口。

（4）将切换开关切换到"自动"位置。

3. 运行中的检查与维护

（1）在进行装料操作时，务必将散装头对准汽车罐口，否则锥阀可能下降不到规定位置或被卡住，发生堵灰事故。

（2）装灰过程中，系统无泄漏现象，料位指示正确、灵敏，压力信号畅通。

（3）电动机地脚螺栓紧固，振动值、温度在规定范围内，减速机油位正常，油质良好。

（4）安全罩固定良好，无松动。

（5）限位开关触点清洁，无积灰、脏污。

（6）定期检查下料管、吸尘管无积灰、无堵塞，并定期清理。

（7）定期清洗料位控制系统的过滤器。

（8）钢丝绳完好无损。

（9）气动阀门动作灵活，无卡涩、漏气现象。

（10）当装料时，突然发生极大的扬尘，说明排灰不畅通，应马上停止下料，但禁止立即提升散装头。

（11）在锥阀已下降，钢丝绳松弛时，卷扬机必须停止转动，以防钢丝绳过松发生事故，因此在操作时，如果确认锥阀已下降到规定位置（散装头锥面与罐车口密管后数秒钟），而指示灯仍不亮，料位计仍不发生信号，应立即停止给料，提升散装头，如果料已满，说明松绳开关失灵，应通知检修进行检查、修理。

（12）当进行装料时，注意料位计是否失灵，料已装满，料位计仍不发出信号，说明料位计失灵，应通知检修进行处理。

（13）在装料过程中，如果发生溢灰，应立即停止下料，禁止在散装头内积灰的情况下提升散装头，应联系检修将吸尘管卸下，排去一部分积灰，再慢慢地把下料管积灰排除，然后再提升散装头。

4. 停止操作步骤

（1）干灰散装机为自动连锁停机，即灰装满罐车后，料位控制器发出信号（料位指示灯亮），阀门关闭，给料机自动停止给料。经过一段延时（4～6s），待下料管内灰落尽，提升散装头。

（2）将就地控制盘内的电源开关打至"停止"位置，电源指示灯灭。

（3）断开 MCC 马达控制中心的干灰散装机电源。

（4）如长时间停运，应关闭手动插板门及圆顶阀的控制气源。

（二）调灰搅拌机

1. 启动前的检查与准备

（1）检修工作已全部结束，工作票终结，现场清洁，照明良好。

（2）搅拌机箱体内无硬质物料积存，无积灰，下料口无堵塞。

（3）电动机接地线良好，地脚螺栓紧固，安全罩固定良好。

（4）给料机链条松紧适度，连接良好，防护罩固定牢固可靠。

（5）手动盘车，主、被动轴运转正常。

（6）各减速机油位正常，油质良好。

（7）齿轮啮合良好，已加注润滑油。

（8）调湿水源已投入，并开启手动供水阀。

（9）圆顶阀、水阀气源投入，无漏气现象，且开关灵活，无卡涩。

（10）开启手动插板门。

2. 启动操作步骤

（1）合上 MCC 盘上的调灰搅拌机主电源开关及给料机电源开关，按复位按钮。合上灰库 PLC 盘上的主电源开关，按"启动"按钮，PLC 投入运行。

（2）自动启动：

1）合调灰搅拌机就地控制盘上的主电源开关。

2）将就地控制盘上的各操作开关打至"自动"位置。

3）按下控制盘上的"调灰器自动启动"按钮。

（3）手动启动：

1）合调灰搅拌机就地控制盘上的主电源开关。

2）将就地控制盘上的各操作开关打至"手动"位置。

3）按下搅拌机"启动"按钮，启动搅拌机。

4）按下电动给料机"启动"按钮，启动电动给料机。

5）按下圆顶阀"打开"按钮。

6）运行约 10s 后，手动按下水阀"打开"按钮。

3. 运行中的检查与维护

（1）调灰搅拌机、给料机的电流指示在规定范围内。PLC 模拟盘运行良好。

（2）电动机温度，轴承温度及振动值在规定范围内，且运行平稳。

（3）控制系统正常可靠，无漏气现象。

（4）减速机油位正常，油质良好。

（5）各连接部件、管道、阀门无漏灰、漏水现象，气动阀门开关灵活。

（6）通过搅拌机观察孔检查喷嘴出水正常，无堵塞现象，物料湿度适当，否则应调供水阀门。

（7）严禁大于 10mm 的硬质物料进入箱体，如进入应立即停机排除。

4. 停止操作步骤

（1）自动停止。

1）待灰车装满时，按下就地控制盘上的"调灰器自动停止"按钮。

2）将就地控制箱上的电源开关打至"停止"位置。

3）断开 MCC 盘调灰搅拌机上的电源开关及电动给料机的电源开关。

（2）手动停止。

1）按下水阀"关闭"按钮，关闭水阀。

2）按下圆顶阀"关闭"按钮，关闭圆顶阀。

3）按下电动给料机"停止"按钮，停止给料机运行。

4）待搅拌机箱体内的积灰全部卸完后，按下搅拌机"停止"按钮。

5）将就地控制箱内的电源开关打至"停止"位置。

6）断开 MCC 盘调灰搅拌机的电源开关及电动给料机的电源开关。

7）关闭水阀手动供水门。

8）如长时间停运，应关闭手动插板门及圆顶阀、水阀的控制气源。

三、灰库设备常见故障处理

灰库设备可能发生的常见故障及其可能的原因和故障处理方法，见表 6-22。

表 6-22   灰库设备的常见故障、原因及处理方法

故　障	原　因	处　理
布袋除尘器吸气零件损伤	压缩空气动作不正常 阀体没有气脉冲。 过滤器堵塞。 电动机速度低。 风机功率不正确	检查空气压缩机工作是否正常，检查连锁，尽快恢复空气压缩机运行。 检查 RJC 控制器工作是否正常，对应电磁阀动作应良好。 检查 ΔP 控制器的功能
布袋除尘器的吸气零件全部损坏	空气压缩机故障停运或控制空气压力低。 过滤器堵塞。 粉尘堵塞	检查空气压缩机工作是否正常，提高控制空气压力。 更换布袋过滤器
清洁空气的出口漏灰	过滤元件密封不好。 过滤元件凸缘被损坏。 过滤元件破损	检查或更换过滤元件
气化风机不能运行或卡死	转子与转子或转子与机壳有摩擦。 轴承抱死或损坏。 机体内有异物。 风机积尘於塞	立即将操作开关打至"停止"位置。 检查、更换轴承、转子。 清理积尘
气化风机运行中，声音异常，噪声大	转子间相互摩擦或转子与机壳之间摩擦。 齿轮间隙过大。 滚动轴承间隙过大。 气化槽板损坏，干灰进入气化风机出口管造成管道堵塞。 气动切换阀动作不正常。 灰库内灰量多，风机超负荷运行	立即将操作开关打至"停止"位置，解体检查。 排空灰库，更换气化槽板。 调整气动切换阀动作时间。 加强排灰，同时调整风机出口管泄放阀，直至电流至规定范围值
气化风机过热	进口空气滤清器堵塞，进气量减少。 油位太高或黏度过大。 转子与转子之间或转子与机壳之间间隙过大。 风机出口管道堵塞或灰库灰量多，使风机超负荷运行。 气动切换阀动作不正常	清理空气滤清器。 更换油脂或放油至合格油位。 加强排灰，同时调整风机出口管道泄放阀，使电流工作在规定范围值。 调整气动切换阀动作时间
气化风机漏油	油封损坏。 接合处密封损坏。 油位过高	放油至合格油位。 更换油封或密封垫
气化风机运行中，电流减少，且低于正常值	入口空气滤清器堵塞。 由于磨损造成齿轮间隙变大。 皮带松动，打滑或断裂	清理空气滤清器。 更换转子。 更换皮带
加湿调灰器启动不了	保险烧坏。 箱体内积灰较多。 旋转叶片有异物卡住。 电气故障	更换保险。 清理箱体内的积灰。 取出异物。 检查电气线路及电动机
供水阀打不开	电磁阀损坏。 供水阀有异物卡涩。 接线松动或脱开	更换电磁阀。 清理异物。 检查接线

机 械 除 渣 系 统　第七章

第一节　除 渣 系 统 简 介

燃煤发电机组的输渣系统，一般分为水力除渣和机械除渣两种。目前电厂五期工程的两台 300MW 机组除渣系统采用水力除渣形式。锅炉燃烧排出的渣进入捞渣机，再通过碎渣机粉碎，用冲渣水冲入地沟进入渣浆前池，用渣浆泵提升到振动筛，筛分后细颗粒到浓缩机浓缩外排，粗颗粒综合利用。六期工程的除渣系统采用机械固态除渣的形式，锅炉燃烧排出的炉渣直接进入捞渣机，然后再通过刮板机水平输送到斗提机，斗提机再把渣垂直提升到渣仓，渣在渣仓内储存脱水后，用自卸运输汽车，运送到灰场或综合利用。

水力除渣系统有对输送不同的灰渣适应性强，运行安全可靠，操作维护简便，技术成熟等特点，并且在输送过程中灰渣不会扬散，是一种传统的、成熟的灰渣输送形式，大多电厂均采用这种方式。但是，随着现代电厂容量的增加、环保要求的提高，以及水资源的日益匮乏，这种方式在新电厂的采用越来越少。

综合来说，采用水力除渣的形式现存在以下几个问题：

（1）耗水量比较大，每输送 1t 渣需要消耗 10t 左右的水，随着当前水资源的日益匮乏，水成本的不断增加，这种方式的运行成本会越来越高。

（2）渣浆输送过程中，管道、阀门的磨损非常严重，对输送管道的材质要求比较高，使用寿命相对较短。

（3）水与灰渣混合后，一般都呈碱性，pH 值超过工业"三废"的排放标准，不允许随便从灰场向外排放，随着环保要求和意识的提高，废水不论是回收或是处理，都需要很高的设备投入和运行资金投入。

与水力除渣形式相比，机械固态排渣形式有以下特点和优势：

（1）机械除渣结构简单，布置占地面积小，不需要水力除渣用的自流沟，地下设施（沟、管、喷嘴）简化。

（2）避免了水资源的浪费，社会效益良好。

（3）对渣的处理比较简单，可减少向外排放的困难。

（4）输送方便，有利于渣的综合利用。

（5）没有了废水的排放回收处理等问题。

正因为以上优势，现在新建电厂除渣形式越来越多地采用机械固态排渣设计，是现代燃煤发电机组灰渣输送的发展趋势。

在电力燃煤发电机组中，煤质和锅炉燃烧是对除灰系统影响最大的两个因素，电厂原始设计煤质资料和炉渣资料，见表 7-1、表 7-2，便于以后分析比较。

表 7-1

表 7-1   煤质分析资料（原设计资料）表

项　目	符　号	单　位	设计煤种	校核煤种Ⅰ （原煤）	校核煤种Ⅱ （混煤）	校核煤种 （洗中煤）
收到基低位发热	$Q_{ner,ar}$	MJ/kg	21.44	23.92	19.64	16.8
收到基全水分	M_{ar}	%	7.73	5.95	8.99	11
空气干燥基水分	M_{ad}	%	0.77	0.61	0.88	1.06
干燥无灰基挥发分	V_{daf}	%	17	14.88	22	18.57
收到基灰分	A_{ar}	%	27.28	20.51	32.17	39.84
收到基碳	C_{ar}	%	56.15	64.81	49.85	39.84
收到基氢	H_{ar}	%	2.94	3.1	2.83	2.65
收到基氧	O_{ar}	%	3.6	2.8	4.18	5.1
收到基氮	N_{ar}	%	1.02	1.16	0.91	0.75
收到基硫	S_{ar}	%	1.28	1.58	1.07	0.72
可磨系数			1.42	1.488	1.42	1.34
磨损指数			0.78	0.91	0.69	0.45

表 7-2   炉渣成分分析资料表

序　号	项　目	符　号	单　位	设计煤种	校核煤种
1	二氧化硅	SiO_2	%	55.24	56.93
2	三氧化二铝	Al_2O_3	%	33.62	31.11
3	三氧化二铁	Fe_2O_3	%	4.62	5.19
4	氧化钙	CaO	%	1.51	1.54
5	氧化镁	MgO	%	0.31	0.20
6	氧化钾	K_2O	%	0.77	0.68
7	氧化钠	Na_2O	%	0.38	0.38
8	三氧化硫	SO_3	%	0.74	0.69
9	其他		%	2.81	3.28

第二节 渣　仓

渣仓一般采用钢结构单仓设计，其主要作用是集中、储存、卸放由刮板机或斗式提升机送来的炉渣，并进行脱水，最终通过排渣阀用汽车外运，析出的污水通过排污泵到五期工程的灰渣处理系统。

一、结构

渣仓主要由仓体、底部气动渣阀、落渣斗、振动器、重锤物料计五部分组成。

1. 仓体

仓体为单仓钢结构形式，上部呈圆筒形筒体，下部为圆锥形斗状。仓体顶部留有落渣孔，接受斗提机提升上来的炉渣进入仓内，仓顶安装重锤料位计，仓体锥斗内壁光滑，与水平夹角不小于 $60°$，并装有析水元件和蒸汽加热装置。仓体主要作用是储存炉渣，并适当脱水。渣仓的有效容积为 $265m^3$，其能满足电厂锅炉 1025t/h 炉渣量的正常运行与储存。

2. 底部气动排渣阀

渣仓底部气动排渣阀是输送物料的系统中，用来截止和输送的装置，安装在渣仓底部，阀门的动作由汽缸通过气力控制装置实现，气缸规格为 $\phi400 \times 1000$mm。

3. 落渣斗

落渣斗连接在仓体底部，与排渣阀相连，主要作用是将通过排渣阀的渣汇集于漏斗，便于比较集中均匀的通过落渣管排出。漏斗出料口尺寸为 $\phi680$，其下部连有落渣管，便于满足汽车运渣，减少灰渣泄漏。

4. 振动器

仓壁振打装置是用来消除粘渣和粘在仓壁上的渣，以确保渣能顺利排除，其安装在仓体的下部，距离排渣阀1683mm，一周均布三个，选用CZ1000型振动器振打，其只能在停止卸渣时使用，渣仓内储存的灰渣已基本卸完，对残留的灰渣进行振打，且使用时不得连续振打。

5. 重锤料位计

重锤料位计是用来探测监视渣仓内料位的装置，电厂的料位计选用UZZ-02型、微电脑技术，其包括一台传感器和一台控制显示器。

二、渣仓系统主要组成

渣仓系统主要由渣仓、斗提机、刮板输渣机、斗提机排污泵、沉灰池排污泵以及冲洗水、加热、气动控制回路等组成。从捞渣机来的炉渣通过刮板输渣机水平输送到斗提机，斗提机再把渣垂直提升到渣仓顶部，通过下渣斜槽进入渣仓储存并脱水，最后由汽车外运排放。渣仓析水元件析出的灰水汇流到前池，由排污泵排到五期工程的提升泵渣浆前池，并入五期工程的渣系统。

三、渣仓系统主要参数

渣仓系统的主要参数见表7-3。

表 7-3　　　　　　　　　　　　　渣仓系统的主要参数

项　目	单　位	参　数	项　目	单　位	参　数
渣仓规格	mm	$\phi80000$	振动器数量		3
渣仓的有效容积	m³	265	排渣阀规格	mm	$\phi914$
储渣容积	m³	225	气缸规格	mm	$\phi400 \times 1000$
室外净高	mm	8545	动力气源的气量	m³	0.8～1.2
总标高	mm	16540	动力气源的压力	MPa	0.6～0.7
落渣管与地面距离	mm	5500	料位计型号		UZZ-02
落渣管出口尺寸	mm	$\phi680$	控制箱功率	kW	3
析水元件的规格	mm	1000×320 16号1150×270	渣仓设备总重	t	88
生产厂家		无锡太湖电力设备厂	排污泵型号		65QV-SP
振动器型号		CZ100	扬程	m	67
振动器功率	kW	0.3	流量	m³/h	80
振动器电源	V	380	转速	r/min	1500
			电动机型号		Y160L-4
振动器频率	Hz	50	电动机功率	kW	15
			电动机转速	r/min	1500

四、渣仓的运行与维护

1. 渣仓投运前的检查

(1) 检查仓体各个部件无泄漏，裂纹，各部位完好，支架牢固可靠，安全设施齐全。

(2) 检查控制箱、料位计、振动器接线应完好，可靠备用。

(3) 检查底部排渣阀气源，电源正常，开关灵活无泄漏。

(4) 投运渣仓蒸汽加热。

(5) 检查冲洗水管、退水管的连接应良好，关闭冲洗门，打开退水门。

(6) 关闭底部排渣阀，重锤料位计的重锤提升到渣仓顶部的高度。

2. 渣仓卸渣

(1) 运渣车停稳，并对准卸渣口。

(2) 手动操作按钮，慢慢打开排渣阀，视渣的情况开启，一般开到 1/3 即可。

(3) 如排渣不畅，可启动振打装置，加强排渣量和速度。

(4) 车装满后迅速关闭排渣阀，防止渣溢流，污染环境。

3. 料位计的使用注意事项

(1) 尽量避免在进料和出料的时候启动探测装置，特别是出料的时候，以避免出料的时候，灰渣塌方，埋住重锤，甚至使钢丝断裂，丢失重锤。

(2) 不要在探测过程中切断仪表电源，探测过程中，切断仪表电源，会使重锤留在料仓内部，无法返回、复位，有可能被后来的进料掩埋，使钢丝断裂，而丢失重锤。

五、渣仓的安装与检修

1. 渣仓安装检修的验收标准

(1) 仓壁磨损超过原壁厚的 2/3 时，应挖补更换。

(2) 仓体无漏水、漏渣现象。

(3) 各个支架、支柱、楼梯、平台、栏杆安全可靠。

(4) 溢流堰缺口水平偏差小于 2mm。

2. 渣仓的维护检修项目

(1) 要求每 6～8 个月进行一次。

(2) 气动插板门的检查；充气密封圈的检查或更换。

(3) 冲洗水管阀的检查。

(4) 蒸汽加热装置和退水装置的检查。

(5) 析水元件的检查、清理。

3. 渣仓的检修工艺及质量标准

渣仓的检修工艺及质量标准见表 7-4。

表 7-4   **渣仓的检修工艺及质量标准**

检修项目	检 修 工 艺	质 量 标 准
1. 准备工作	(1) 检查设备缺陷记录本，掌握设备缺陷情况。 (2) 准备检修工具和备品配件。 (3) 办理检修工作票	(1) 脱水仓的冲洗水门关闭严密，不泄漏。 (2) 切断振动器电源及气动排渣阀操作电源

检修项目	检 修 工 艺	质 量 标 准
2. 脱水仓本体及附属设备的检查	(1) 检查脱水仓本体有无裂缝现象。 (2) 检查各支柱、支架是否坚固牢靠。 (3) 检查析水元件并进行清理，如有破损者应更换	(1) 脱水仓本体坚固，无裂缝泄漏现象。 (2) 支柱、支架安全可靠。 (3) 析水元件畅通无堵塞或结垢
3. 放渣门的检修	(1) 汽缸解体，检查清理缸筒、活塞、阀杆，更换所有密封。 (2) 充气密封圈更换。 1) 吊住放渣斗并将其拆卸； 2) 打开放渣门，从脱水仓底部拆掉充气密封圈压兰； 3) 取下充气密封圈检查； 4) 清理门座更换新的充气密封圈； 5) 回装压兰及放渣斗，关闭放渣门。 (3) 检查门板磨损情况。 (4) 门板与门座间隙检查与调整。 1) 用塞尺在门板四周测量门板与门座间隙。如果各部间隙不等则进行调整； 2) 门板与门座间隙的调整方法：调整放渣门四周固定丝杠将门板上下移位	(1) 汽缸密封严密无泄漏现象。 (2) 充气密封圈密封压力达到要求； (3) 门板磨损超过原厚度的1/2时，应更换。 (4) 滚轴轻松灵活，如轴承损坏应进行更换。 (5) 门板与门座的间隙四周均匀且小于5mm。 (6) 放渣斗斗壁磨损的，应修补或更换
4. 冲洗水管阀的检修	(1) 检查各手动阀门开关灵活性及严密性。 (2) 检查手动阀门丝杠、阀座、阀体、手轮有无损坏、破损现象。 (3) 检查加固管道支架。 (4) 阀门更换盘根	(1) 阀门开关灵活到位，各结合面无泄漏。 (2) 管道畅通无堵塞，支架坚固。 (3) 阀门损坏后应检修更换
5. 试运	(1) 脱水仓进渣，检查放渣门开关性能与各结合面密封性能。 (2) 清理检修现场，结束工作票	(1) 放渣门开关灵活到位 (2) 放渣门充气密封圈密封性能良好。 (3) 检修现场整洁，设备标志铭牌齐全

4. 渣仓前池排污泵的检修工艺及质量标准

渣仓前池排污泵的检修工艺及质量标准见表 7-5。

表 7-5　　　　　　　　　　　渣仓前池排污泵的检修工艺及质量标准

检修项目	检 修 工 艺	质 量 标 准
1. 准备工作	(1) 检查设备缺陷记录本，掌握设备缺陷情况。 (2) 准备检修工具和备品配件。 (3) 办理检修工作票	资料记录齐全，备件合格

检修项目	检 修 工 艺	质 量 标 准
2. 泵解体	（1）拆除电动机和皮带，将电动机及支架连接螺栓松掉，吊下电动机及电动机架。 （2）卸吐出管连接螺栓，拆除吐出管及泵的上下滤网。 （3）拆掉泵体与支架连接螺栓，依次拆卸泵体、叶轮和后护板。 （4）拆掉泵体与安装台板连接螺栓，取下安装台板，将轴承体与支架吊出放至地面上进行解体。 （5）检查清理各部件，更换磨损件。 （6）检查取下叶轮O形圈及后护板密封垫，重新更换新圈。 （7）检查清理配件	（1）拆卸前必须记住轴承体、支架、安装板与泵体之间的相对位置。 （2）起吊重物时防止碰撞。 （3）叶轮外周磨损超过5mm，厚度磨损超过原尺寸的1/3或大面积磨有沟槽时应更换。 （4）叶轮、护板断裂或有裂纹应更换。 （5）护板磨损超过原厚度的1/2或磨有深槽，应更换。 （6）外壳破碎、断裂，应更换。 （7）拆卸叶轮时注意其旋转方向，并与后护板一起取下
3. 轴及轴承拆装	（1）用揪子拆掉皮带轮，紧力过大时可用烤把对对轮进行加热。 （2）更换轴承。 1）松下紧丝圈，取下轴承端盖； 2）取下迷宫圈和迷宫套，测量垫厚度及轴承间隙，作好记录； 3）将轴承体与电动机侧轴承拉下，再用同样的方法拉下泵端轴承； 4）打磨清理各部件，测量轴的弯曲度、椭圆度； 5）测量轴承游隙； 6）用机油将轴承加热至100℃左右。将轴承装入轴颈所要求的位置上。 （3）依次将轴承体、驱动侧轴承、挡套、推顶环、电动机侧轴承、端盖、迷宫环、迷宫套装在轴上，并检查调整轴承端面间隙。 （4）上紧丝圈，带上轴承端盖，油封。 （5）吊起皮带轮，对准键槽用铜棒对称敲击对轮至轴颈要求的位置。必要时可用烤把加热对轮后再装	（1）轴承室有裂纹、砂眼，应补焊或更换。 （2）轴承滚子、内外圈、保持器有脱皮、锈蚀、损伤、裂纹现象应更换。 （3）加油孔应畅通无堵塞，轴承挡套及推顶环、迷宫套端面应平整光滑。 （4）轴承端盖油封完好。 （5）用揪子拆卸轴承与对轮时应保持揪子轴心与轴中心线对齐，拉时用力均匀。 （6）用烤把加热对轮时一般不超过5min，温度低于200℃。 （7）要求轴承端面间隙在0.114～0.208mm。 （8）安装完毕后，盘车无卡涩
4. 支架安装、泵体组装	（1）将轴承体与支架用螺栓紧密连接。 （2）在支架圆周外装上对开的安装板，用螺栓固定在支架上。 （3）将泵安装就位，将安装板装在基础上，拧紧地脚螺栓。 （4）将后护板套入轴上，然后安装叶轮，正向旋紧。 （5）将泵体安装在支架末端，用螺栓连接紧密。 （6）用加减轴承组件与泵体支架间垫片的方法，调整叶轮间隙。 （7）安装上下滤网及出口短管。 （8）检查出口门与止回门，将出口管与安装板固定好	（1）要求叶轮间隙在0.5～1.0mm之间。 （2）手动盘车无摩擦
5. 找正	（1）对轮找正，安装三角带。 （2）调整皮带紧力，上好防护罩	（1）皮带轮对正偏差应小于5mm，紧力适中。 （2）防护罩齐全牢固
6. 试转	（1）试转前盘车，检查转动情况。 （2）泵连续运行4h后测量轴承温度及振动，检查电动机电流和泵出口压力。 （3）清理检修现场，结束工作票，整理检修记录	（1）轴承温度小于65℃，最高不超过120℃。 （2）轴承径向窜动不大于0.085mm；设备铭牌标志齐全。 （3）法兰、阀门的各结合面无泄漏。检修场地干净

5. 加油量及维护周期（见表 7-6）

表 7-6   加油量及维护周期

65QV-SP 排污泵	驱 动 端	泵 端
装配润滑脂的装填量（g）	130	225
运行维护润滑脂的添加量（g）	25	55
运行维护润滑脂的添加周期（h）	750	4000
润滑脂要求	2 号或 3 号锂基润滑脂	

第三节　斗式提升机

斗式提升机为灰渣垂直提升设备，用来把灰渣垂直提升到储渣仓，其全称为钩头重力斗式提升机，简称斗提机，其作用是将刮板机水平输送到的炉渣垂直提升，输送到渣仓。斗提机料斗的底部横断面为圆弧形，具有斗深、斗容大，运转速度慢，以重力方式自然卸料，运转平稳，不脱链子，提升高度高等特点。

一、斗式提升机的结构

1. 机头部分

机头主轴装有两个上链轮，主轴的两端由一对重型双列向心球面滚子轴承 3532 支撑在机架上。主轴的一端通过联轴器与减速机低速端相连接。在联轴器的外面装有安全防护罩，用于防尘和保护工人操作安全。上下链轮是由轮毂和两个半摩擦轮组成，彼此用螺栓连接紧固，当摩擦轮磨坏时，只需更换半摩擦轮即可，不必大解体，拆装比较方便，其主要作用：在主轴上安装的上链轮，对链板与料斗起支吊作用，并通过减速机低速轴的转动，带动主轴与主轴上的上链轮，依靠摩擦牵动链与斗按预定方式运行，达到传送物料的目的。

2. 下料漏斗

在机头部分的中间下部设有下料漏斗，用于承接提升上来的料斗中的物料。漏斗下面是卸料节壳体，内有卸料溜槽与下料漏斗相连接，漏斗接下来的物料由此流入渣仓。下料漏斗和卸料溜槽内部贴有耐磨陶瓷板，防止灰渣磨损。

3. 链板与料斗

在上链轮与下链轮之间装有连续的链与斗，它是提升物料的主要部件。链与斗由链板、销轴、链接头、卡板及料斗等组成，由上链轮上的半摩擦轮的摩擦力带动运转。

4. 止回器

由于斗提机自重较大，为防止其倒转损坏设备，在斗提机输出轴背侧装设滚柱止回器。

滚柱止回器主要由外套、挡圈、滚柱、星轮及压簧等组成，外套固定在支架上，支架则与传动底座相固定，是不动体。星轮用键连接在减速机的低速轴上，星轮的外圆与外套的内孔为动配合，星轮上有 6 个三角缺口与外套内圆形成 6 个楔形空间，滚柱两端用挡圈挡住，压簧固定在楔形空间的大端面上，当斗提机正常工作时，减速机轴按工作方向旋转，滚柱与外套间产生的摩擦阻力使滚柱压迫压簧，滚柱则处于楔形空间的大端处，不影响轴的旋转。当轴反转时，滚柱与外套间的摩擦阻力将滚柱推向楔形空间的尖部，在星轮与外套之间卡住，从而制止了轴的旋转，使斗提机的链与斗不发生倒转。

5. 机尾部分

机尾部分主要有尾轴，轴上安装下链轮。尾轴的两端由装在轴承滑块内能自动调心的双列向心球面滚子轴承 113522 支撑。轴承滑块两侧的卡子在滑板中，滑块上面放置有配重板，作为张紧之用，当链条磨损拉长时，用以调整尾轴下链轮的位置；当提升机的高度比较高时，链条本身已经有足够的张紧力，此时可通过滑块下部的顶丝，将下链轮顶起一定距离，使链条保持最低限度的松紧度，从而减少不必要的拉力，确保设备正常稳定运转

6. 减速机

减速机选用 ZS125-16-3Ⅲ 型，为重型齿轮减速机，是斗提机的动力源，减速机的低速轴装有对轮，与上链轮主轴连接，传出动力，带动整个设备运转。

二、斗式提升机的工作原理

斗式提升机的上部传动链轮是具有 V 形凸面的摩擦轮，链条则由具有 V 形槽的链接头与链板连接而成。料斗的提升是靠链接头与摩擦轮的 V 形面接触而产生的摩擦力带动的，斗子用螺栓连接在两条并列的链子对应的链接头上。电动机通过 ZS125-16-3Ⅲ 型减速机将动力传动到斗提机上的链轮主轴，使主轴上的链轮旋转，从而借与链接头的摩擦力带动了链与斗。从尾部进料管进入的物料被运动的斗子所舀取，绕经上链轮落入到下料漏斗，经由卸料溜子而后卸出，进入渣仓。

料斗的斗距为 600mm，行进速度较慢，一般不超过 0.6m/min。该提升机的最大允许提升高度为 30m。

由于斗式提升机自重较大，且带负荷后两侧重量极为不平衡，极易造成反转而使设备损坏，为防止这一情况的发生，在斗式提升机输出轴背侧装设滚柱止回器，以确保斗提机的链与斗不发生倒转。

三、系统组成

斗式提升机系统由捞渣机、刮板输渣机、斗式提升机、排污泵、渣仓以及相应的管道、阀门和溜槽组成，用来完成炉渣的输送和储存脱水。

四、斗式提升机主要参数

斗式提升机的主要参数见表 7-7。

表 7-7　　　　　　　　　　　　　斗式提升机的主要参数

项　目	型　号	单　位	项　目	型　号	单　位
减速机	ZS125-16-3Ⅲ		链斗转速	0.6	m/s
减速比	280		输送量	100	t/h
电动机	Y100L-4		最大高度总质量	29.56	t
电动机功率	11	kW	斗距	0.6	m
电动机电流	25.1	A	斗宽	400	mm
电动机转速	730	r/min	料斗理论容积	51.6	L
最大允许提升高度	30	m	生产厂家	山西东方机械厂	

五、斗式提升机的运行与维护

1. 斗式提升机启动前的注意事项

(1) 在启动前，必须检查设备转动部分是否完好，链条的销轴、链板、链接头有无断

裂。

（2）卡板螺栓、料斗与链接头的连接螺栓以及上下链轮的轮毂和半摩擦轮之间的连接螺栓有无松动。

（3）链条的张紧装置的张紧程度适中，各处地脚螺栓无松动，尾部无物料堆积。

（4）检查减速机油位，各个轴承填注润滑脂。

（5）上述检查没有问题后，准备空载启动斗提机。

2. 斗式提升机的启动

（1）空载启动刮板输渣机。

（2）空载启动斗提机。

（3）转动检查无异常后，开启进料门。

3. 斗式提升机运行中的检查和维护

（1）定期检查提升机链板、销轴、卡板、料斗、链接头、半摩擦轮的磨损，连接情况。

（2）检查料斗与筒壁不得有磕碰，尾部不得有物料堆积，壅塞现象。

（3）检查张紧装置，链条过度拉长时应及时拆除部分链板，防止发生掉道、落架、料斗刮擦机底损坏。

（4）监测各个轴承温度、声音、振动的变化，检查补充减速机润滑油，及时添加各个轴承的润滑脂。

（5）监测设备运行电流的变化，发现异常波动及时查找问题。

4. 斗式提升机的停机

（1）关闭进料门，停止进料刮板输渣机给料。

（2）斗式提升机继续运转至料斗内物料完全卸空。

（3）停止斗式提升机运行。

六、斗式提升机的安装与检修质量标准

1. 斗式提升机检修维护项目及标准

斗式提升机的维护一般有以下内容：

（1）检查链子的销轴、链板与链接头有无断裂。

（2）连接螺栓以及上、下链轮的轮毂和半摩擦轮之间的螺栓有无松动。

（3）链子的张紧度是否适宜。

（4）检查有无物料堆积在尾部。

（5）检查各个润滑点的润滑情况。

2. 斗式提升机的大修项目及标准

斗式提升机的检修工作主要有销轴、链板、链接头、半摩擦轮、斗子、滚子轴承、滚柱逆止器等易损件的检查更换，其中易损零件的使用周期应根据制造质量和输送物料对零件的磨损性决定；检查销轴卡板的固定螺栓、斗子与链接头的连接螺栓以及上、下链轮的轮毂与摩擦轮之间的连接螺栓有无松动、损坏。在更换链子时，要将左右对应的链节同时更换，被换下来的没有损坏的零件经过检测后，可重新组成链节备用。

3. 斗式提升机的验收规则

（1）斗式提升机各个零部件、减速机等必须经过制造厂家的有关检验合格后方可使用。

（2）斗式提升机在检修、安装后需要进行空车试验不小于 8h，检查是否符合要求，然后再进行 24h 带负荷试运行。

（3）在试运行时，电动机温度不得超过 40℃，减速机的温度不得超过 25℃，轴承温度不得超过 65℃。

（4）检查斗子运转是否正常，如产生过大摆动，甚至磕碰机壳，应及时检修，如检查没有上、下轴及链条间距的安装问题及调整不当的情况时，可检查链板、链接头、斗子是否符合设计要求。

七、斗式提升机常见故障分析与处理

斗式提升机常见故障分析与处理见表 7-8。

表 7-8　　　　　　　　　　　斗式提升机常见故障分析与处理

序号	故障内容	故障原因	处理
1	物料有回料现象	（1）给料过多。 （2）料斗卸不尽	（1）调整正常的给料量。 （2）检查设备转数是否合适，不得过快
2	料斗链条的活节部分磨损过快	（1）料斗链条负载过大。 （2）链轮歪斜。 （3）两条链条长短不一致	（1）消除料斗链条负载过大的原因。 （2）调整轴与链轮的安装误差。 （3）调整链条的节距和张紧程度
3	料斗链条掉道或落架	（1）销轴磨损断裂。 （2）链板断裂。 （3）卡板螺栓松动使得销轴脱落。 （4）喂料或来料不均匀。 （5）张紧装置调整不合适，与轴承滑块在滑板间滑动不灵活	（1）及时检查更换销轴。 （2）及时检查更换链板。 （3）检查紧固卡板螺栓。 （4）保证喂料或来料均匀。 （5）处理消除张紧装置滑动不灵活的原因。 （6）调整张紧装置，使尾轮保持水平，与链条下垂长度配合
4	料斗严重变形或刮坏	（1）料斗与链接头的连接螺栓松动。 （2）链条磨损拉长，使料斗刮碰底部。 （3）下链轮处掉道	（1）紧固连接螺栓，调整两列链条的位置，使其与料斗垂直。 （2）适当拆除部分链板。 （3）分析消除下链轮掉道的原因
5	链条与链轮打滑	（1）料斗过载或料斗挖取物料的阻力过大。 （2）链接头过度磨损。 （5）链条张紧程度不够	（1）调整给料量，消除料斗挖取物料阻力过大的原因。 （2）更换链接头。 （3）适当调整链条张紧程度
6	上、下链轮的滚子轴承发热	（1）缺少润滑脂或润滑脂变质有异物。 （2）轴承损坏或安装不当	（1）定期添加润滑脂，清理轴承，重新注入新润滑脂。 （2）检查更换轴承，合理调整轴承间隙

八、斗式提升机的主要易损零配件

斗式提升机的主要易损零配件，见表 7-9。

表 7-9　　　　　　　　　　　斗式提升机的主要易损零配件

序号	名　称	材　料	数　量	质　量	备　注
1	链接头	ZG45	200	4.5	
2	料斗	A3	100	30.06	
3	销轴	42siMn	400	1.42	
4	链板	45	400	3.43	
5	短链板	45	8	1.43	

序 号	名 称	材 料	数 量	质 量	备 注
6	半摩擦轮	ZG45	8	252.5	
7	双列向心球面轴承 3532		2	22.4	
8	双列向心球面轴承 113522		2	7.4	

第四节 刮板输渣机

一般，刮板输渣机是一种单链条水平埋刮板机，完成灰渣从捞渣机到斗式提升机的水平输送。

一、结构

刮板输渣机由动力端减速机、机槽、链条、链接头、链轮、张紧导向装置、进出料管、刮板等组成，其结构简单，转速低，耐磨损，耐腐蚀，运行可靠稳定。

1. 驱动端

驱动减速机通过链条把动力传送到刮板机主动轴上，主动轴装有1副主动轮，主动轮为上、下对开分体结构，分8对齿，固定在主动轮轴轮毂上，便于拆装更换，主动轮轴由轴承座固定在箱体头部，轴承型号为3053220。由主动轮的转动带动整个链条、刮板的运转。

2. 张紧导向端

张紧装置为机械式，通过两条安装在箱体尾部进料口附近的张紧丝杠对链条进行调整。导向轮轮轴固定在张紧丝杠顶部滑块上，导向轮轴承417K安装布置于轮体内，链条和刮板通过导向轮做360°变向。

3. 链条和刮板

刮板机为单链条形式，其规格为410mm×110mm的耐磨铸造刮板，并由配套压板紧固在链条上，链条为张家口圆环链厂生产的高强度矿用圆环链，规格为22mm×86mm，材质为23MnNiLoMo54，由主动轮驱动链条带动刮板刮送灰渣。

4. 托轮与箱体机槽

箱体用钢板焊接制造，底部敷设高强度耐磨铸石板，托轮布置于箱体上部，用L90507密封轴承固定于箱体上，对回链起支撑导向作用。

5. 进出料管

进料部分为斗状，安装于刮板机尾部，上部承接捞渣机输送来的灰渣，下部连接刮板机，进料管装有旁路口，便于刮板机故障时旁路卸渣。出料口安装于刮板机驱动端，与斗式提升机连接，为斜槽状，内部贴高强度耐磨陶瓷板，以防止灰渣磨损

二、主要参数

刮板输渣机的主要参数见表7-10。

表 7-10 刮板输渣机的主要参数

项 目	单 位	参 数
刮板输渣机型号		TMS40
输送速度	m/min	1.52

项　　目	单　　位	参　　　　数
设计输送量	t/h	8
有效输送长度	mm	8934
刮板规格	mm	410×110
圆环链型号	mm	MT/Z1-75
圆环链规格	mm	22×86
减速机型号		BWEY3322-289-1.5 15 号 BWEY332217817-2.2
电动机型号		13、14 号 YD112M-8/4（低速 700r/min；8 功率 1.5kW；高速 1410 r/min；4 功率 2.4kW）
		15 号 Y112M-6（转速 940r/min，功率 2.2kW）
		16 号 Y100L-6（转速 940r/min，功率 2.2kW）

三、运行与维护

1. 启动前的检查与准备

(1) 检查刮板机机箱完好，无变形、无泄漏现象，地脚螺栓牢固。

(2) 刮板机链条连接牢固，松紧适度，链板在链条上固定良好，无变形、无断裂。

(3) 链轮、托轮、导向轮完好，固定可靠，转动灵活。

(4) 机箱内无杂物、无积渣，出口溜槽完好畅通，无堵塞，入口旁路关闭。

(5) 减速机油位适中，油质良好，固定可靠，驱动链条松紧适中。

2. 启动

(1) 空载启动，分别试验高速档和低速档运转。

(2) 检查高低转速均合格后，再带负荷运行。

(3) 根据实际运行情况，选择高速或低速运行方式。

3. 运行中的检查与维护

(1) 定时检查刮板机链条张紧情况，机箱内不得有异物、焦块。

(2) 检查链条、刮板无裂纹、断裂和变形。

(3) 检查主动轮、托轮、导向轮转动灵活，无卡涩现象，轴承无异常。

(4) 检查出口溜槽，无堵塞现象，如堵塞必须及时疏通。

(5) 检查减速机运行情况，不得有异常声音、振动和温度，及时添加润滑油。

(6) 监视刮板机的运行电流，发现异常波动，必须检查消除。

(7) 根据来渣量，及时调整刮板机转速。

4. 停机

(1) 停止进渣。

(2) 机内积渣排尽后，方可停机。

(3) 清除下料溜槽内的积渣。

四、安装与检修质量标准

1. 刮板输渣机在安装、检修验收中主要应注意以下方面

(1) 检查链条紧力应适中，张紧装置应灵活、可靠。

（2）检查整个设备和所有组件是否按安装使用说明书要求进行。

（3）检查是否安装了开关和调整了其正确性。

（4）检查齿轮传动装置、电动机和润滑设备是否具备启动条件。

（5）检查润滑油导管应通畅，减速机油位适中，油质良好。

（6）拉紧链条时，在拉紧滚轮与导向滚轮之间的中点施加490N的力，当链条的挠度为10～15mm时，则认为拉紧力是适当的。

（7）运转后，链轮转动灵活、平稳，无卡涩现象，能够在链轮上随链轮均匀行进，不发生拖动现象。

（8）减速机运转平稳，无异常声响，电动机电流无异常波动，温升不超过25℃。

（9）刮板安装牢固，在运行中无偏移，磕碰现象。

2. 刮板输渣机的主要大修项目

（1）全面清理机槽，检查机槽磨损情况，必要时更换。如机槽装有衬板，应检查更换磨损严重或破损的衬板。

（2）解体检修减速机，检测轴承，清理油箱，更换润滑油及全部密封。

（3）检修更换链条、链轮、链轮轴承、刮板连接螺栓。

（4）解体清洗链条张紧装置，涂抹润滑脂。

（5）检查主动轮、导向轮、尾轮，必要时更换。

（6）更换主动轮轴承、尾轮轴承和托轮轴承。

（7）检查进、出料管的磨损情况，若有损坏应及时修复。

3. 刮板输渣机的小修项目

（1）检查调整链条张紧装置，必要时拆取部分链条，保持链条的适当紧力。

（2）检查更换减速机密封、润滑油。

（3）检查轴承，链条磨损情况。

（4）检查滚轮磨损情况，滚轮轴承清洗加油。

（5）检测刮板连接螺栓的磨损情况，必要时更换。

（6）链条张紧装置涂抹润滑脂。

4. 刮板输渣机的刮板及圆环链的检修质量标准

（1）链条磨损超过原钢直径的1/3时应更换。

（2）刮板磨损超过原厚度的1/3时应更换。

（3）刮板变形、磨损严重时应更换。

（4）柱销磨损超过直径的1/3时应更换。

（5）刮板间距符合设计要求。

（6）链条磨损拉长，与主动轮轮齿配合异常时，应及时更换。

5. 常用易损零配件（见表7-11）

表7-11　　　　　　　　TMS40型刮板输渣机的常用消耗、易损配件

序　号	常用消耗配件名称	型　　号	数　　量	备　注
1	刮　板	TMS40	40	
2	压　板	TMS40	40	

序　号	常用消耗配件名称	型　　号	数　量	备　注
3	圆环链	MT/Z1-75	22×86	23MnNiLoMo54
4	链接头	MT/Z1-75	22×86	23MnNiLoMo54
5	托轮	TMS40	5	
6	尾轮	TMS40	1	
7	主动轮	TMS40	1	
8	13、14 号主动轮轴承	316	2	
9	15、16 号主动轮轴承	3053220 窄 53520 宽	2	
10	13、14 号尾轮轴承	23222E	2	
11	15、16 号尾轮轴承	417K	2	
12	13、14 号托轮轴承	L90507	10	
13	15、16 号托轮轴承	D211	10	

五、常见故障分析与处理

刮板输渣机常见故障分析及处理方法，见表 7-12。

表 7-12　　　　　　　　　刮板输渣机常见故障分析及处理

序　号	故障现象	故　障　原　因	处　理　方　法
1	脱轨掉链	(1) 链条磨损拉长。 (2) 异物卡住链条或刮板。 (3) 主动轮磨损与链条配合不当。 (4) 主动轮断齿	(1) 调整张紧装置或拆取部分链环。 (2) 检查去除异物。 (3) 检查主动轮。 (4) 更换主动轮
2	跳机或主动轮停转	(1) 负荷过大，电气过流保护。 (2) 异物卡死刮板或链条。 (3) 传动链轮或驱动链条磨损、打滑。 (4) 保险销子断裂。 (5) 减速机故障	(1) 调整运行方式。 (2) 检查去除异物。 (3) 调整链条，必要时更换驱动链条、传动链轮。 (4) 更换保险销子。 (5) 检修减速机
3	断　链	(1) 异物卡住链条或刮板。 (2) 链条过度磨损。 (3) 负荷过大。 (4) 主动轮磨损与链条配合不当	(1) 检查去除异物。 (2) 更换链条。 (3) 调整运行方式。 (4) 更换主动轮
4	链条磨损过快	(1) 链条材质不良。 (2) 托轮和导向尾轮长期转动不良。 (3) 刮板机转速过快	(1) 更换合格链条。 (2) 检修托轮和导向尾轮。 (3) 调整转速

参 考 文 献

[1]　刘后启，林宏. 电收尘器. 北京：中国建筑工业出版社，1987.
[2]　高香林. 燃煤电厂电除尘器. 华北电力大学学报，1993.